U0050484

實境式
圖解
專為0~3歲設計！
蒙特梭利
遊戲
大百科

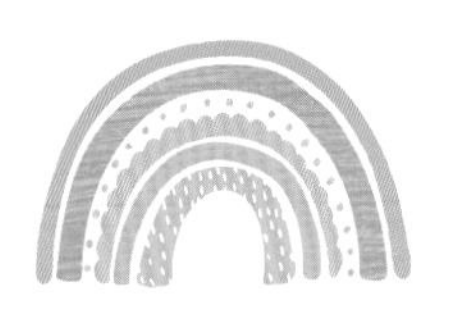

作者序

0～3 歲成長黃金期，與蒙特梭利同行

因為自己扣好扣子而感到滿足；
反覆做一個動作後變得熟練；
對於放棋子的數量增加而新奇不已；
專注玩遊戲後，自己收拾環境……

過去在蒙特梭利幼稚園擔任教師時，看著孩子快速成長的模樣，總是讓我滿心喜悅。蒙特梭利教育讓孩子選擇自己喜愛的事物，並幫助孩子解決自我的好奇心，同時也透過各種感官活動，帶領孩子探索世界。蒙特梭利會配合孩子的成長階段準備各種簡單的小遊戲，看著自己的孩子每天快速成長，我也想跟著他們一起前進。因為希望更多家庭一同參與，所以我開始在社群網站分享。

分享孩子的生活和遊戲的同時，我經常面臨大家對蒙特梭利的誤解。首先，很多人認為蒙特梭利的教學無法在家進行，先入為主認為必須要有專業的教具和教師才能執行。也有不少人覺得蒙特梭利教育的價格昂貴，沒有辦法負擔教具造成的經濟壓力。此外，大家普遍以為滿週歲前的孩子無法進行蒙特梭利教育。但實際上，即使沒有人教，孩子也會自然地抓著東西搖晃或是伸展手臂，所有看似不經意的發展，其實都能夠帶來幫助。

在分享的過程中，我很開心很多人願意跨越心理的障礙與誤解，開始一起進行「媽媽的蒙特梭利」。好多朋友紛紛表示驚訝，原來利用家裡的生活用品，就能進行簡單的蒙特梭利，因為透過這些遊戲讓孩子的肌肉更發達了，頻頻對我道謝。此外，也有不少朋友會跟我分享自己孩子專注在遊戲、達成目標的模樣。看著這些孩子閃亮的雙眼和滿足的笑容，總讓我感同身受、心滿意足。

不懂蒙特梭利理論又如何？沒有蒙特梭利教具又如何？只要擁有能好好觀察孩子的眼睛、準備遊戲的雙手和挑戰的心，就足夠了。如果你希望在家為孩子進行蒙特梭利教育，但擔心教具昂貴或是教學困難，這本書完全能夠解決你的問題。雖然我都稱呼這些遊戲是「媽媽的蒙特梭利」，但也希望有助於所有幼教工作者。

最後，在此想要感謝一路支持與相信我的家人和父母，以及讓這本書得以問世的出版社。同時，我也要感謝我的孩子與我一起進行遊戲，希望你帶著溫暖與感恩的心健康成長。希望對天天陪伴孩子成長的各位而言，每天都是特別而珍貴的日子。

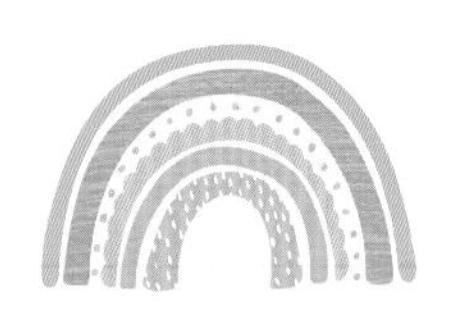

蒙特梭利五大核心

蒙特梭利教育的目標，是讓孩子透過潛在的吸收能力，自行接收周遭的各種感覺和技能。孩子對於特定技能的感受，在敏感期最為明顯。父母必須透過觀察孩子，掌握孩子的敏感期，配合孩子的發展階段和興趣備妥環境，讓孩子在這樣的環境中，專注、反覆投入、感受喜悅並內化這些過程。

吸收能力

蒙特梭利主張孩子擁有潛在的獨特吸收能力，從出生開始就能夠接受環境的刺激。吸收能力又分為自出生到 3 歲的無意識階段，以及 3 歲到 6 歲的意識階段。處於無意識階段的孩子會如同海綿般大量接收環境的刺激，並非透過大人的動作、語言、感覺來學習，而是在環境中經歷與內化。這個時期最重要的就是備妥適當的環境，讓孩子自然發展各種技能。在無意識階段吸收的事物，到了意識階段後會更加鮮明。

敏感期

能夠更輕鬆習得特定技能的時期，稱為「敏感期」。敏感期的種類除了接下來的說明外，還有十分多元的種類。各種領域的敏感期彼此存在相關性，並非單獨存在。每個孩子的敏感期稍有不同，即便是年齡相仿，成長速度也有所差異。敏感期一旦錯過就不會再出現，因此父母務必在孩子敏感性顯著的時期，營造適當的環境，讓孩子充分感受。雖然非敏感期也能學習技能，但孩子的投入程度和滿足感將明顯降低。

- **運動敏感期：出生到 6 歲**
  這個時期會透過活動身體，促進手腳肌肉發達。請準備安全的環境，讓孩子自由活動，並準備適當的教具。當孩子能夠順暢活動、自行控制行為後，協調力也會變得更好。

- **語言敏感期：出生到 5～6 歲**
  這個時期的孩子會對人的聲音感興趣，進行觀察和模仿。從一開始無意義的發聲，漸漸進展到單字、短句和句子。透過對話、書、音樂、影片等各種媒介，豐富言語能力的發展。

- **感官敏感期：出生到 6 歲**
  孩子自出生開始，便透過視覺、聽覺、嗅覺、味覺、觸覺等來探索事物，並透過各種感受培養辨別力，強化整體發展。感官的發展更是數學、語言、文化等其他領域的基礎。

- **秩序敏感期：出生到 3 歲**
  這個時期的孩子，能夠快速察覺自己的物品是否被移動過等微小的變化。在熟悉的環境和反覆的日常中，孩子會帶著安全感預測接下來的日子，發展出內心的安定秩序。請給孩子一個具有安全感的環境，讓孩子持續探索這個世界的新事物，並感受其中的秩序。

- **細微事物敏感期：1 歲到 6 歲（2 歲左右開始明顯）**
  這個時期的孩子能夠發現衣服的紋路、娃娃的細節、物品的痕跡、角落的灰塵、小昆蟲等細微的事物，並從中獲得樂趣。透過探索細瑣的事物，能夠發展小肌肉和增進手眼協調，提升專注力和觀察能力。

- **社交敏感期：出生到 6 歲**
  相較於從前只能感受到自我，這個時期的孩子會開始關注父母、朋友或他人，懂得關懷。孩子會開始模仿日常生活中父母的謙虛態度、表達感謝，自然而然學習禮儀。

觀察

再怎麼厲害的教具，只要不符合孩子的發展階段就沒有任何用處。孩子對小肌肉運動感興趣的時期，怎麼能錯過？父母應該透過觀察，了解孩子的敏感性，並準備適當的遊戲。在孩子還不會說話，僅能透過行為表達的時期，請注意孩子的表情和玩遊戲時的變化。如果沒有辦法隨時觀察孩子，不妨多看孩子的照片或影片。透過這個方式，也可以觀察到平時容易忽略的細節，有助於更客觀理解孩子。

備妥環境

透過仔細觀察掌握孩子的發展階段和興趣後，接著就要為他們準備一個適當的成長環境。這裡所指的環境，不侷限於教具，孩子的生活環境也包含在內。孩子們會透過觀看物品的位置，感受到秩序與規律，在排除危機的環境中自由探索，拓展視野的寬度。透過這樣的方式，能夠自然而然培養孩子對各種狀況的應變能力。請參考下列幾點調整環境。

- 移開可能掉落或有危險的物品。
- 蓋住插座，並固定電線，避免孩子拉扯。
- 孩子觸碰得到的層板和抽屜，請勿放置危險物品。
- 請參考第 76～81 頁，打造方便孩子準備餐具、自我照顧、做家事的環境。

內化

蒙特梭利教育的訴求在於「內化」。透過讓孩子專注於自己選擇的教具，反覆遊戲、感受滿足感，並將此行為內化為終身的學習能力。往後，孩子將會更容易專注投入於一項活動之中，並且反覆嘗試，直到得到自我滿足時才停止，而這，正是所謂內化的過程。內化不會在一夕之間完成，必須透過各種活動培養和訓練，才能讓身體、心靈和認知共同成長。

為孩子準備專屬教具櫃

請觀察孩子玩遊戲的狀態，並根據孩子的興趣、發展狀況和喜好調整教具。教具櫃建議平均配置各領域（日常、感官、數學、語言、自然人文等）的教具，幫助孩子均衡發展。一開始可能會覺得要配合孩子的能力調配有點困難，但嘗試過一段時間後，自然就能培養出觀察孩子和挑選教具的能力。

放置教具時，請參考下列注意事項：

準備教具櫃

不必準備價格昂貴的教具櫃，層架、抽屜、書櫃等可以放置教具的收納用品都可以。若中間有隔板，可以在每格內放入一種教具，整理起來較為方便，不過若教具過大也可能放不進去。相反地，沒有隔板的空間較不好整理，但可以放入各種尺寸的教具。使用哪一種櫃子都無妨，唯獨不推薦將所有教具放入一個大箱子中，這樣孩子會沒辦法自己挑選想玩的遊戲。

準備適當的數量

6 個月以上的孩子準備 5～6 個，12 個月以上準備 8～10 個，至多以 10 個為上限。若要探索的物品過多，會給予孩子過多刺激，反而降低對於每個教具的專注力。請準備適當的數量，讓孩子自己挑選、專心玩遊戲。

8 個月　準備 6 種教具　　18 個月　準備 9 種教具

一個托盤一個遊戲

請針對每一項遊戲，把從頭到尾過程中會用到的物品，集中放到一個托盤上，讓孩子獨立進行遊戲。這樣一來，孩子可以自己預測物品的相關性，遊戲後也可以自己整理。如照片所示，這是用湯匙搬移鈕扣的遊戲，事先將湯匙和空碗準備好，孩子就能自己動手玩。可以事先在湯匙的位置用貼紙做標示，並告知孩子所有的物品都有自己的位置。

整理時回歸原始狀態

托盤上的教具依遊戲目的而不同。若是準備圈圈和衛生紙筒，孩子看了自然就知道要將圈圈套入紙筒。相反地，若衛生紙筒上已經套好圈圈，孩子極有可能以為是要將圈圈取出，背離最初「套圈圈」的目的。因此，整理教具時，請讓教具回歸到「開始玩之前」的原始狀態。

配合孩子的體型調整

準備好教具櫃後，請以跪坐姿勢，用孩子的高度檢視教具櫃，確認教具是否在孩子可以自行移動的位置、牆上掛的畫作是否過高等，將物品移到孩子雙手可以觸碰、符合孩子視線的位置。若托盤過大，不方便孩子移動，請更換成小一點的托盤。

漸進式更換教具

準備教具後約莫一週，孩子可能就會對其中一兩項教具不再感興趣。可以固定每週日或隔週時，更換孩子不太玩的教具（更換週期可依狀況調整），反之，如果是孩子喜歡的教具，放久一點也無妨。在熟悉領域內的微小變化，也能引起孩子的好奇心和挑戰精神。若是一次更換所有教具，可能導致孩子內心的秩序混亂。請逐漸更換一兩項教具，幫助孩子慢慢探索新的遊戲方式。更換掉的教具請不要放在孩子目光所及之處，收到箱子或櫃子中。

以相同教具給予新刺激

教具不必每次都換新。孩子玩過、換掉的教具，可以先保存起來，之後再變化成不同的遊戲方式。依照孩子在各個面向上的發展，相同的教具也能以全然不同的方式使用，例如微調物品的顏色、種類、盤子造型、工具種類等，可以進行更多樣化的進階應用。

14 個月　插高爾夫球座

24 個月　在高爾夫球座上放絨毛球

階段性提升難度

所有教具都必須由簡到難、由具體到抽象、由單純到複雜、由整體到局部，逐漸增加未知元素，提升難度。透過有系統的安排，能讓孩子的認知逐步深入，拓展觀察自我周遭環境的能力。

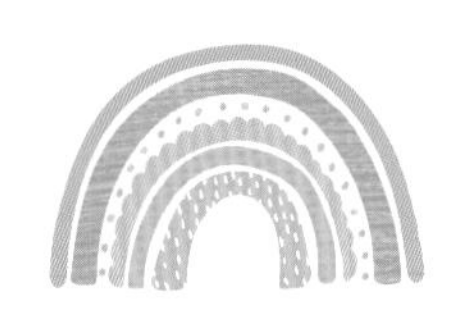

蒙式教育 Q&A

Q1. 一定要遵守建議年齡嗎？

書中提供的建議年齡，就如字面所示，僅是「建議」，並非絕對的標準。比建議的年齡早或晚一點開始都無妨。每個孩子的資質、發展速度、擅長領域、感興趣的事物各不相同，配合孩子的步調才是最重要的。只要孩子樂於參與遊戲、達成遊戲目標，就算是成功了。

Q2. 沒有專業教具，也能自己進行蒙特梭利嗎？

專業的蒙特梭利教具能夠提供正確的圖案、統一的尺寸，也兼具美感。然而即便沒有專業教具，同樣也能完整達到蒙特梭利教育的目標。本書中介紹的都是可以立刻開始玩，也能間接完成 OCCI 目標的遊戲。OCCI 指的是 Order（秩序感）、Concentration（專注力）、Coordination（適應力）、Independence（獨立能力）的縮寫，也是蒙特梭利所有活動的共同目標。

Q3. 我想要和孩子一起進行，但覺得很徬徨。

即使是單純的遊戲，實際示範時難免還是會感到徬徨或困難。在示範時，爸媽也許會說：「不，我們這麼做好了。」中途改變方式，抑或說：「啊，沒有剪刀！」而暫停遊戲。爸媽搖擺不定的態度會導致孩子的集中力下降。在示範給孩子看之前，請先演練多次，確認是否有遺漏掉的東西，並且熟悉遊戲流程。示範時的說明盡量簡短，幫助孩子專注於遊戲過程。

Q4. 要在哪裡示範，孩子看得比較清楚？

基本上會希望爸媽坐在孩子右邊，由左至右移動示範。由左至右進行的原因，在於可以幫助孩子間接體驗。如果爸媽是左撇子，則要坐在孩子的左側，才不會撞到孩子。假設孩子倚靠著爸媽，或是呈現跪坐姿勢，建議爸媽坐在比孩子前面的位置。不過，此時要改用左手，由右至左活動，孩子才能看得清楚。爸媽示範的時候，孩子不必完全跟著照做。一方面孩子還小，而且強制行為也會降低孩子的興趣，請尊重孩子，讓孩子自由遊戲。

Q5. 所有的遊戲都需要示範嗎？

不用。例如探索籃子的遊戲（P90，籃子裡的冒險）就沒有特別玩法，請給孩子自由探索的機會，盡量減少提示和指示。若有既定的遊戲方法，請示範給孩子看。帶著教具對孩子說：「今天來用湯匙搬扣子吧！」時，孩子會看著教具猜測是什麼遊戲，並且帶著期待看大人示範。示範結束、整理教具後，對孩子說：「要不要來試試看呢？」讓孩子自行嘗試。若是孩子已經知道遊戲方法的類似遊戲，也可以省略示範過程。有時候會遇到孩子對示範的遊戲不感興趣，想玩其他遊戲的狀況，這種時候不必勉強，建議遵照孩子的意願，等孩子感興趣再玩即可。

Q6. 教具要由大人來整理嗎？

若孩子把教具櫃的籃子翻倒或拖拉出來，大家可能會認為孩子沒有整理的概念，但其實孩子會觀察大人的動作，並且記在腦中。孩子會透過反覆觀察大人的行為，學習到從一開始的選擇道具，到最後的整理過程，了解各個階段的流程。雖然書中沒有特別說明，但遊戲結束後，請務必將教具回復原來的樣貌，整理好、收進教具櫃中。

Q7. 如果孩子沒有照示範的方式做，該怎麼辦？

孩子沒有按照示範去做，不代表就是錯的。因為每個孩子的喜好、遊戲習慣、發展程度都不同，即使是同樣的教具，也可能以不同的方式使用。舉例來說，放球進罐子（P43）遊戲中，一開始會準備三顆球，但孩子可能放進一顆球後就取出，反覆這個動作。但即便如此，依然能夠達到預期的遊戲目標，像這樣的情況，不妨就讓孩子以自己的方式享受遊戲吧。

Q8. 孩子做錯時，該如何糾正？

發現孩子做錯時，比起責罵或糾正，不如幫助孩子自己發現並導正錯誤。如果孩子看到數字四，卻放了三，可以在旁邊提醒：「一、二、三，接下來是多少呢？要不要再放一次看看？」幫助孩子自行修正。自己發現錯誤並改正，可以讓孩子不害怕挑戰與失敗。如果孩子沒有自信，可以鼓勵孩子和爸媽一起挑戰；如果孩子不感興趣，建議隔一段時間再嘗試。假若孩子反覆出錯，或是覺得困難，很可能是遊戲還不符合孩子的發展階段，請多加留意。

Q9. 示範過後，可以把遊戲主導權交給孩子嗎？

在遊戲開始之前，可以透過例如：「玻璃瓶中有什麼呢？」的話語引導，激發孩子的興趣和探索意願。不過要注意，避免用強迫或指示的口氣對孩子說話。看著孩子玩時，可以說：「橘黃色的彈珠放到瓶子裡了呀」、「發出噹噹噹的聲音了呢」，描述出孩子的行為和結果。透過各種擬聲、擬態語幫助孩子的語言發展，也更能提升遊戲的樂趣。進行美術遊戲時，也可以說：「好像一圈圈的蝸牛唷」、「跟蘋果一樣是紅色的」用言語來形容線條與顏色。孩子透過媽媽的描述，會感受到自己的行為被尊重，同時也接收到各種語言表達。書中收錄了各階段的對話，請多加參考。

Q10. 孩子一直把教具放進嘴巴，很難進行遊戲。

根據佛洛伊德的發展理論，在第一階段的口腔期時，孩子會透過將物品放到口中含或咬，確認物品的外觀和特徵，藉此感受樂趣與消除緊張感。透過嘴巴充分探索之後，才會進入下一個階段。孩子經常將教具放進嘴巴並不是問題，僅是口腔期需求的強弱差異而已。在不影響遊戲進行的情況下，若孩子將教具放進嘴巴，請試著轉移孩子的注意力。假若比起玩遊戲，孩子對於將教具放進嘴巴更感興趣，不妨過一兩週再嘗試。孩子在成長的過程中，對於手的控制會愈來愈靈活，逐漸減少以嘴巴探索的時間，改用手進行探索。

Q11. 有的教具孩子玩一兩次就不玩了。

孩子不玩的最大原因，在於興趣和難易度。如果這個遊戲的難度已經低於孩子的發展階段，對他來說太簡單了，孩子可能就會覺得無聊。反之，如果一開始就給孩子太難的遊戲，則會經歷失望與挫折。在說出：「媽媽先試試看好不好？」之前，請先觀察教具是否符合孩子的發展階段。大人眼中微小的差異，對孩子來說可能相當巨大。選擇難易度在孩子能夠自己完成範圍內的遊戲，不僅有助於刺激孩子挑戰，挑戰成功也會更有成就感。

Q12. 孩子很容易厭倦，該用新的教具刺激嗎？

面對同樣的教具，有的孩子只花幾天就探索完，也有的孩子喜歡慢慢享受探索的樂趣。同樣地，有的教具孩子可以玩很久，自然也有的完全不感興趣。如果一遇到孩子不喜歡的就換掉，如同每次都帶孩子去不一樣的地方，無法得到探索的樂趣。比起持續給予新的刺激，更建議以現有教具配合孩子的能力調整遊戲方式。或者，盡量以孩子感興趣的事物來帶入遊戲，也是很好的方式。假設孩子喜歡汽車，可以讓孩子連結汽車和物品的顏色，或是數汽車的數量等，進行相關的遊戲。

Q13. 孩子對聲音很敏感，害怕發出聲音的遊戲。

每個孩子敏感的部分不盡相同。對於特定感受較敏感的孩子，一旦受到刺激驚嚇時，就會透過尖叫或哭泣表達反感。遇到這樣的情況，請儘量減低刺激，漸進式讓孩子習慣。例如將物品裝入寶特瓶中搖晃出聲音時，可以先從顆粒小的米粒開始，再慢慢換成顆粒大的黃豆。遊戲中孩子漸漸熟悉是自己發出的聲音後，敏感程度也會逐步降低，明白是自己的行為產生的結果。

Q14. 遊戲中遇到不如意的事，孩子會生氣或丟東西。

孩子表達負面情緒時，極有可能是遇到現況帶來的困難。請先確認孩子是否肚子餓了、尿布濕了，或是覺得熱、冷等生理上的不舒服。若非這些原因，就可能是對遊戲有不滿的情緒。蒙特梭利的遊戲中很重要的一點，就是要配合孩子的階段調整，達到預期的目標。假設拉緞帶的遊戲對孩子來說還太難，可以將緞帶剪短一點，降低難度。假若箱子不太好開，媽媽可以先將蓋子開一半，再讓孩子接續完成。請透過這樣的方式，幫助孩子獲得成就感。

Q15. 孩子認不太出顏色，很擔心是不是發展遲緩。

一般來說，20個月大左右的孩子會開始對顏色感興趣，樂於進行和顏色相關的遊戲。不過，即便對顏色的辨識度不高也不代表發展遲緩，只是目前對顏色還沒什麼興致而已。而且這樣的孩子，肯定對顏色以外的某項事物感興趣。請仔細觀察孩子，配合他們好奇的領域準備教具，讓他們盡情享受遊戲過程。顏色相關的遊戲，就等孩子之後對顏色產生興趣的時候再進行。

Q16. 唸童話書時孩子不想聽，只想翻書。

若孩子覺得聽故事無聊，或是還不熟悉朗讀的模式時，確實有可能快速翻閱，只想趕快跳下一個遊戲。年紀小的孩子，比較適合日常相關（家、玩具等）和收錄實際照片的書籍。試著讓孩子找找生活周遭有沒有書中的物品，或是看動物相關的書籍，讓孩子將玩具和書裡的動物配對，刺激孩子的好奇心。另外，不必完整朗讀書中的內容，只要像：「有草莓啊！紅色的呢！」一樣，分享內容就可以了。書籍的目的並非「讀」，而是「探索」。有的孩子特別喜歡翻書這個動作，翻書可以訓練手指活動，也能刺激手臂和肩膀發展均衡。有的孩子喜歡翻書時發出的聲音，或是翻書時產生的微風，抑或覺得翻書的過程很神奇。請試著嘗試去了解，孩子看似單純的行為，其實蘊含著多種需求。

Q17. 該如何稱讚孩子呢？

當孩子正確配對書上的物品時，比起誇獎「好棒！」，更建議以「你放了紫色葡萄啊」、「黃色的都在一起了！」這種，透過具體描述孩子的行為來稱讚。相較於遊戲結果，過程更能讓孩子感受自豪與滿足，因為是透過自己的努力得來的結果。另外，也可以透過拍手、擊掌、比大拇指、點頭等非語言的表達來稱讚孩子。

Q18. 我準備了兒童圍欄，但孩子一直想逃脫。

雖然圍欄可以提升安全性，但我在孩子開始爬的時候並沒有使用，只鋪了地墊，讓孩子可以自由探索整個家，滿足孩子的好奇心。當然，家裡被孩子探索過一輪後，馬上就滿地都是櫃子裡的東西，還要注意有沒有危險物品，收拾起來有些麻煩，但是為了讓孩子獨立自由探索，我還是比較建議拿掉圍欄。

本書使用方法

建議年齡

幫助挑選符合年紀的遊戲。建議年齡僅供參考，必須根據孩子實際發展狀況調整。

遊戲目標

提供遊戲的核心與附屬目標。秩序性、專注力、協調力、獨立能力為全書的共同目標，不另標示。

遊戲名稱

以淺顯易懂的方式介紹遊戲名稱，幫助孩子快速掌握遊戲內容。

遊戲簡介

說明成長過程為何需要該遊戲、推薦理由，和其他遊戲的差異、相關概念和注意事項等。

準備物品

詳細記載遊戲需要的材料、數量、工具。書中主要選用方便取得的物品，不用購買專門教具也能進行。另外，也特別記載可替換的材料和注意事項，提供參考。

遊戲 Tip

提供注意安全事項、教具的其他遊戲方式、示範順序、難易度調整等各種資訊。

練習與遊戲過程

說明從日常練習到遊戲的步驟。遊戲進行順序可以根據孩子的發展狀況、感興趣程度和反應來做調整。

階段 Tip

收錄準備教材的參考資訊、注意事項，以及在這個遊戲階段時，能夠提升孩子好奇心的方法。

長高高比賽

建議年齡 18 個月以上

遊戲目標 訓練高度辨識能力・體驗數與順序概念

蒙特梭利有一種叫「紅棒」的教具，從 10 公分到 100 公分，每次增加 10 公分，除了高度不同之外，寬度和顏色都是一樣的，很適合用來幫孩子建立高度概念。利用衛生紙筒，也能製作類似的教具。當孩子能夠正確區分「長、短」後，就能再進階分出「短、有點長、很長」。

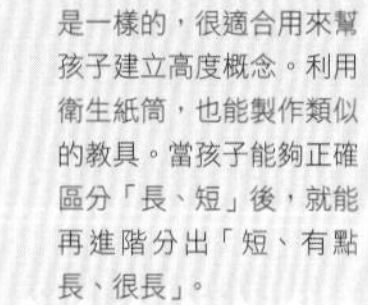

準備物品

- 衛生紙筒 3 個
- 裝衛生紙筒的籃子 1 個
- 熱熔膠
- 美工刀

應用 積木 數個

遊戲 Tip

- 說到「長」的時候，可以將聲音拉長，用手比出長長的樣子。說到「短」的時候，聲音短促，並且將雙手靠近，比出短的樣子。

1 將一個衛生紙筒對半切開。

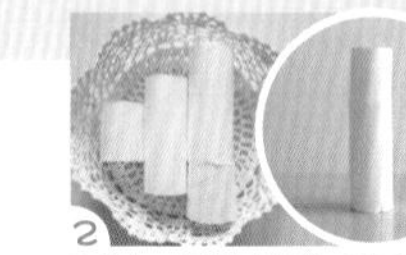

2 取其中一半的衛生紙筒，貼到另一個衛生紙筒上，做成三個長度不同的衛生紙筒。

Tip 以原本的衛生紙筒高度為基準，比例分別為 0.5：1：1.5。

3 讓孩子探索衛生紙筒。

「長長的呢。」

「中間有洞耶！」

4 讓孩子把衛生紙筒立起來。

（指著短的）「這個很短。」

（指著中長的）「這個有點長。」

（指著長的）「這個最長。」

5 利用長度相關的問題持續與孩子對話。

「把短的放到頭上。」

「把最長的給媽媽。」

應用 把積木堆成和衛生紙筒一樣的高度，進行比較。

（指著最長的）「長的要疊很多積木才夠高。」

（指短的）「短的兩個就夠了。」

118

配對④：

建議年齡 18 個月以上

遊戲目標 提升視覺辨識

＊可掃描右圖 QR Code，下載動

孩子在接觸各種物品後，會透過感官自然記憶物品的顏色、外型、觸覺等，並隨著經驗慢慢能夠細分出差別。配對遊戲的第四階段，是影子的配對。沒有其他特徵，只能透過外型判斷，因此難度比圖片配對還要高。先讓孩子透過陽光探索影子，熟悉以後再進行遊戲。

準備物品

- 動物照片 6 張
  請挑選形狀明顯不同的貼紙。
- 白紙 12 張
  請準備長寬約 10 公分的紙張。
- 黑色圖畫紙 2~3 張
- 裝卡片的籃子 1 個
- 原子筆 ● 剪刀 ● 膠水

應用 透明免洗湯匙 10 個、裝湯匙的杯子 1 個、油性簽字筆

遊戲 Tip

- 先取出一張卡片，接著再取出一張。如果兩張相同，就說：「一樣」後放在一起；如果不一樣，就說：「不一樣」後放回去。重複同樣步驟，直到所有卡片配對完畢。

1 準備動物輪廓的圖 紙上照描後剪下，

Tip 將兩張黑色圖 剪，就能一次完成

3 讓孩子取出卡片後 動物。

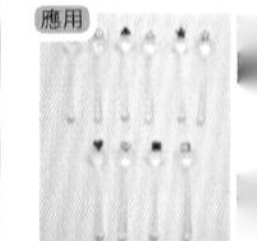

應用 在透明湯匙上畫圖

Tip 其中一個圖案

力和反應

2
將剪下來的動物剪影貼到紙上，
做成 12 張剪影卡。

4
引導孩子配對剪影卡。
「長頸鹿和長頸鹿，是一樣的。」
「長頸鹿影子找到朋友了。」

匙疊起來。
一個完全塗滿。

163

輔助教具下載

遊戲所需要的各種圖卡、音檔，都可以透過QR碼下載。
若手機有設定連接印表機，就能輕鬆列印出來。

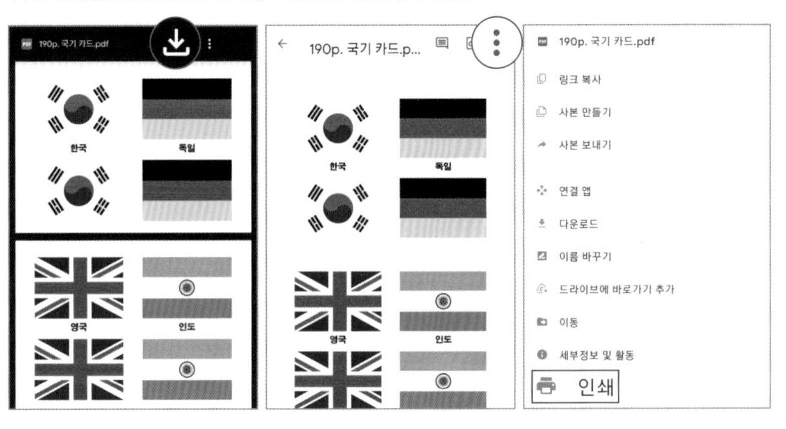

1. 掃描 QR 碼
2. 下載圖卡或音檔
3. 列印檔案

若需要下載檔案，只要連上共用雲端，就可以自行選擇與下載。
列印時，注意要設定成列印實際大小，才不會被縮小。

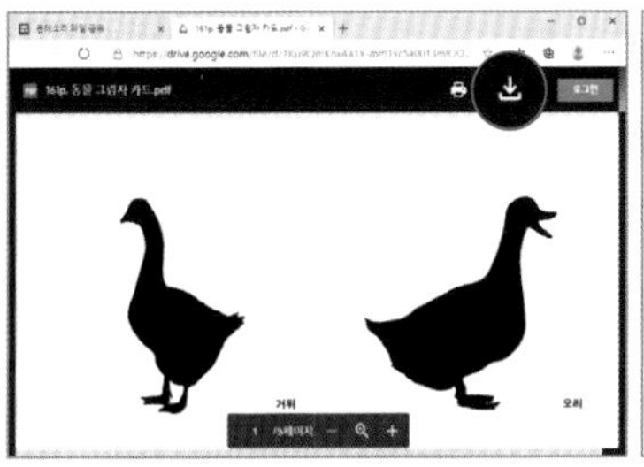

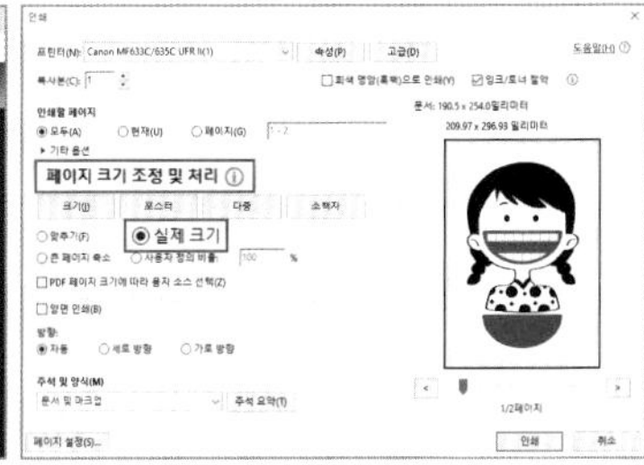

1. 連上共享雲端
2. 選擇檔案並下載
3. 列印檔案

聆聽音檔

本書遊戲所需的動物叫聲，可以直接掃描 QR 碼聆聽。音檔收錄 10 種動物（豬、狗、貓、公雞、牛、馬、羊、鴨、獅子、麻雀）的聲音，請多加利用。

參考互動對話

收錄各階段的對話，幫助引導孩子專注、探索與語言發展。建議根據孩子的行為和遊戲結果，做出各種不同的回應。

應用遊戲

介紹該遊戲教具的其他遊戲方式，或可以更換的遊戲道具。

目錄

01 發展生活技能的日常領域

02 奠定學習基礎的 感官領域

03 訓練邏輯思考的 數學領域

04 聽說讀寫的表達能力 語言領域

自由自在探索世界的

05 自然人文領域

01 發展生活技能的日常領域

在日常領域中，有許多種蒙特梭利的遊戲，有的可以幫助手、腳肌肉發展，有的能夠促進身體肌肉發展，同時習得生活需要的技能。透過照顧自我和環境的遊戲，帶孩子熟悉基本生活型態，除了培養相信自我能力的自信心，也能進一步學習關懷他人與環境。在體驗日常生活的技能中，學習適應環境與自我獨立。

☑ 用孩子周遭的生活用品當教具

透過鍋子、湯匙、盤子、杯子等實際在使用的生活用品進行遊戲，能夠提升日常的參與感，有助於孩子熟悉周遭環境和生活方式。不過要注意具有危險性的玻璃材質，只能提供給已經有危機感，並且能夠自主控制行為的孩子，過程中需要由父母陪同，在地墊上進行。

☑ 依照發展階段，提供適當教具

孩子的小肌肉活動發展順序，依序為「拉→放→搬移→倒」。即使是同樣的「放置」動作，放到哪裡、放什麼東西，難易度都有所差異，提供的物品請從大到小、厚到薄做準備。等熟悉手部動作以後，就可以進階挑戰使用工具的遊戲。「倒」的動作則是從豆子、米等固態物品開始，再漸漸進展到液體。

☑ 逐漸增加數量、提升難度

一開始先準備 3～4 樣物品，之後再慢慢增加。假設是移動球的遊戲，一開始先準備三顆球就好。孩子移動完三顆球後看著完成的空盤子，會感受到成就感。等孩子已經熟悉遊戲後，再增加個數，提升遊戲難度；若孩子開始厭倦遊戲後，也可以更換物品，刺激孩子的好奇心。

☑ 尊重並給予孩子時間

由於孩子的肌肉發展尚未完全，難以自我掌控動作，因此有些動作較難執行。若是在孩子能夠自行完成的範圍內，請不要介入，讓孩子自己挑戰。孩子經歷挫折後，會更進一步成長。如果遊戲太過困難，可以讓孩子嘗試一段時間後，再次和孩子說明。

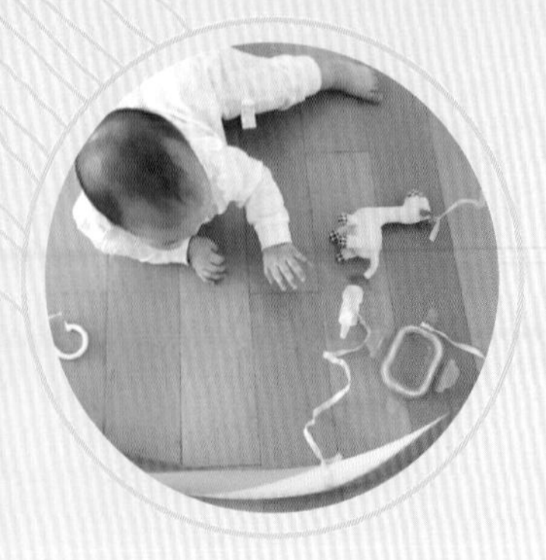

探索呼拉圈世界

建議年齡　6 個月左右

遊戲目標　訓練大肌肉・探索周遭環境與事物

孩子成功翻身後，會開始嘗試活動手腳來移動身體。透過反覆練習，身體和腳會開始產生力量，慢慢學會爬行。這個遊戲推薦給剛學會轉換身體方向、開始爬行的孩子。等孩子習慣爬行以後，經常會在呼拉圈中玩一玩就爬到外面去。

能力需求

孩子已經能將身體往左或是往右側移動。

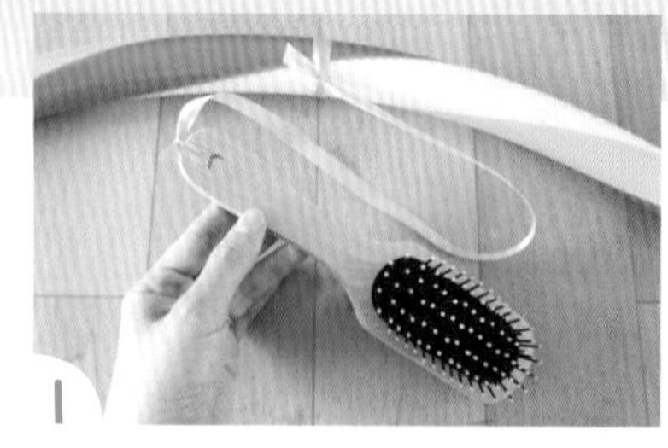

1

將緞帶一側綁在呼拉圈上，另一側綁在物品上。

Tip 注意緞帶不要過長，避免孩子移動時絆到身體或腳。

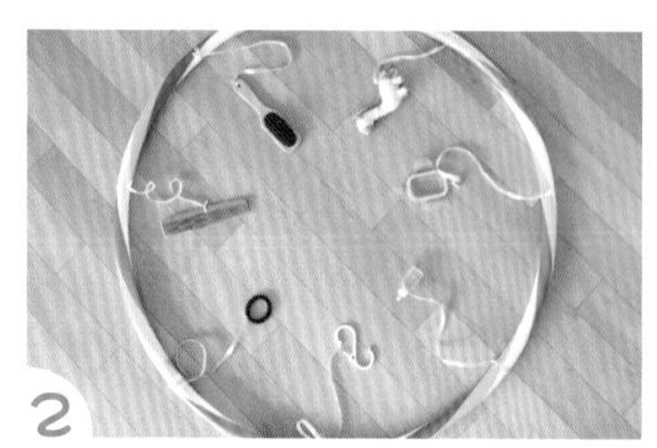

2

維持一定間隔綁上各種物品。

3

將孩子放到呼拉圈內。

「進到圈圈裡面了呀！」
「這裡有好多東西呢！」

4

讓孩子以各種方式探索物品。

「你在敲地板呀！有『咚咚』的聲音呢！」
「你放到嘴巴啦！」

準備物品

- 呼拉圈 1 個
- 緞帶 7～8 條
  可以使用不同的線或繩子，給予更多刺激。
- 在呼拉圈上的物品 7～8 樣
  梳子、玩偶、藥罐、蓋子、海綿等各種物品都可以。如果是可以打開的物品，孩子很容易在摸索時打開，所以像藥罐等可能造成危險的罐子務必鎖緊。

遊戲 Tip

- 如果孩子還不會移動身體，可以由媽媽轉動呼拉圈，將物品移到孩子面前。
- 可以將呼拉圈稍微提起來，讓孩子的視線從地板往上移。

密封袋裡的小祕密

建議年齡　6 個月左右

遊戲目標　訓練大肌肉・透過感官刺激訓練探索能力

將各種物品放入密封袋內，貼牢在地上，讓孩子自由探索。朝物品轉向或移動的過程，能夠幫助訓練孩子的大肌肉發展。體驗不同的觸感也能夠刺激感官，促使孩子對周遭產生好奇心。透過密封袋觸摸物品，是不同於直接觸摸的全新感受。

準備物品

- **密封袋 4 個**
- **放入密封袋的 4 種物品**
  請準備吸管、豆子、米、絨毛球等觸感差異大的物品。
- **透明膠帶**
  請準備寬膠帶。

遊戲 Tip

- 若孩子還無法自己變換方向，請將密封袋貼在孩子雙手可及的地方。若孩子可以換方向，但還無法前進，請貼在以孩子為中心、雙手摸得到的範圍內。若孩子已經會爬行，建議讓各物品保持間隔貼成半圓形或直線，讓孩子邊移動邊探索。

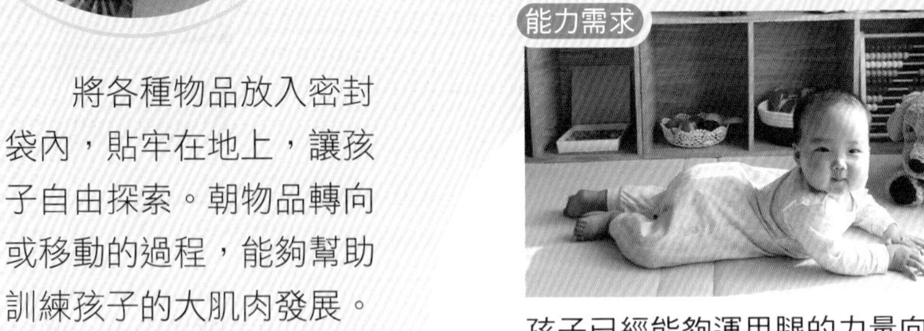

能力需求

孩子已經能夠運用腿的力量向前爬行。

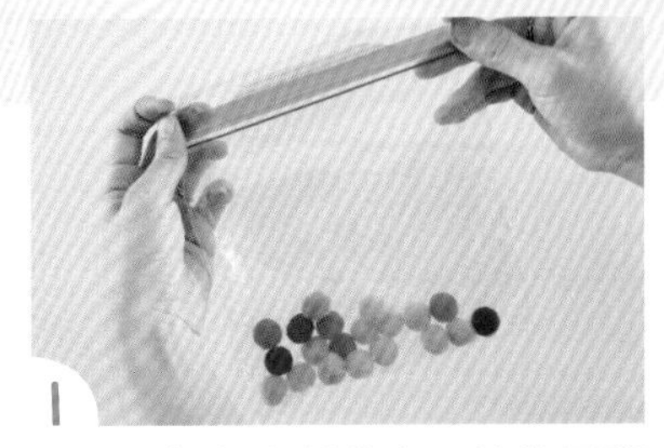

1

將物品放進密封袋中，接著用膠帶將密封口仔細封緊。

Tip 米、豆子等若跑出來就無法重複運用，因此務必封緊。

2

將密封袋放在地上，彼此間隔一定的距離，並以膠帶牢牢固定。

Tip 若只貼上下邊，孩子拉扯密封袋時，可能會整個拉起來。

3

讓孩子趴在地上摸索密封袋。

「地上有東西呢！」
「摸摸看，感覺怎麼樣？」

4

讓孩子朝下一個物品移動。

「喔？旁邊也有呢！」
「慢慢爬到這邊來！」

5

讓孩子自由探索物品。

「用手摸會發出聲音哦！」
「這東西是不是長長的呢！」

衛生紙筒襪子架

建議年齡 6 個月以上

遊戲目標 訓練大、小肌肉&手眼協調・感受襪子的顏色、圖案和觸感

通常小孩子都很喜歡抽衛生紙的感覺，這個是基本動作技能之一的「拉」。從衛生紙筒中抽取襪子的遊戲，可以幫助孩子練習控制手部的力量。一開始可以讓孩子單純體驗抽襪子，年紀大一點後，再改成取出後放回去的遊戲，讓孩子在不同階段做不同的體驗。

準備物品

- 襪子 5 雙
  請準備不同顏色、圖案、材質的襪子，刺激孩子的觸覺和視覺。
- 衛生紙筒 5 個
- 貼衛生紙筒的箱子 1 個
- 熱熔膠

應用 有洞的玩具

1 使用熱熔膠將衛生紙筒黏緊於箱子上。

Tip 在「五色絨毛球（P110）」的遊戲中也會用到，請好好保存。

2 在每個衛生紙筒中放入襪子。

Tip 可以讓襪子稍微突出紙筒外，方便孩子拿取。

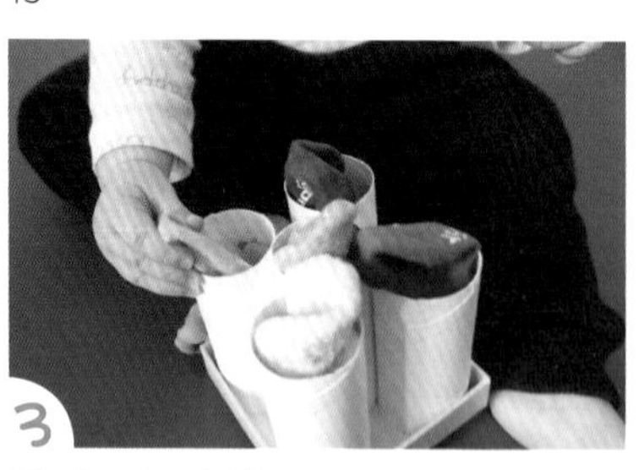

3 讓孩子探索襪子。

「裡面有襪子呢！」
「有黃色，也有綠色呢！」

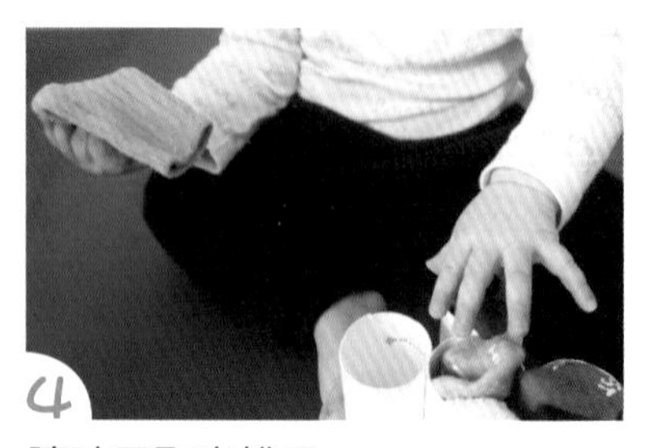

4 讓孩子取出襪子。

「哇～你拿出黃色襪子了！」
「襪子跑出來了！」

5 讓孩子體驗「無」的概念。

「（指著空的紙筒）沒有了！」
「你把裡面的襪子拿出來了！」

應用

也可以改使用有洞的玩具。

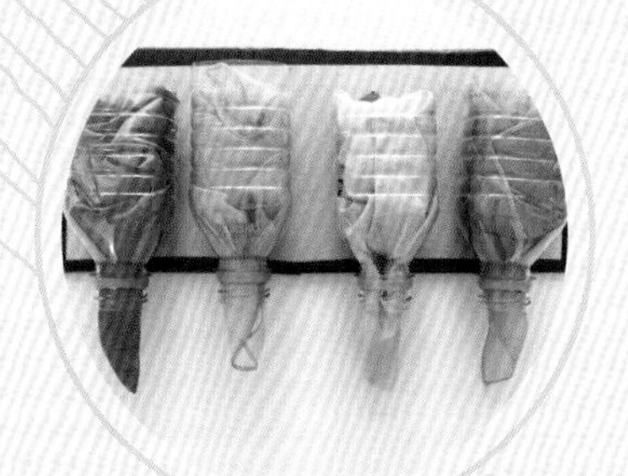

寶特瓶拉手帕

建議年齡 6 個月以上

遊戲目標 訓練大、小肌肉＆手眼協調．以色彩提升視覺辨識能力

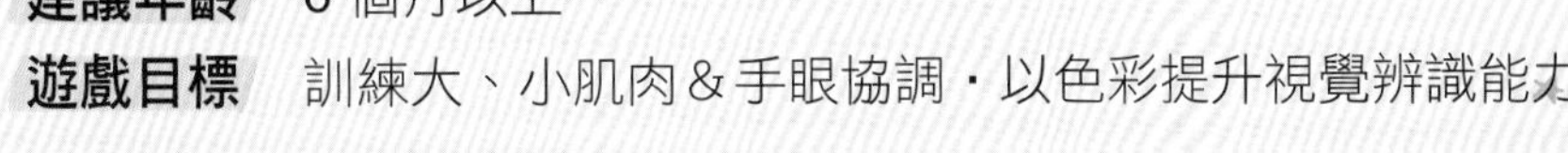

當孩子的頸部、背部開始變得有力，可以坐著活動時，很適合玩這個塑膠瓶拉手帕的遊戲。將寶特瓶固定在符合孩子的高度，讓孩子拉扯其中的手帕。如果孩子的手還不夠力，建議準備比棉質更輕薄的絲、麻等材質。如果孩子拉不到，可以幫忙先拉出手帕的一角。

準備物品

- 500ml 寶特瓶 4 個
- 厚紙板 1 塊
  請裁成約 40×15 公分的大小，方便黏貼 4 個寶特瓶。
- 手帕 4 條
- 束帶或鐵絲 4 條
- 美工刀　● 剪刀　● 錐子

遊戲 Tip

- 將教具固定於牆面時，可以善用不會殘留膠帶痕跡的冰箱或書櫃側面，也可以掛在孩子床邊、圍欄上，或是由媽媽拿著也無妨。

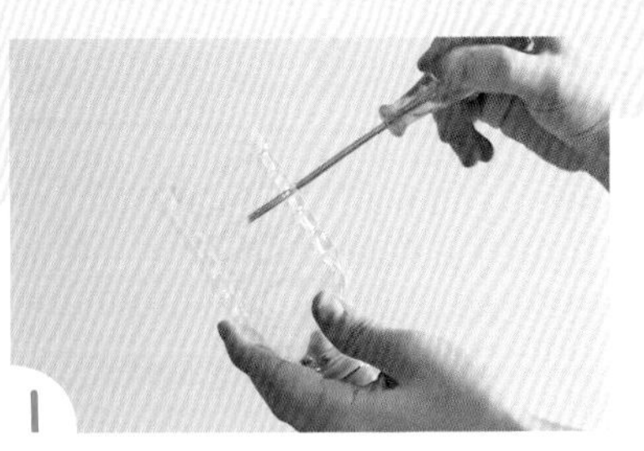

1

將 4 個寶特瓶對半切開，接著在每個寶特瓶側邊直向鑽兩個洞。

Tip 如果寶特瓶的切面很銳利，請用膠帶貼起來。

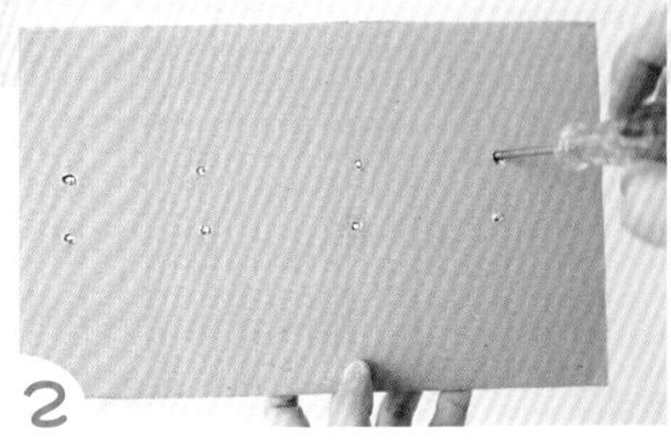

2

以錐子在厚紙板上鑽兩排橫向 4 個洞（共 8 個洞）。

Tip 直向間距要和寶特瓶上的洞一樣，橫向間距要比寶特瓶寬。

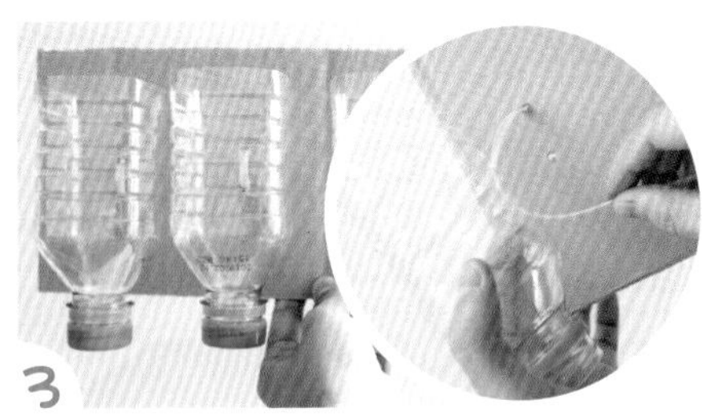

3

用束帶穿過寶特瓶和厚紙板上的洞，固定寶特瓶。

Tip 綁好後請將束帶剪短，避免露出紙板外。

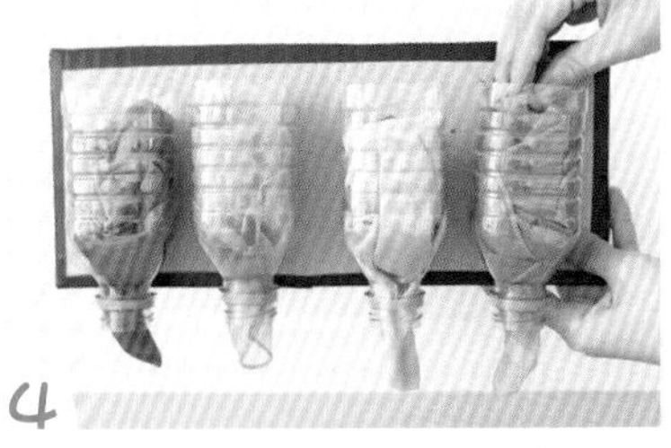

4

打開寶特瓶瓶蓋，從瓶口塞入手帕，手帕底端稍微露出瓶口。

Tip 如果將手帕整團從上面放入，孩子不容易抽出來。

5

將教具放在符合孩子身高的地方，讓孩子伸手摸。

「你在摸瓶子呀！」
「瓶子裏面有手帕呢！」

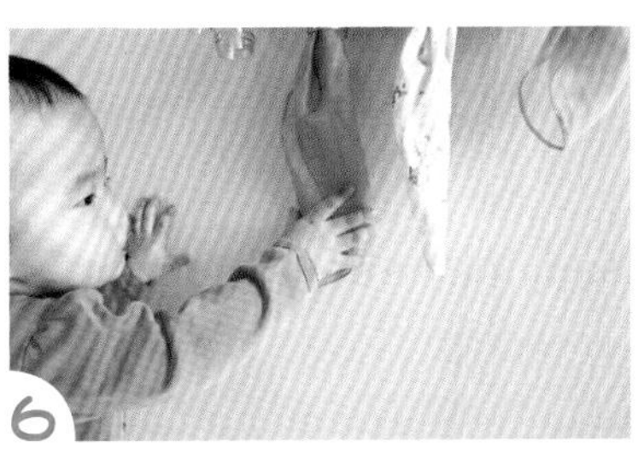

6

讓孩子拉寶特瓶中的手帕。

「抓到灰色手帕了呢！」
「慢慢往下拉拉看。」

馬克杯拉沐浴球

建議年齡　6 個月以上
遊戲目標　訓練大、小肌肉＆手眼協調・體驗沐浴球觸感

孩子們為了獲得感興趣的技能，不自覺就會練就適應生活各種狀況的能力。父母可以仔細觀察，為孩子準備相關的遊戲。孩子在設置好的環境中反覆練習、成功後，因為內心感受到滿足、幸福感，情緒也會更為安定。

準備物品

- 沐浴球 1 個
  孩子可能會放進嘴巴，使用前請先洗乾淨並晾乾。
- 馬克杯 1 個
  請準備和沐浴球大小差不多的馬克杯，讓孩子需要稍微用力才能取出。

遊戲 Tip

- 馬克杯可能會掉落，請盡量在軟墊上進行。
- 孩子自己放沐浴球可能有困難，請大人幫忙放。

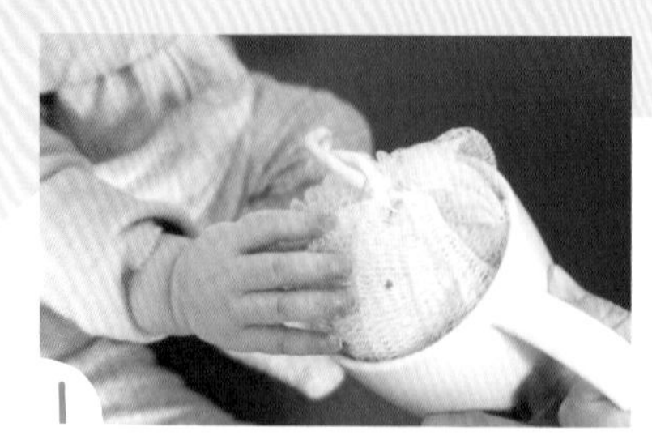

1 將沐浴球放入杯中準備。
「這是什麼呢？」
「軟軟的耶！」

2 讓孩子拉沐浴球。
「你抓到拉環了呢！」
「我們來拉拉看吧？」

3 讓孩子體驗行為的因果關係與消失的概念。
「你把沐浴球拉出來後，杯子就空了呢！」
「什麼都沒有啦！」

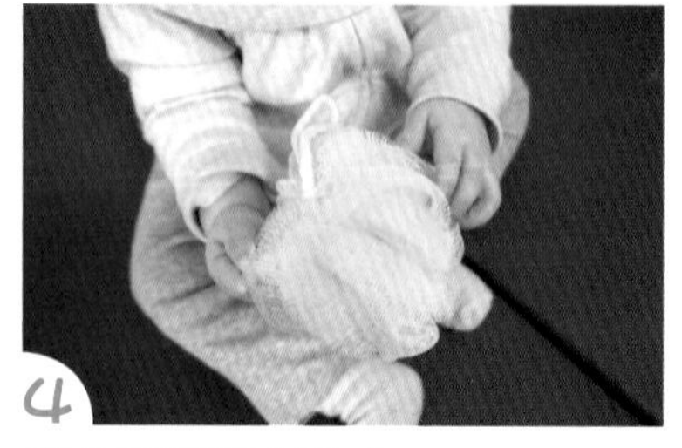

4 讓孩子觸摸沐浴球。
「沐浴球摸起來感覺怎麼樣？」
「是不是軟軟的？」

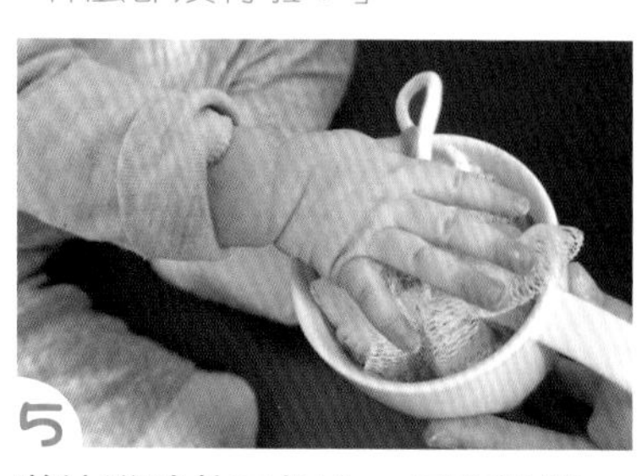

5 將沐浴球放回杯中，反覆遊戲。
「再拉拉看吧！」
「又放回杯子裡了呢！」

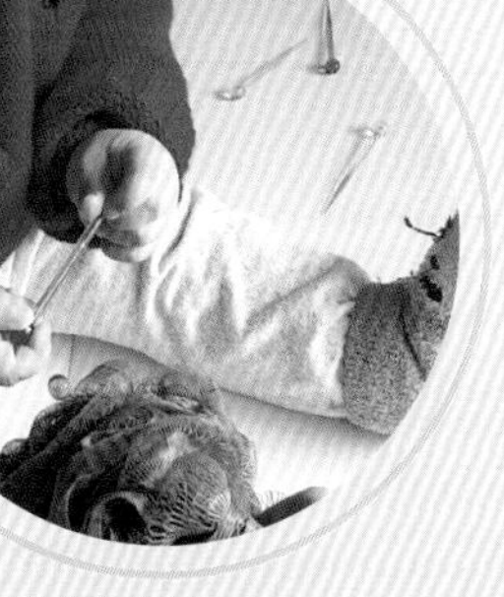

沐浴球拉叉子

建議年齡　6 個月以上

遊戲目標　訓練大、小肌肉＆手眼協調・滿足成就感與好奇心

這個遊戲可以體驗逐一拔出沐浴球中叉子的樂趣，也可以滿足找出叉子的好奇心。一開始請由大人拿著沐浴球，配合孩子的視線轉動，方便孩子找出叉子。等孩子雙手更為協調後，就能讓孩子自己拿著沐浴球轉動找叉子。

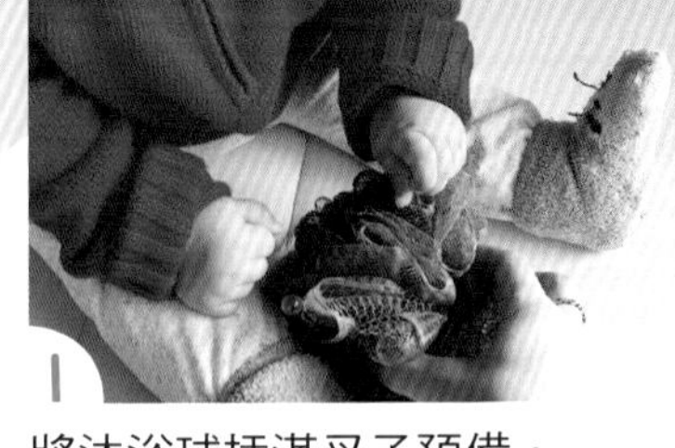

將沐浴球插滿叉子預備。

「看起來像圓圓的球呢！」
「喔？圓球上有其他東西呀！」

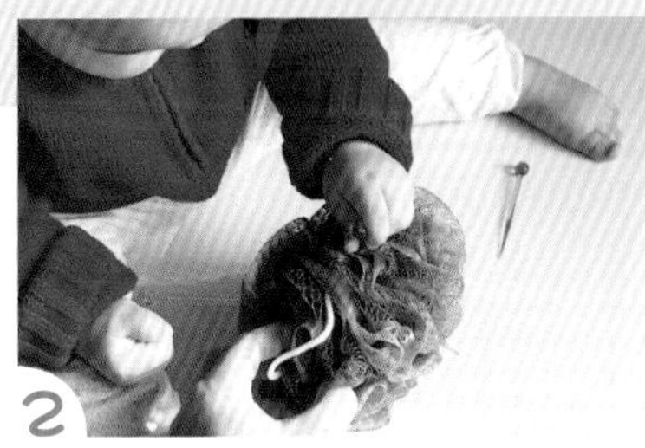

引導孩子在沐浴球中找叉子，並拉出來。

「你的叉子在哪裡呢？」
（指著叉子）「在這裡。」

讓孩子探索叉子。

「你拉住叉子呀！」
「咚！像蛇一樣長長的叉子出來了呢！」

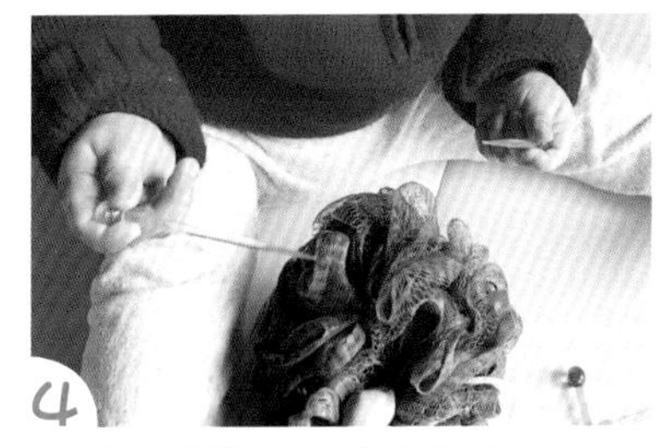

遊戲持續進行到拔完為止。

「找找看哪裡還有吧！」
「好多叉子藏在裡面呢！」

準備物品

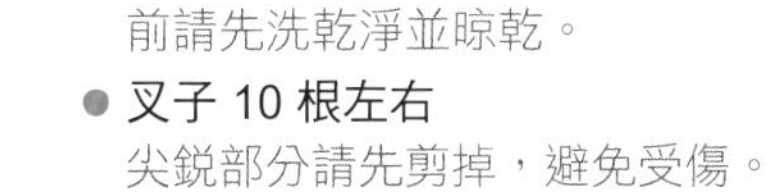

- 沐浴球 1 個
  孩子可能把東西放進嘴巴，使用前請先洗乾淨並晾乾。
- 叉子 10 根左右
  尖銳部分請先剪掉，避免受傷。

應用　也可以準備 8 公分的高爾夫球座，10 個左右。

應用

可以用高爾夫球座代替叉子。

遊戲 Tip

- 請務必在旁協助，避免孩子將叉子放嘴巴或刺傷眼睛。
- 孩子拔出所有的叉子後，請將叉子再次插回。

拉籃子緞帶

建議年齡 6 個月以上

遊戲目標 訓練手眼協調＆抓取能力・感受緞帶的顏色、花紋、長度、質感

孩子拉出緞帶的過程中，會活動肩膀和手臂，也能訓練手指的肌肉。最好準備長度不一的數條緞帶，拉出長緞帶會需要比較長的時間，短緞帶則可以快速完成，發出的聲音也不同。讓孩子感受長短的差異，幫助孩子訓練感覺認知。

準備物品

- 有洞的籃子 1 個
- 緞帶多條
  如果寬度超過籃子的洞，或材質太過粗糙，孩子會不容易拉。
- 剪刀

遊戲 Tip

- 等孩子拔出所有的緞帶後，將緞帶再次放回去。當孩子認為自己「已經沒有緞帶了！」、「把所有緞帶都拉出來了！」時，會感受到成就感，主動產生想要再玩的動機。

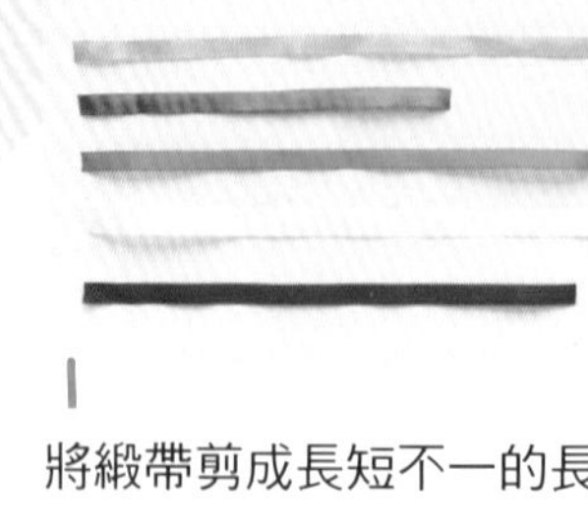

1 將緞帶剪成長短不一的長度。

2 將緞帶如同編織般穿進籃子中。

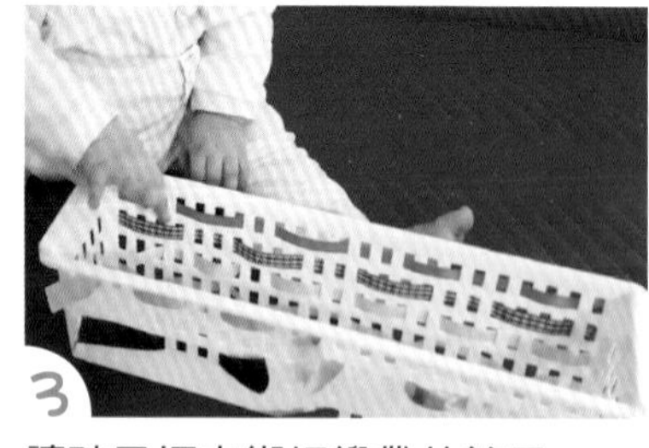

3 讓孩子探索綁好緞帶的籃子。

「籃子好多顏色呀！」
「到處都有緞帶呢！」

4 讓孩子從籃子中抽出緞帶。

「手往上伸得直直的！」
「緞帶好長唷！」

5 用各種方式表達聲音和顏色，刺激語言發展。

「咻～抓到橘黃色的緞帶！」
「緞帶發出嘶嘶的聲音跑出來了唷！」

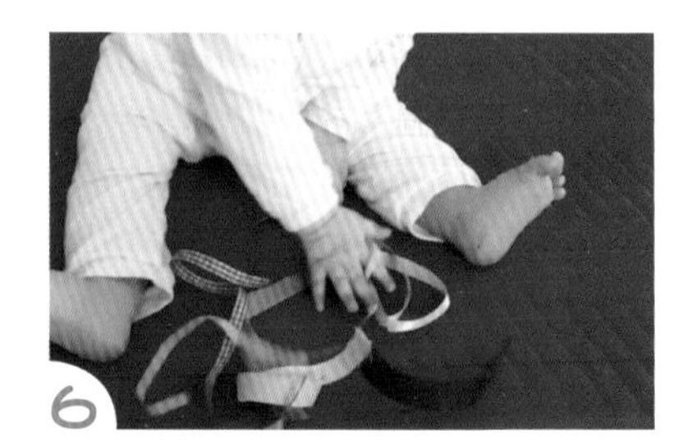

6 讓孩子理解長度概念。

「長長的緞帶垂到地上了！」
（指長、短的緞帶）「這是長的，這是短的。」

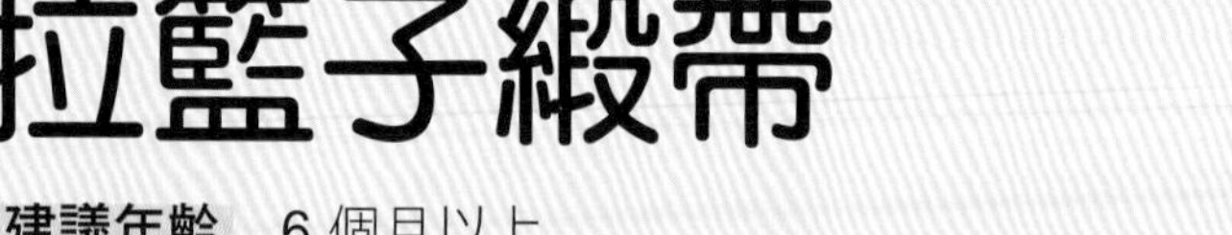

吸管杯抽抽樂

建議年齡　6 個月以上

遊戲目標　訓練大、小肌肉協調・體驗因果關係

　　前面的「拉籃子緞帶」是將緞帶拉出來的遊戲，這次則是將緞帶放入吸管杯中，再讓孩子抽出來。緞帶愈長，需要愈多時間拉，建議先從短的緞帶開始，再慢慢加長。透過拉緞帶，可以讓孩子培養專注力、耐心，也能體驗行為的因果關係。

1 將緞帶的末端綁在一起，做成長緞帶。

2 將緞帶放入吸管杯中。

3 將緞帶末端拉出吸管杯的洞後，蓋上蓋子。

4 讓孩子探索裝緞帶的吸管杯。

「杯子裡有東西喔。」
「杯子裡好多緞帶呀！」

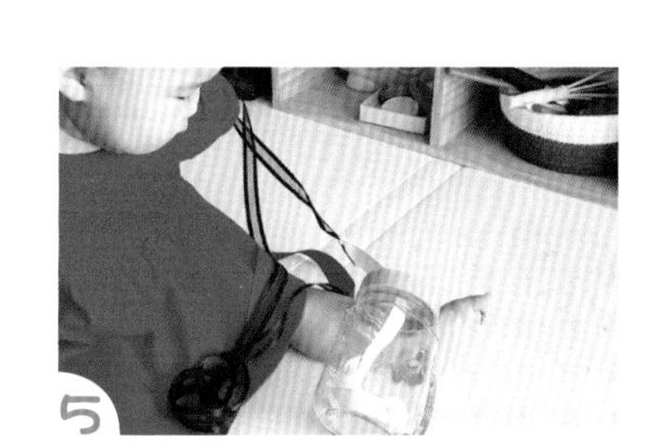

5 讓孩子抽出吸管杯中的緞帶。

「哇～拉好長哦！」
「黑色緞帶出來了！」

應用 將箱子挖洞後，放入綁在一起的布，就可進行遊戲。

Tip 請將布的末端稍微拉出來，方便孩子抓取。

準備物品

- 吸管杯 1 個
  也可以使用有吸管孔的瓶子。
- 緞帶 1～3 條
  使用顏色、圖案不同的多條緞帶，可以幫助感受視覺變化。緞帶不要過粗，避免打結或卡在吸管孔中。

應用 箱子 1 個、布 3～4 塊、美工刀

遊戲 Tip

- 遊戲途中若蓋子被打開，會變成開蓋子的遊戲。為了讓孩子完全專注，請務必將蓋子蓋緊。

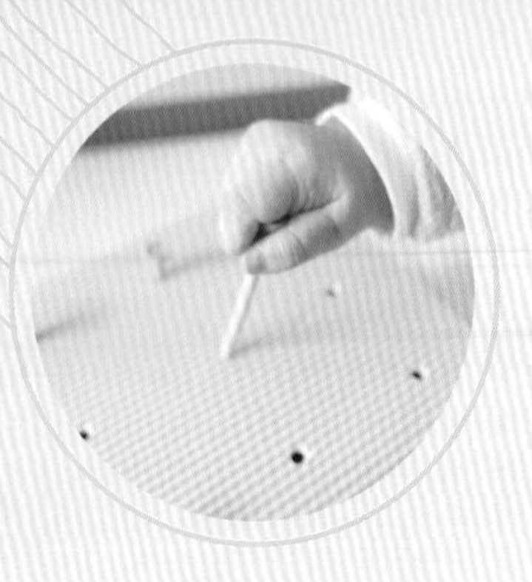

高爾夫球座箱

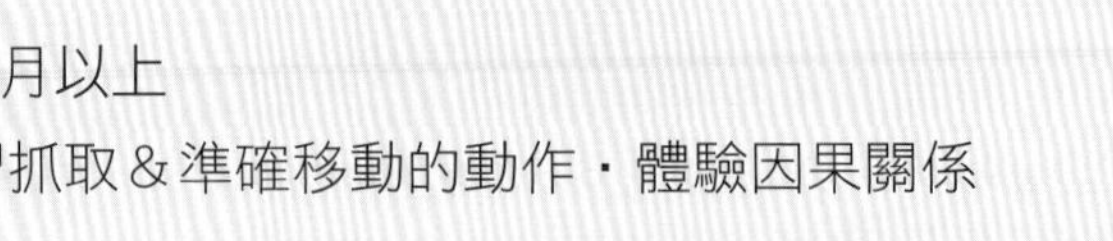

建議年齡 6 個月以上

遊戲目標 學習抓取＆準確移動的動作・體驗因果關係

放高爾夫球的球座不如牙籤或叉子尖銳，安全許多，而且價格也很平易近人，可以廣泛運用於孩子的遊戲中。一開始讓孩子玩單純的拉拔遊戲，進階一點後再加入插洞、立東西等細部的動作，可以幫助訓練小肌肉發展與手部精準移動。

準備物品

- 紙箱 1 個
  準備長寬 15 公分左右的箱子。
- 高爾夫球座 9 個
  準備 8 公分的球座。
- 錐子

應用 絨毛球 9 個
準備直徑 1 公分左右的小球，方便放於高爾夫球座上。

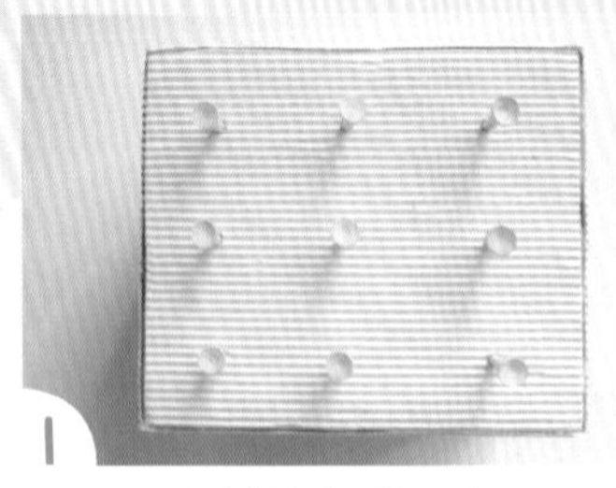

以錐子在紙箱上鑽 9 個洞，接著插入高爾夫球座。

Tip 孔洞的間隔要比孩子的手大，方便孩子進行遊戲。

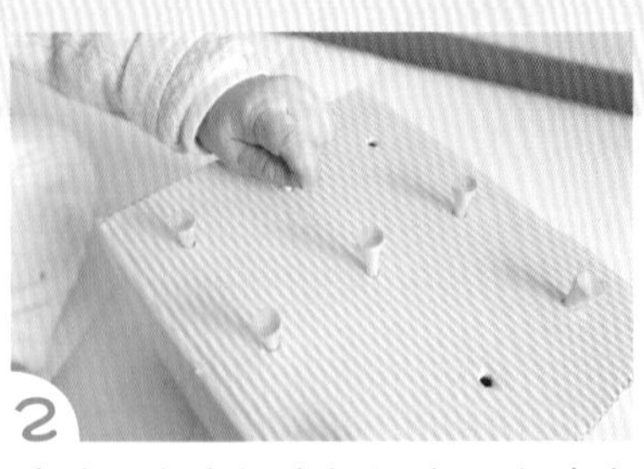

讓孩子自由探索插好高爾夫球座的紙箱。

「凸起來的是什麼呢？」
「你抓到一個了！」

讓孩子抽出高爾夫球座 。

「咻！拉起來了呢！」
「發出『咻』的聲音耶！」

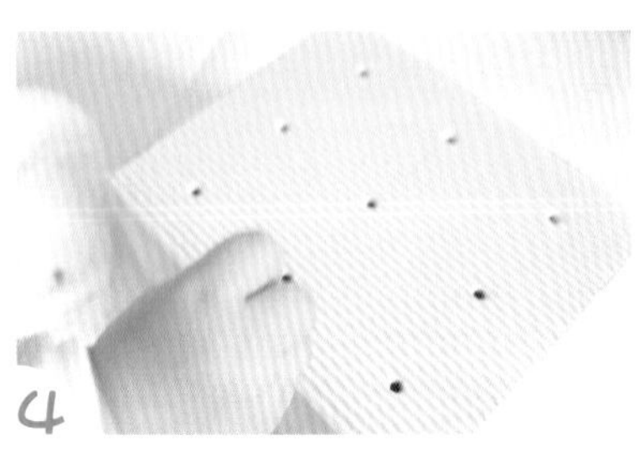

讓孩子體驗行為的因果關係。

「這是圓圓的洞。」
「拉起來以後有洞呢！」

應用1 12 個月以上

讓孩子將高爾夫球座插回紙箱的孔洞中。

應用2 24 個月以上

插上高爾夫球座後，在上方立絨毛球。

拉撕膠帶

建議年齡 6 個月以上

遊戲目標 體驗因果關係・活動肌肉・探索新材料

這是利用桌曆來進行的拉膠帶遊戲。使用絕緣膠帶，不但能讓孩子以自己的力量輕鬆撕下，而且重複利用也不容易斷裂或留下痕跡。上下拉膠帶的過程，會用到肩膀和手臂的肌肉，左右拉則能轉動手腕，幫助孩子訓練與學習活動的方式。

準備物品

- 桌曆 1 個
  使用較牢固的三角桌曆。如果沒有桌曆，可以在好貼、好撕的地板或墊子上進行。
- 絕緣膠帶 3～4 個
  請準備多種不同的顏色，幫助刺激視覺。
- 剪刀

遊戲 Tip

- 進行遊戲時，大人可以幫忙按住桌曆，避免移動。

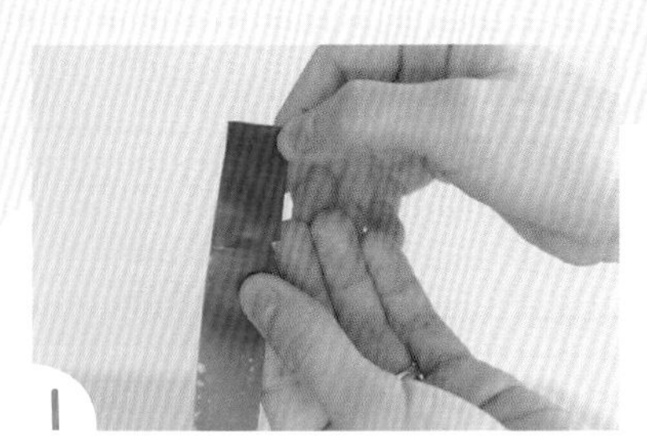

1 將絕緣膠帶的末端對折。

Tip 對折做成把手。

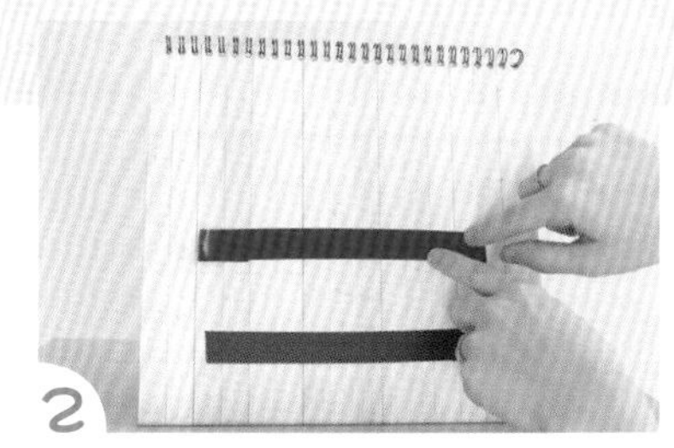

2 在桌曆的其中一面，橫向貼上不同顏色的絕緣膠帶。

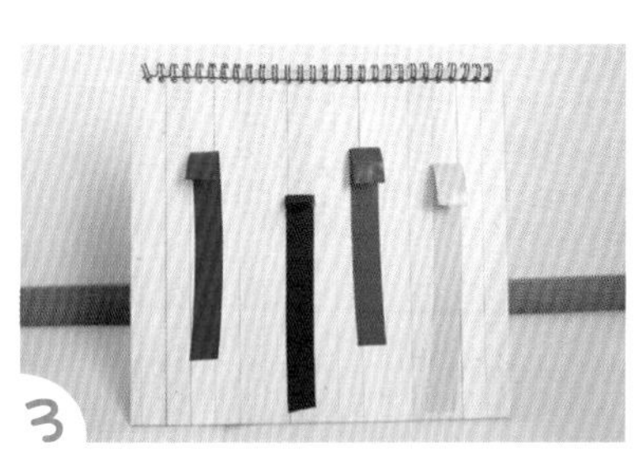

3 在桌曆另一面縱向貼上不同顏色的絕緣膠帶。

4 讓孩子開始探索貼好絕緣膠帶的桌曆。

「上面有好多顏色的線呢！」
「用手摸摸看吧！」

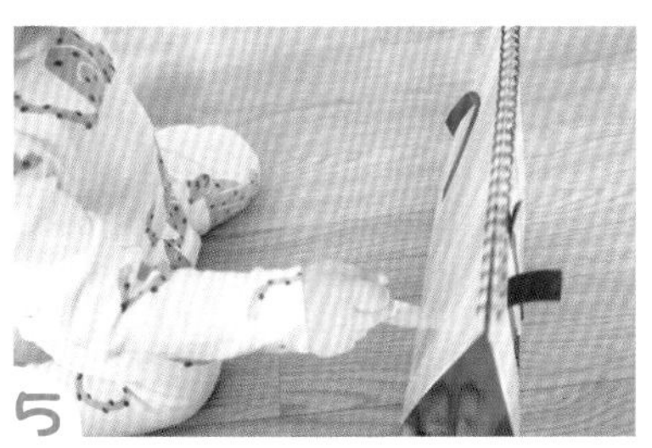

5 讓孩子拉絕緣膠帶。

「正在用力拉呀！」
（讓孩子感受『長』的概念）「像長頸鹿的脖子一樣長長的！」

6 讓孩子體驗膠帶的觸感。

「膠帶貼到手上了！」
「有沒有黏黏的感覺！」

底片罐髮捲

建議年齡 6 個月以上

遊戲目標 訓練雙手協調＆身體活動・培養專注力・感受成就感

協調能力指的是在做某動作時，肌肉或身體不同部位同時活動的能力。例如雙手同時活動，就能進行拍手、雙手搬移物品、剪紙等動作。不妨以安全又有趣的底片罐髮捲遊戲，來培養孩子的雙手協調能力。先由 3～4 個開始，熟悉以後再慢慢增加個數。

準備物品

- 髮捲 5 個左右
  請準備直徑 3 公分左右的髮捲，若太小會直接掉出來，沒辦法拉。
- 底片罐 5 個左右
  請準備和髮捲一樣的數量。
- 裝底片罐的籃子

遊戲 Tip

- 如果孩子自己進行有困難，媽媽可以幫忙抓住底片罐。

1 將髮捲放入底片罐中。

2 讓孩子探索底片罐。

「黑色罐子裡有什麼東西？」
「摸起來刺刺的呢！」

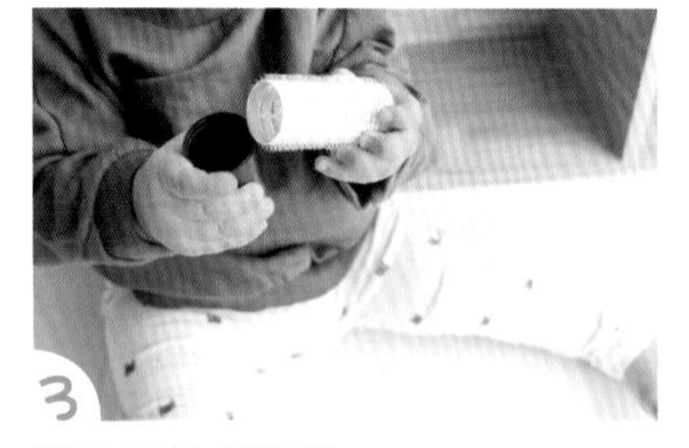

3 讓孩子抽出髮捲。

「抽的時候有嘶嘶的聲音！」
「你自己抽出來了呢！」

4 如果沒有底片罐，可以將髮捲放入更大的髮捲中。

Tip 說到「小」的時候，可以小聲說，說到「大」的時候大聲說，讓孩子感受大小的不同。

應用 12 個月以上

讓孩子一手抓底片罐一手抓髮捲，再將髮捲塞入底片罐中。

「雙手各抓了一個東西！」
「放進洞裡面了呢！」

左右扯綁線瓶蓋

建議年齡 6 個月以上
遊戲目標 訓練大、小肌肉的活動・體驗因果關係

蒐集喝完的飲料瓶蓋，可以進行各式各樣的遊戲。其中之一，就是將瓶蓋綁線後拉扯的遊戲，能夠幫助肩膀和手臂活動。市面上也有很多類似的新奇玩具，不過運用熟悉的物品改造，能夠漸進累積孩子對物品新舊變化的認識，有助於拓展思考能力。

準備物品

- 紙箱 1 個
- 瓶蓋 2 個
  準備能以錐子鑽洞的塑膠瓶蓋。
- 線
  也可以使用緞帶，較不易打結，線更易於活動。
- 錐子

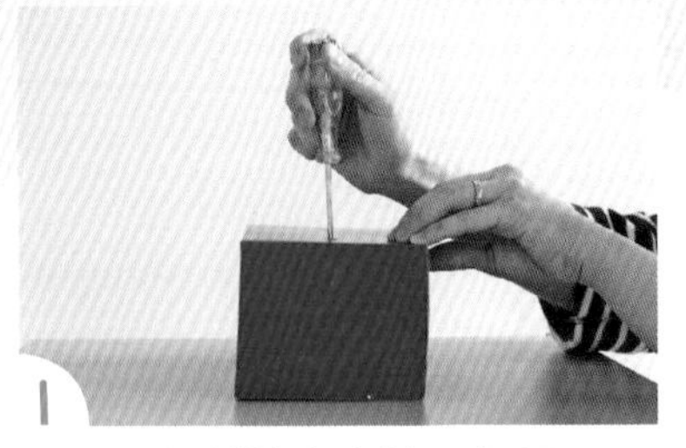

1 用錐子在紙箱上方挖兩個洞。

Tip 箱子的其他面也可以挖洞。

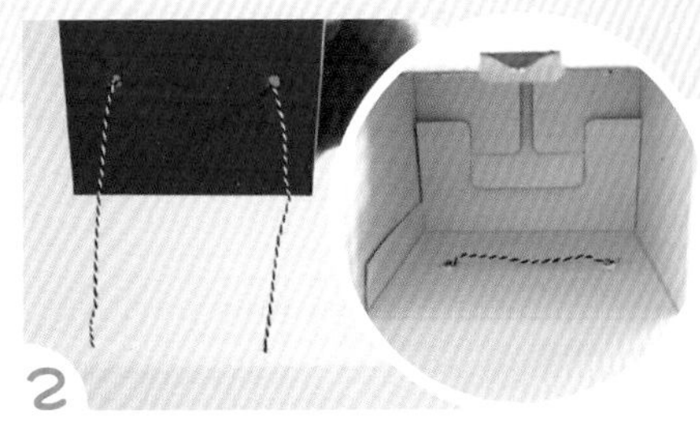

2 將線的兩端分別從紙箱內往外穿出洞口。

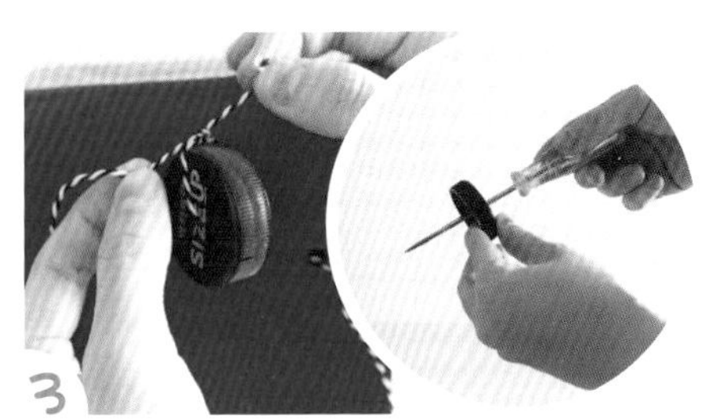

3 以錐子將瓶蓋鑽洞後，將線穿入其中一個瓶蓋綁緊。

Tip 打結的地方可以用熱熔膠固定，就不會鬆開。

4 將另一個瓶蓋也用線綁起來，完成教具。

5 讓孩子探索箱子。

「箱子裡面有什麼呢？」
「這邊掛著瓶蓋呢！」

6 讓孩子拉瓶蓋，感受行為的因果關係。

「抓著瓶蓋呀！」
「（指著旁邊的瓶蓋）喔？這邊的瓶蓋跑進去了。」

奶粉罐拔瓶蓋

建議年齡 6 個月以上

遊戲目標 訓練大、小肌肉＆手指控制能力・感受觸感（平滑、粗糙）的差異

沒有尖銳處的奶粉罐，很適合做成孩子的安全教具，可以進行湯匙敲打、滾珠、堆疊、拉繩子等各種應用。透過奶粉罐拔瓶蓋的遊戲，能夠培養孩子的專注力，同時帶給孩子成就感。

1 將奶粉罐洗淨擦乾後，貼上魔鬼氈的毛面（不刺的那一面）。

Tip 孩子的手會一直碰到奶粉罐，所以務必貼不刺手的那面。

2 在瓶蓋上貼魔鬼氈的勾面（會刺的那一面）後，把瓶蓋貼到奶粉罐的魔鬼氈上。

3 讓孩子探索奶粉罐。

「上面有圓圓的瓶蓋呢！」
「有黑色，也有白色的！」

4 讓孩子拔奶粉罐上的瓶蓋。

「拔下藍色瓶蓋了呀！」
「用力拔下來！」

準備物品

- 奶粉罐 1 個
- 魔鬼氈
- 瓶蓋 8 個
  請準備各不相同的大小、顏色。
- 彩色膠帶
  用來包覆奶粉罐表面裝飾，可省略。

應用 美工刀、絕緣膠帶

5 幫助孩子感受觸感的差異。

（摸刺的地方時）「刺刺的呢！」
「這邊摸起來比較柔軟哦。」

應用 12 個月以上

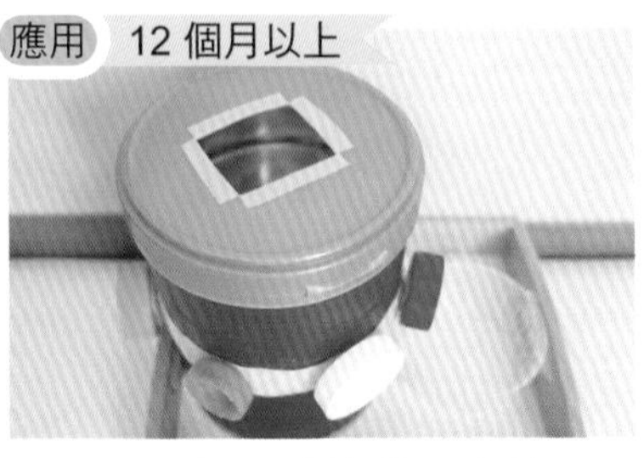

也可以在奶粉罐的蓋子上挖洞，讓孩子拔下瓶蓋後投入罐中。

Tip 割開的尖銳面用絕緣膠帶包起來，避免孩子的手受傷。

遊戲 Tip

- 以大小不同的力道，或是指尖、手背、手掌等不同部位敲打奶粉罐，讓孩子感受不同的聲音。
- 大人和孩子分開坐，將奶粉罐滾到孩子面前，讓孩子跟著奶粉罐移動，幫助刺激大肌肉發展。

巧克力盒寶藏

建議年齡 6 個月以上

遊戲目標 訓練大、小肌肉＆手眼協調・培養專注力・感受成就感

當孩子能夠活動五根手指頭時，就可以開始抓取物品。隨著控制能力愈來愈佳，漸漸進化成可以用三根、兩根手指頭抓取。請在巧克力盒中黏鈕扣等小東西，讓孩子進行拔物品的動作。這個遊戲可以同時訓練到抓取和手指控制能力，有助於奠定學齡期正確書寫的基礎。

準備物品

- 有分隔內盒的巧克力盒 1 個
- 小東西 數個
  鈕扣、髮圈、小公仔等可以放入巧克力盒內的物品，要有一定的厚度，才能方便抓取。
- 魔鬼氈
  準備圓形的魔鬼氈較為方便。
- 熱熔膠

遊戲 Tip

- 請注意不要讓孩子將小物品放入口中。
- 孩子拔下的東西不用立刻黏回去，全部拔完再黏即可。看著拔光光的盒子，可以讓孩子產生成就感。

1 在巧克力盒的分隔內盒底部擠上適量的熱熔膠。

2 將分隔內盒貼入巧克力盒中。

3 用熱熔膠將魔鬼氈會刺的那面（勾面）貼到分隔中。

4 用熱熔膠將所有小東西黏上魔鬼氈的柔軟面（毛面），貼到分隔中的魔鬼氈上。

5 讓孩子探索巧克力盒。

「哇～有好多動物呀！」
「也有圓圓的鈕扣呢！」

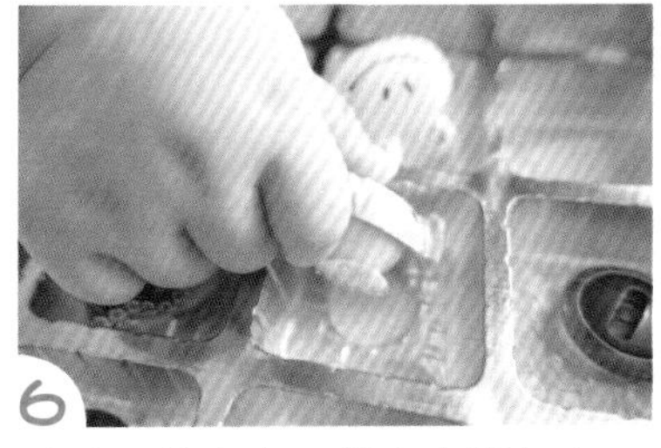

6 讓孩子將小東西從盒中拔起來。

「用力拔拔看吧？」
「拔的時候發出『嘶～』的聲音呢！」

抹布拔髮捲

建議年齡　6 個月以上

遊戲目標　探索新工具・刺激感官（視覺、聽覺、觸覺）

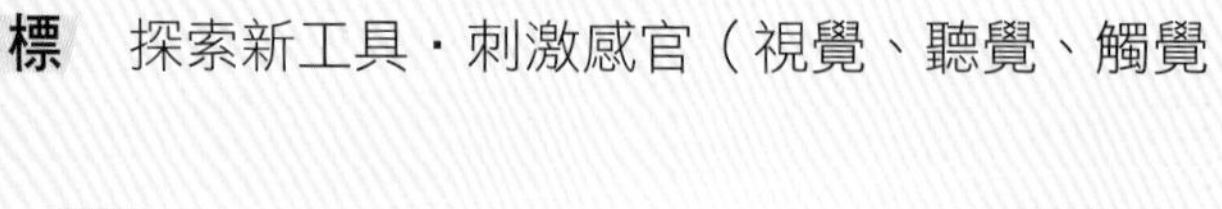

這是將髮捲黏到抹布上，讓孩子拔下的遊戲。有些孩子可能不喜歡髮捲刺刺的感覺，遇到這樣的狀況不必勉強，不妨先將髮捲放到孩子常常看見的地方，慢慢引發孩子探索的興致。透過各種不同的嘗試有助於提升孩子的辨識力，但別忘了最重要的還是配合孩子的意願。

準備物品

- **吸水抹布 1 塊**
  可用毯子、不織布、窗簾等能黏住髮捲的物品替代。
- **髮捲 6～7 個**
  孩子可能放進嘴裡，所以務必先洗淨瀝乾。

遊戲 Tip

- 孩子在拔髮捲時，可以幫忙按住抹布，避免滑動。
- 請抓著孩子的手一起摸髮捲，感受刺刺的觸感和發出的聲音。

1 將髮捲黏到吸水抹布上。

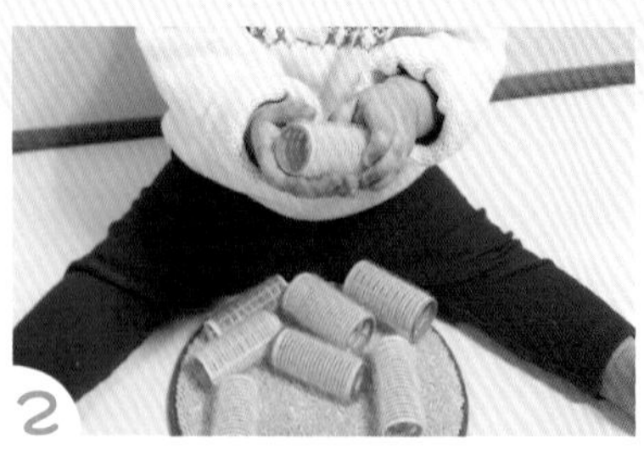

2 讓孩子探索髮捲。

「圓形的墊子上有好多顏色的東西喔！」
「有大的，也有小的耶！」

3 讓孩子將髮捲拔下來。

「拔了藍色的呀！」
「中間有洞呢！」

4 運用各種話語誘發孩子的五感意識。

「（摸著髮捲和抹布）這個很粗糙，這個很柔軟。」
「拔下時有『嘶嘶』聲音。」

應用1

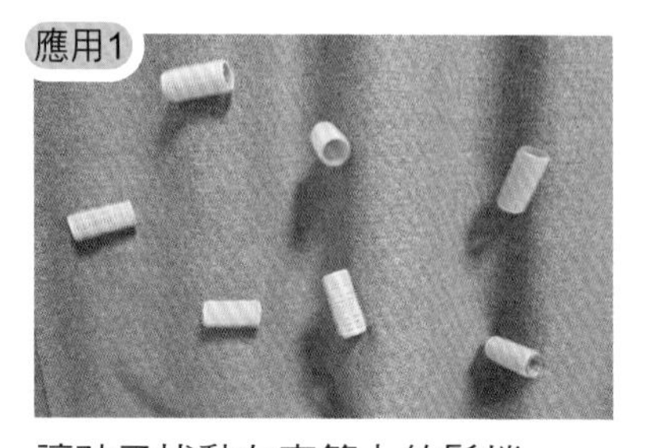

讓孩子拔黏在窗簾上的髮捲。

Tip 請配合孩子的成長狀況，將髮捲貼在適當高度。

應用2

把髮捲套在手指上，讓孩子逐一拔下。

Tip 取下髮捲時，可以一邊數「一、二、三」，幫助孩子建立數字概念。

穿越線線山洞

建議年齡　6 個月以上

遊戲目標　訓練思考＆解決問題能力・取出物品獲得成就感

孩子 6 個月大後會開始學習使用雙手，可以抓起物品丟出去，或取出容器內的東西。透過綁線的籃子，有助於讓孩子取出物品的過程更有趣。不過要注意，如果線綁得太複雜，孩子有可能因此產生挫折；綁得太鬆又很無趣，務必掌控好難度。

準備物品

- 有洞的籃子
- 放進籃子的物品 數個
  請準備不怕放入口中的安全材質和形狀，建議選擇孩子能單手取出的物品。
- 毛線或繩子

遊戲 Tip

- 看著取空後的籃子，有助於讓孩子體會「無」的概念。

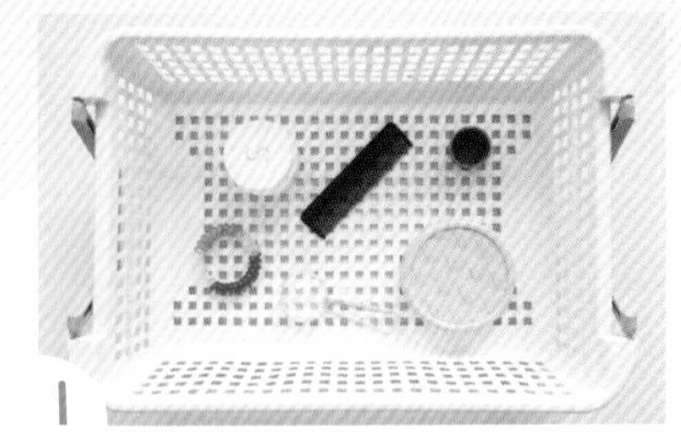

1 將物品放入籃子中。

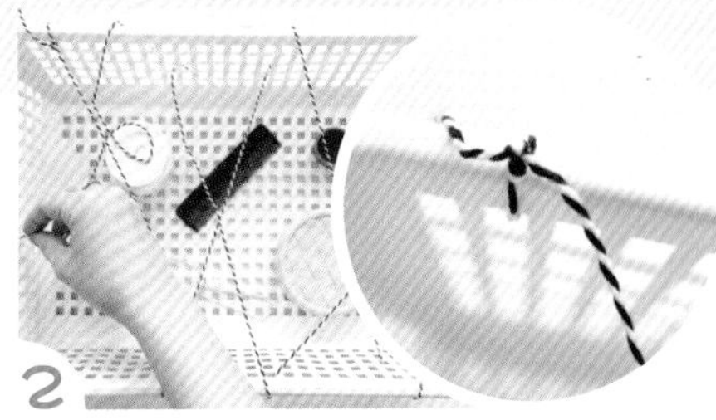

2 將線自由交錯綁在籃子上。

3 讓孩子探索綁好線的籃子。

「到處都有線耶！」
「圓圓的球要怎麼拿呢？」

4 讓孩子穿越線取出物品。

「你想要拿球球呀！」
「把手放到線裡面看看。」

5 讓孩子自由探索取出的物品。

「把球晃一晃吧？」
「要不要滾滾看？」

拉撕紙張

建議年齡　6 個月以上

遊戲目標　訓練大、小肌肉＆手眼協調・探索紙張・刺激感官

　　拉撕紙張有助於小肌肉發展。大人可以用言語表達撕紙的聲音、紙張的觸感，讓遊戲更生動。孩子把紙張塞進嘴裡時，與其制止，更建議轉移孩子的目光，再趁機取出。如果孩子對遊戲不感興趣只想吃紙，不妨隔一兩週後再嘗試看看。

準備物品

- 紙 1 張
  使用雜誌、廣告傳單、包裝紙等繽紛的紙張，更能夠刺激視覺。
- 剪刀
- 透明膠帶

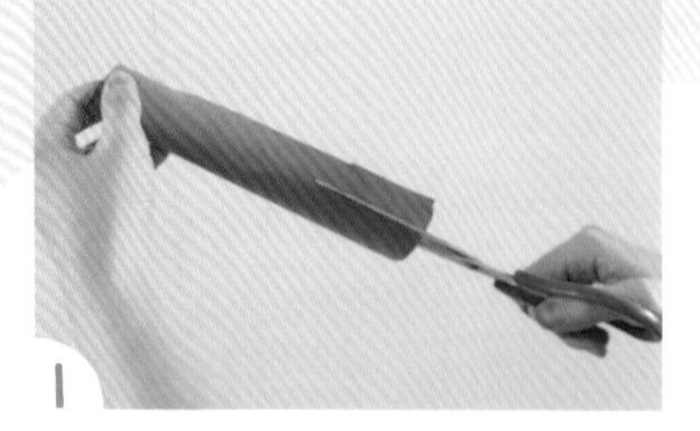

將紙張捲起來，上端留 2 公分，下方剪成一條一條。

Tip 紙先捲再剪比較順手。

打開紙張，以膠帶貼住上緣，固定在孩子面前。

讓孩子坐著探索紙張。

「這個是紙哦。」
「你用手拉拉看！」

讓孩子自由拉撕紙張。

「喔？你把紙撕掉了？」
「有『沙沙』的聲音！」

應用1

改成在紙張上剪窗戶般的洞。

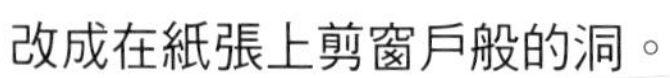

Tip 將紙張對折兩次後，在對折處剪出「ㄱ、ㄴ」形狀。

應用2　12 個月以上

根據孩子的發展，可以將紙剪成不同的形狀，提升難度。

Tip 將紙張多對折幾次再剪，洞就會變多。

放球進罐子

建議年齡 6 個月以上

遊戲目標 訓練大、小肌肉・練習掌控身體・認識球的特性・認知裡外的概念

喜歡把東西翻倒、倒過來的孩子，也會對把湯匙放進杯子再拿出來、把飯匙放進碗裡等動作感興趣，透過放球進罐子後再拿出來的遊戲，有助於孩子培養協調能力，促進手部活動發展。反覆進行遊戲，可以讓孩子感受滿足感和成就感。

讓孩子探索準備好的球和罐子。

「罐子裡面什麼都沒有呢！」
「這顆是大球，這顆是小球。」

讓孩子將球放入罐子中。

「抓到球了！」
「要不要放進罐子裡看看？」

讓孩子將球放進去後再取出，學習裡外的概念。

「白色的球進去了呢！」
「你把裡面的球拿出來看看！」

讓孩子蓋上蓋子，感受搖晃的感覺和聲音。

「晃晃看有什麼聲音？」
「有聽到球球的聲音嗎？」

準備物品

- 有蓋子的罐子 2～3 個
  使用副食品罐、果醬罐等不同材質的罐子，可以讓孩子聽球掉進去時發出的不同聲音。
- 球 2～3 顆
  玩具球、桌球、棒球等皆可，請準備和罐子一樣的數量。

應用 木頭雞蛋 1 個、杯子 1 個

應用

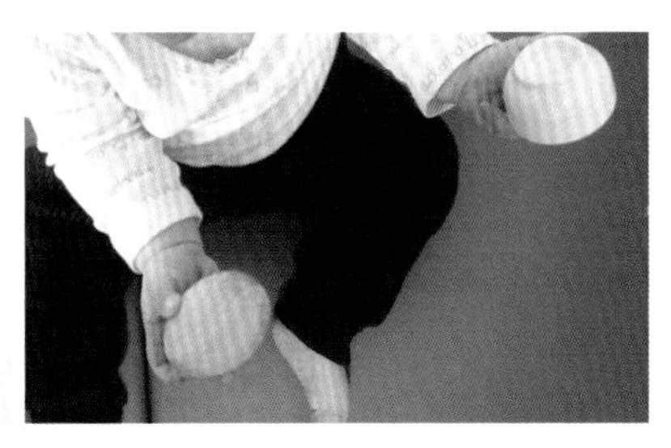

可以變化成將橢圓形的木頭雞蛋放入杯中再取出的遊戲。

Tip 準備較小的杯子，可以訓練孩子掌握橢圓形的重心，培養控制力道的能力。

遊戲 Tip

- 當孩子熟悉遊戲的球和罐子後，可以慢慢變化球的大小和罐子的形狀，提升孩子的好奇心。

掀鍋蓋

建議年齡 6 個月以上
遊戲目標 訓練大、小肌肉協調・探索生活物品

這個遊戲是讓孩子探索鍋內的物品，因為不是在眼前，而是裡面看不到的東西，更能刺激好奇心。請準備動物娃娃和動物卡片、書籍放入鍋中。如果孩子一開始掀不開鍋蓋也沒關係，隨著他們的手臂肌肉和抓取能力逐漸發展，就會漸漸上手了。

準備物品

- 鍋子 1 個
  不要使用把手過長的鍋子，避免孩子撞到受傷。
- 動物娃娃 1 個
- 動物圖片 1 張
  請準備和娃娃一樣的動物圖片，卡片、書籍、列印紙張皆可。

應用 有蓋子的箱子 1 個

遊戲 Tip

- 鍋中也可以改放水果、植物，透過觸摸、聞香氣，刺激五感。
- 如果孩子還沒辦法自己開蓋子，請抓著孩子的手一起進行。

1 讓孩子探索動物圖片。

（指著動物）「這是兔子。」
「耳朵長長的、眼睛圓圓的。」

2 讓孩子自由探索裝有動物娃娃的鍋子。

「喔？鍋子裡面有東西呢！」
「要不要打開看看？」

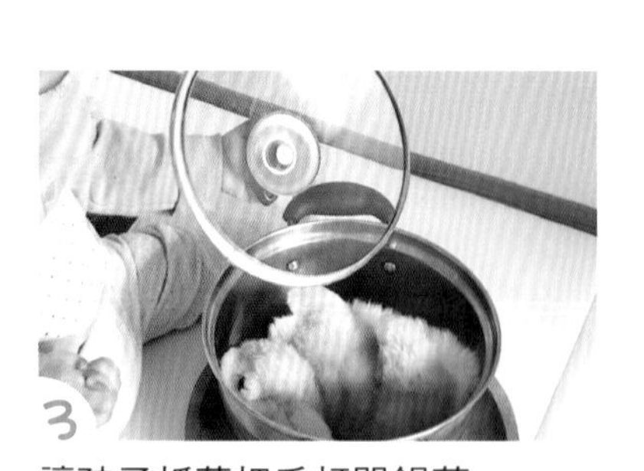

3 讓孩子抓著把手打開鍋蓋。

「你把蓋子打開了！」
「抓著圓圓的把手打開了呢！」

4 讓孩子比較動物圖片和娃娃。

「這裡有兔子啊！」
（指著圖片和娃娃）「這是兔子，這也是兔子，是一樣的。」

5 取出動物娃娃，讓孩子體驗行為的因果關係和「無」的概念。

「兔子拿出來以後，鍋子裡面就空空的了。」
「鍋子裡面什麼都沒有了！」

應用

將動物娃娃放入有蓋子的箱子中，以同樣的方式進行遊戲。

Tip 搖晃蓋起來的箱子，聆聽發出來的聲音，刺激孩子對內容物的好奇心。

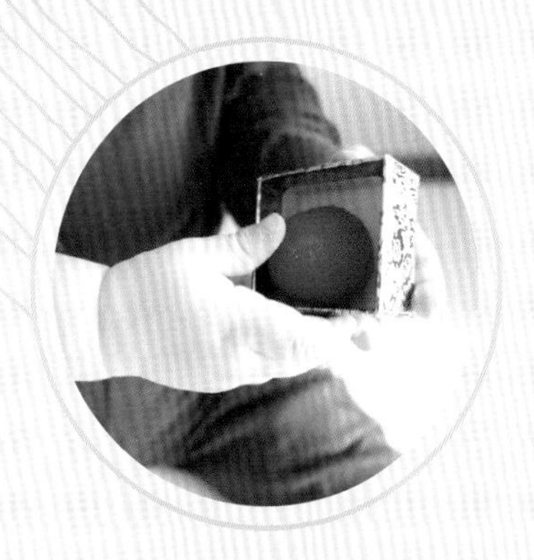

打開戒指盒

建議年齡 12 個月以上

遊戲目標 訓練大、小肌肉＆手眼協調・滿足好奇心・培養專注力

利用家裡的空戒指盒進行的遊戲。開始前先示範拿起盒子、打開盒子、取出物品的方式，如果對孩子來說太難，可以抓著孩子的手一起進行。反覆玩過幾次後，可以更換盒子內的物品，提升孩子的期待感。

1 將小東西放入盒中。

2 蓋上盒子。

Tip 一開始不要蓋太緊，以免孩子打不開。等孩子比較能夠控制手指後，再將盒子蓋緊。

3 讓孩子探索盒子。

「你有看過這種小盒子嗎？」
「有紅色的，也有藍色的！」

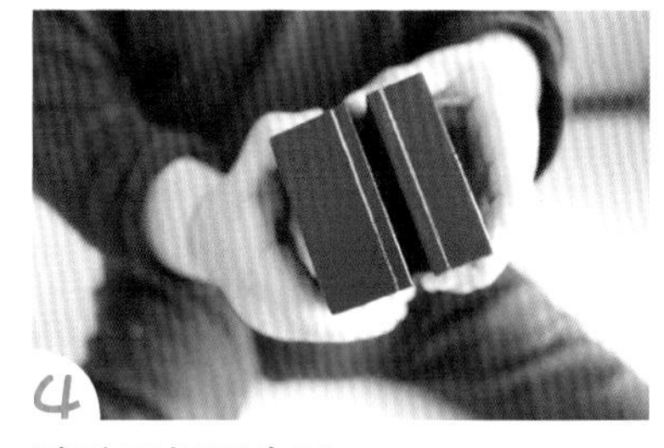

4 讓孩子打開盒子。

「盒子裡面有什麼？」
「我們打開來看看吧！」

5 讓孩子探索裡面的東西。

「哇！盒子打開了耶！」
「裡面有捲捲的髮圈！」

6 讓孩子放進去再拿出來，學習裡外的概念。

「要不要放到盒子裡面？」
「放進去了哦！」

準備物品

- **戒指盒 3～4 個**
  上下連在一起的戒指盒（如圖 1 最右側），關的時候容易夾到手，大人最好在旁邊確認安全。
- **放入戒指盒的物品 數個**
  絨毛球、髮圈、扣子、小娃娃等，請多準備一些替換。

遊戲 Tip

- 放入戒指盒的東西很小，注意不要讓孩子放入口中或吞食。

拉開圓筒容器

建議年齡 12 個月以上

遊戲目標 訓練大、小肌肉＆雙手協調・滿足好奇心・獨立

有一次我的孩子自己拿出化妝包裡的口紅，把地上塗得到處都是，雖然清得很辛苦，但同時也很訝異孩子竟然已經能夠自己打開口紅。這個遊戲就是利用圓筒容器來進行，在裡面放入各種東西，提升孩子的好奇心。

準備物品

- **圓筒容器 3～4 個**
  口紅、筆筒、攜帶式牙刷盒等各種可以拉開的容器。
- **放入圓筒容器中的物品 數個**
  吸管、鉛筆等。

遊戲 Tip

- 口紅請準備幾乎用完的，並儘量縮到裡面，避免孩子放進嘴巴或伸手去摸。
- 這個遊戲主要是讓孩子打開蓋子，但孩子可能會想取出物品玩。請不要急，讓孩子花時間慢慢探索。

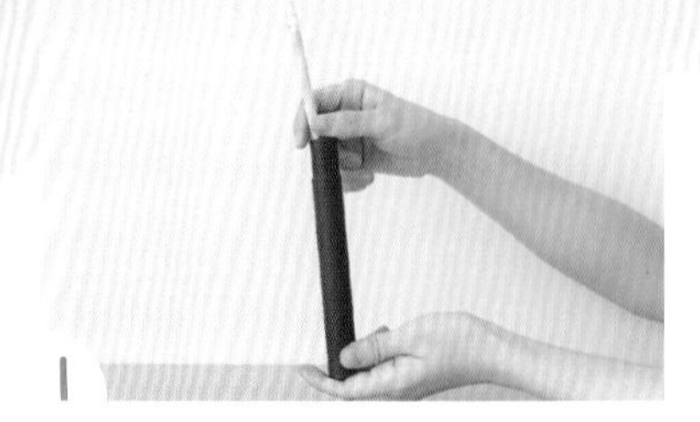

1 將物品放入圓筒容器中。

2 擺放好所有容器。

3 讓孩子拉開圓筒容器。

（幫助孩子認識「長」的概念）
「像棍子一樣長長的盒子！要怎麼開呢？」

4 讓孩子探索裡面的東西。

「往旁邊拉，蓋子就打開了！」
「吸管跑出來了呢！」

5 注意不要讓孩子把圓筒裡的東西放進嘴巴。

「在看筒子裡面啊？有什麼東西呢？」
「是紅色的！」

用手移動球

建議年齡 12 個月以上
遊戲目標 訓練大、小肌肉＆手眼協調・理解球移動的概念

透過抓起東西後移動到其他地方的遊戲，可以讓孩子自由體驗移動概念。請準備孩子能一手抓起的物品，盤子的形狀、高度、大小盡量多變。移動的物品可以隨著孩子的小肌肉發展，漸漸替換成較大的東西。

準備物品

- 放球的盤子 2 個
- 球 3 顆

應用 放核桃的桶子 1 個、放核桃的盤子 1 個、核桃 4～5 個

遊戲 Tip

- 如果孩子還不熟悉如何移動到另一個盤子，可以伸手到孩子面前說：「請給我」。等孩子把球放到手上後，再次把球給孩子，如此反覆進行。透過這個過程，可以幫助孩子認知移動的概念，同時透過互動和爸媽產生連結。

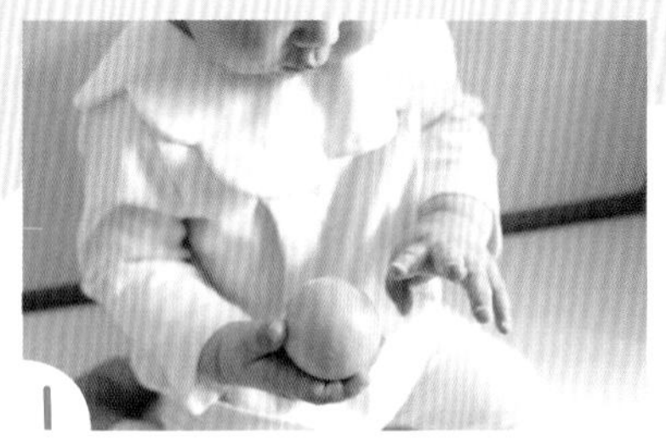

1 將全部的球放在其中一個盤子上，讓孩子自由探索。

「綠色的球呀！」
（滾著球）「球在滾耶！」

2 讓孩子把球搬到另一個盤子上。

「把球放到盤子上了！」
（盤子翻倒時）「喔？盤子翻倒，球滾出來了。」

3 持續搬移球，直到原本裝球的盤子全空。

「把紅色球球搬到這裡吧？」
「你把球搬過去了！」

4 讓孩子體驗無的概念。

（指著空的盤子）「都沒有了！」
「要不要把這些球搬回原本的地方？」

應用

準備裝有核桃或其他物品的桶子，讓孩子用手取出核桃後放到盤上。

Tip 請抓好桶子，避免翻倒。

餐巾紙架套圈圈

建議年齡 12 個月以上

遊戲目標 訓練小肌肉活動＆手眼協調・培養專注力・感受成就感

很多家庭會在孩子週歲前後，準備套圈圈的遊戲給孩子玩。只要利用家裡的餐巾紙架和絕緣膠帶，就能做出同樣的教具。透過套進去再取出來的動作，可以幫助孩子活動手指頭。套圈圈的過程也能培養專注力，讓孩子感受到成就感。

1 讓孩子探索籃子裡的絕緣膠帶。

「膠帶有好多顏色喔！」
「是圓圓的膠帶！」

2 讓孩子將膠帶套進捲筒紙架上。

「你現在放的是黑色的膠帶！」
「接下來要放什麼顏色呢？」

3 讓孩子看籃子，體驗無的概念。

「你把膠帶都套好了！」
（指著籃子）「什麼都沒有了！」

4 讓孩子將膠帶放回籃子中。

「把膠帶放回原本的地方吧！」
「一個一個都放回去了！」

準備物品

- 捲筒紙架 1 個
- 絕緣膠帶 5 個
  請準備不同顏色的膠帶，幫助孩子培養視覺感受。
- 裝膠帶的籃子 1 個

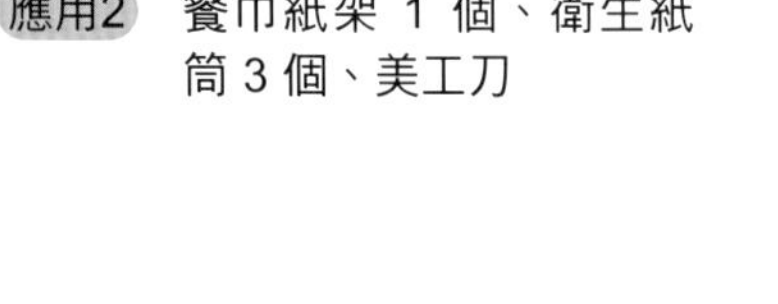

應用1　髮圈 數個

應用2　餐巾紙架 1 個、衛生紙筒 3 個、美工刀

應用1

換成髮圈進行遊戲。

Tip 如果孩子還無法靈活控制力道，可能會有點困難。

應用2

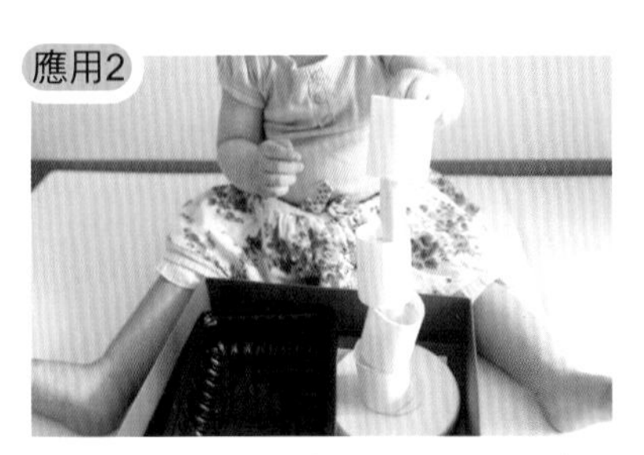

以空的衛生紙筒套入餐巾紙架中，幫助孩子體驗高度的概念。

（指著上方）「好高～！」
「愈來愈高了！」

遊戲 Tip

- 等孩子習慣遊戲以後，可以將餐巾紙架更換成較高的毛巾架，讓孩子進一步挑戰。

奶瓶放瓶蓋

建議年齡　12 個月以上

遊戲目標　訓練小肌肉活動＆手眼協調・認知裡外的概念

　　奶瓶的奶嘴拿掉後，就是一個開口比較小的瓶子，可以提升投入物品的難度。這個遊戲可以激發孩子挑戰的意願，但同時也可能造成挫折感，請務必依照孩子的感受度準備教具，在不讓他們受挫的前提下逐漸提升難度。

準備物品

- 拿掉奶嘴的奶瓶 1 個
- 瓶蓋 6 個
- 裝瓶蓋的碗 1 個

應用　寶特瓶 1 個、彩色鉛筆 5 支

讓孩子探索瓶蓋。

「碗裡面有瓶蓋耶。」
「圓圓的，藍色的。」

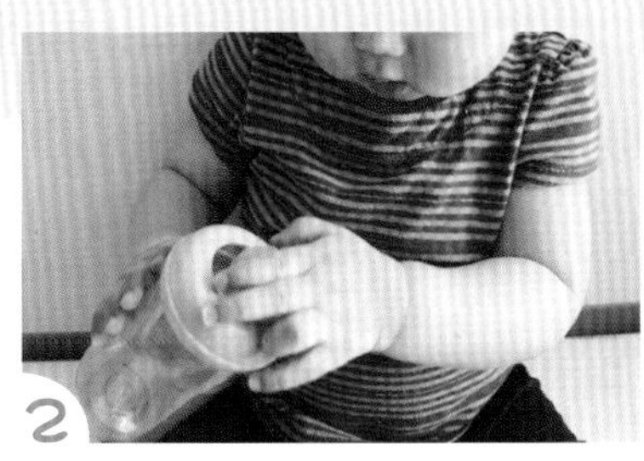

讓孩子將瓶蓋放入奶瓶中。

「拿著瓶子呀！」
「把瓶蓋放進去看看吧！」

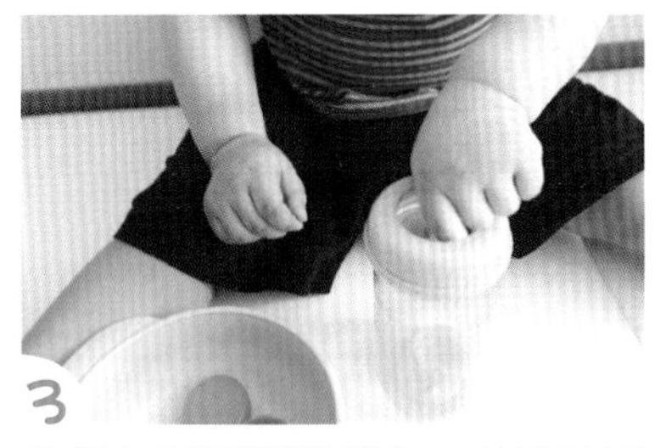

使用各種擬聲擬態語，鼓勵孩子進行遊戲。

（孩子放進瓶蓋後）「進去了！」
「咚！瓶蓋跑進去了！」

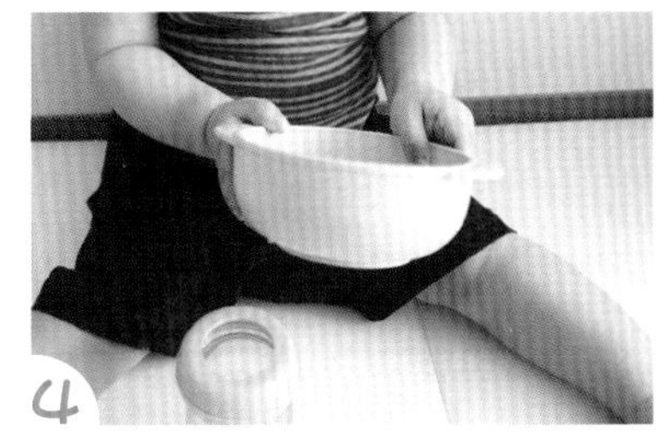

讓孩子體驗無的概念。

（指著裝瓶蓋的碗）「沒了！」
「碗裡全都沒有了！」

應用

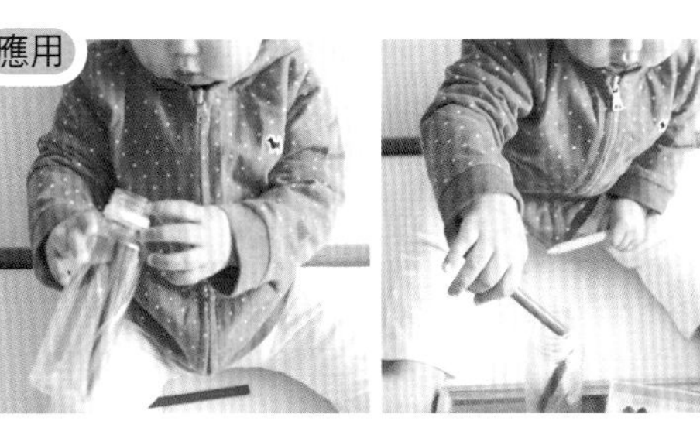

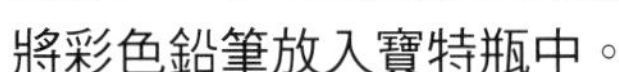

將彩色鉛筆放入寶特瓶中。

Tip 拿取又長又細的彩色鉛筆時，需要精準掌控手指和手掌，因此比瓶蓋的難度再高一些。

推絨毛球入洞

建議年齡 12 個月以上

遊戲目標 訓練小肌肉＆手指力量・刺激視覺和觸覺

這個遊戲不僅能訓練手指的力量，也能帶給孩子將東西推入洞中後消失的因果概念。放進洞裡的順序沒有規定，孩子可以自由選擇。如果用一根手指推很困難，可以引導孩子用兩三根手指頭，過程中透過詢問孩子球去哪裡了，刺激好奇心。

準備物品

- 有蓋子的大紙箱 1 個
- 絨毛球 10 個
  選擇直徑 2 公分以上的球。
- 裝絨毛球的小箱子 1 個
- 美工刀

1 在紙箱的蓋子上畫 6 個十字。

2 把割開的紙翻過來，裁成菱形的洞口。

Tip 洞口稍微小於絨毛球，才能讓孩子用一點點力道來推。

3 讓孩子探索有洞的紙箱。

「這裡有洞呢！」
「洞裡面看得到東西嗎？」

4 讓孩子把絨毛球放到洞上，用手指頭推。

「把球放到洞上面了！」
「要不要推推看？」

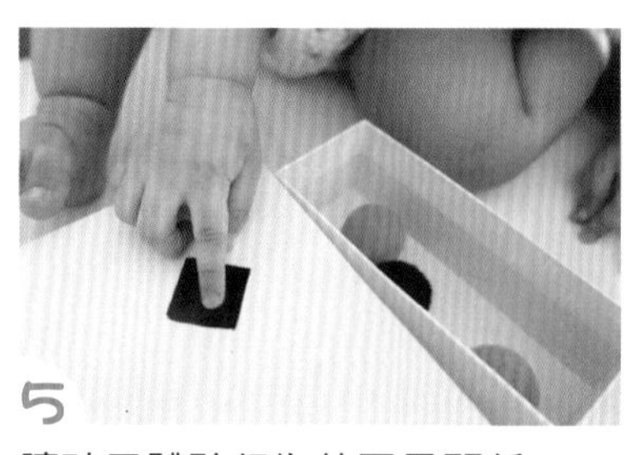

5 讓孩子體驗行為的因果關係。

「喔？紫色的球去哪裡了？」
「手指頭用力壓！『咚』地掉進去了呢！」

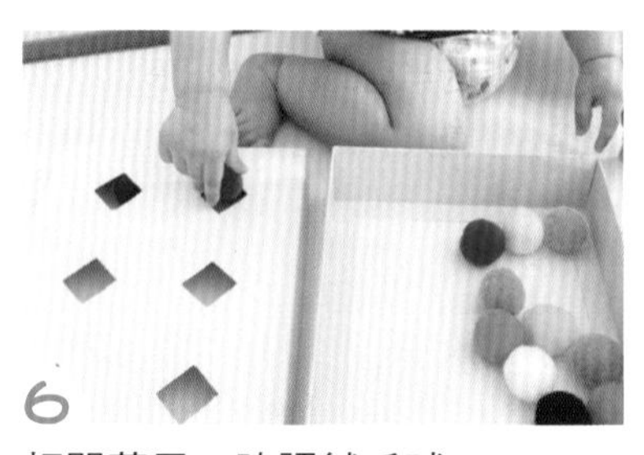

6 打開蓋子，確認絨毛球。

「小球去哪裡了呢？」
「打開箱子看看吧！」

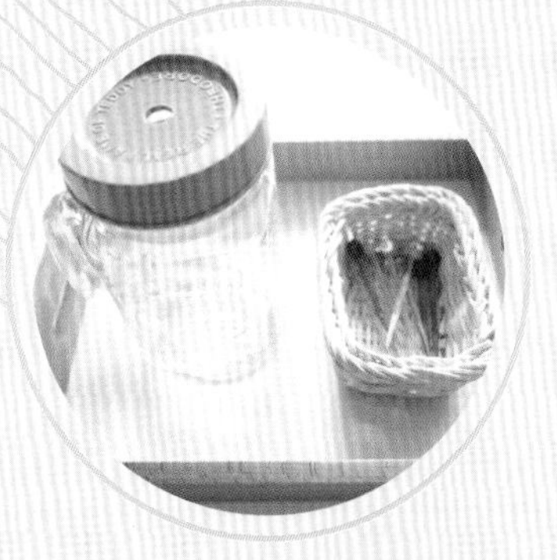

放叉子進吸管杯

建議年齡　12 個月以上

遊戲目標　訓練小肌肉的活動與協調・培養專注力・感受成就感

孩子學會拿東西後，就會開始想要單手抓東西，享受放手時抓著的東西掉落的感覺。東西往下掉落、從手上消失和掉落的聲音，對孩子來說都是很新奇的體驗。請用趣味性的方式形容這些瞬間，幫助孩子提升興致，訓練小肌肉。

準備物品

- 含蓋吸管杯 1 個
  玻璃材質的掉落聲音比塑膠材質還要大。
- 叉子 6 根
  剪除尖銳部分，避免孩子受傷。
- 裝叉子的碗 1 個

應用1　對半剪的吸管 10 根

應用2　義大利筆管麵 10 根

遊戲 Tip

- 請注意不要讓孩子將叉子放進嘴巴或刺傷眼睛。
- 請先將蓋子鬆開，讓孩子稍微轉動就能打開。讓孩子自己挑戰，培養成就感和自主能力。

1

讓孩子探索吸管蓋的洞。

「這個叫做『洞』。」
「手指頭跑進洞裡了呢！」

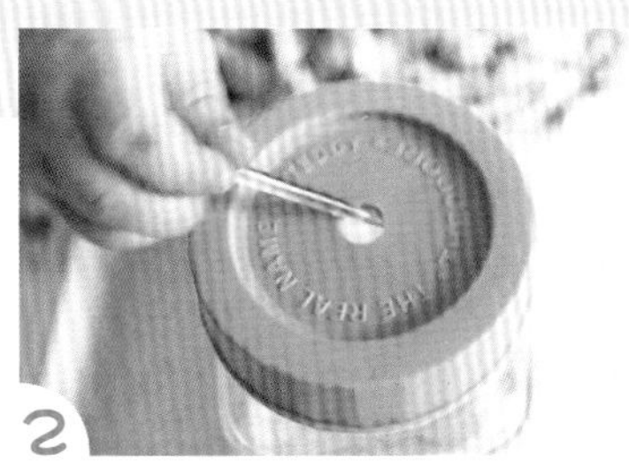

2

讓孩子將叉子放進洞中。

「對準洞口！」
「跑進洞裡面了！」

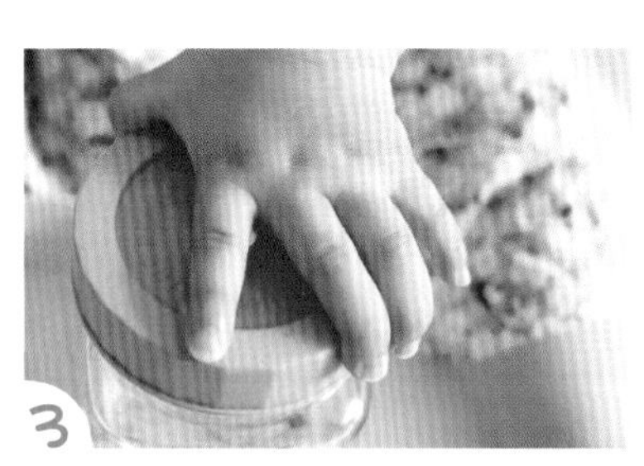

3

全部放入以後，將蓋子打開。

「想開蓋子嗎？媽媽幫你。」
（媽媽幾乎打開後）「來，現在換你開了。」

4

讓孩子取出叉子。

（看著空的碗）「叉子都跑進杯子裡了呢！」
「要怎麼從杯子裡拿出來呢？」

應用1

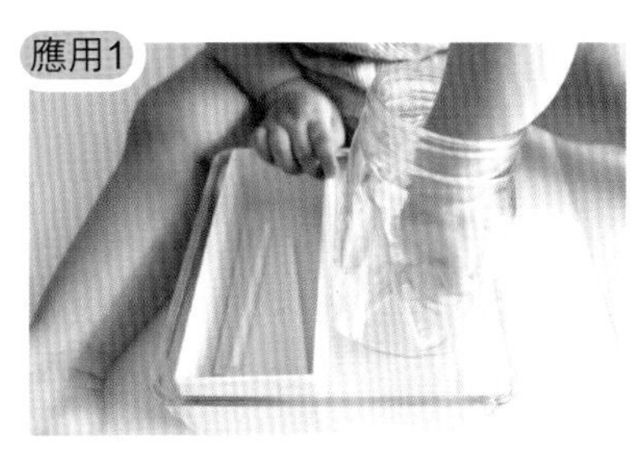

可以用吸管代替叉子。

Tip 請先將吸管裁剪成能完全放入杯子裡的長度。

應用2

可以延伸為將筆管麵放入杯中後，再放回碗中的遊戲。

「好像在倒水喔！」
「咻～都跑到外面啦！」

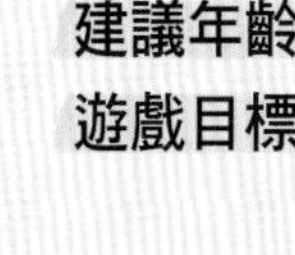

果醬瓶蓋箱

建議年齡　12 個月以上
遊戲目標　訓練手眼協調・學習轉手腕

要將硬的物品放入長型洞中，必須轉動手腕的方向，這對孩子來說不太容易。這個動作的技巧跟轉動瓶蓋和扭毛巾是一樣的，可以透過這個遊戲讓孩子練習生活技能。如果孩子感到挫折，請大人出手幫忙，幫助孩子感受成功的喜悅，萌生「下次一定可以」的自信。

準備物品

- 紙箱 1 個
- 果醬瓶蓋 5～6 個
- 濕紙巾蓋 1 個
- 裝果醬瓶蓋的籃子 1 個
- 美工刀
- 熱熔膠

遊戲 Tip

- 如果孩子對不準洞口，可以幫忙轉動瓶蓋或紙箱的方向，或是轉動孩子手腕的方向，讓他們可以瞄準洞口。
- 蓋子全部放入後可以搖晃箱子，讓孩子聆聽蓋子碰撞的聲音。

1 在箱子上挖一個長條的洞。

Tip 洞要放得進去果醬瓶蓋。

2 以熱熔膠在箱子的側面黏一個濕紙巾蓋。

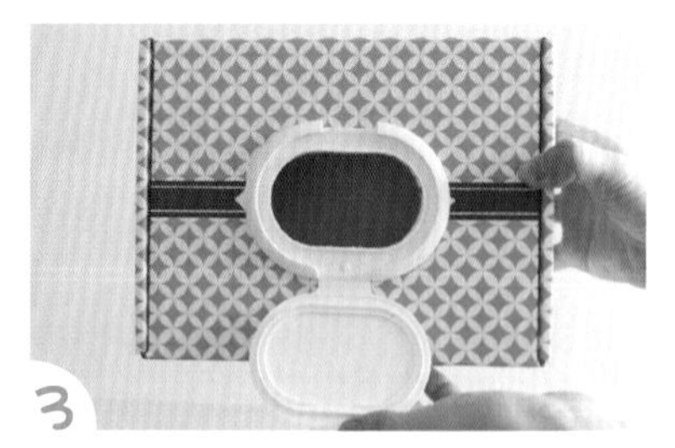

3 用美工刀沿著濕紙巾蓋口的邊緣割，把箱子挖洞。

Tip 挖好洞後蓋上蓋子。

4 讓孩子將果醬瓶蓋放入箱內。

「把圓圓的蓋子放進洞裡吧！」
「要怎麼放呢？」

5 運用各種擬聲擬態語，鼓勵孩子進行遊戲。

「『咻～』掉進洞裡了！」
「發出『鏘鏘！』的聲音耶」

6 打開濕紙巾蓋，讓孩子探索箱子內部。

「把手放進箱子裡看看。」
（取出果醬瓶蓋）「哇，拿出來了！」

優格罐窗簾環

建議年齡　12 個月以上

遊戲目標　訓練手眼協調．學習轉手腕

這個遊戲和前面的「果醬瓶蓋箱」一樣，主要在訓練轉動手腕。類似的遊戲有很多種變化方式，可以讓孩子反覆練習已經習得的能力，練就更進階的活動技巧。這些技巧在遊戲之外的日常生活中也能廣泛運用。

準備物品

- 有蓋子的大優格罐 1 個
  請準備能夠放進多個窗簾環的大小。
- C 字窗簾環 8 個
  也可以用大扣環、大鈕扣等相似物品代替。
- 裝窗簾環的碗 1 個
- 美工刀
- 絕緣膠帶

1 將優格罐清洗乾淨後，在蓋子上挖一個大洞。

Tip 洞的長度要能放入窗簾環較長的那端。

2 挖好洞後，將邊緣貼上絕緣膠帶，避免手刮傷。

Tip 如果裁切得很圓滑，也可以省略這個步驟。

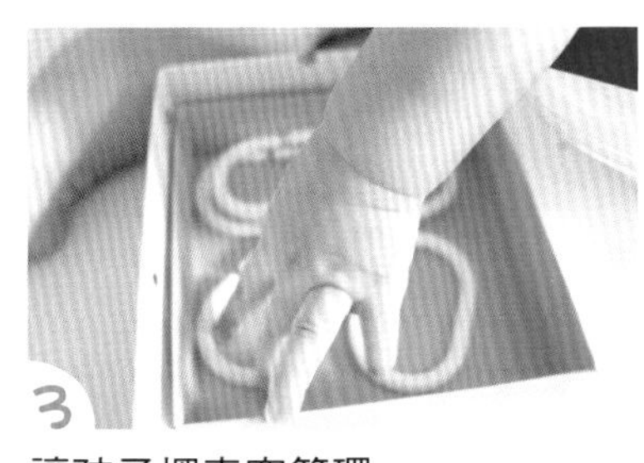

3 讓孩子探索窗簾環。

「是一個長長的圈圈！」
「像手環一樣可以套進去耶！」

4 讓孩子將窗簾環放入洞中。

「把圈圈放進洞裡啦！」
「咚～掉進去了！」

5 如果孩子放的時候遇到困難，可以幫忙轉動罐子或孩子的手。

「放不進去嗎？」
「和媽媽一起慢慢放吧！」

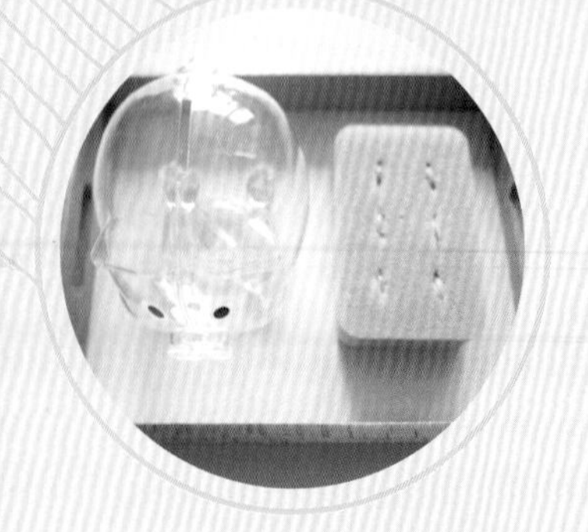

鈕扣存錢筒

建議年齡　12 個月以上

遊戲目標　小肌肉與眼、手協調訓練・學會轉手腕

大家小時候都用過小豬存錢筒吧？投入銅板的瞬間，總是期待著下次還能再投。存滿後剖開重重的存錢筒，銅板嘩啦啦流出時就會浮現：「存了好多啊！」滿滿的成就感。銅板可以用鈕扣代替，零錢包以海綿菜瓜布替代，讓孩子逐一投入扣子。

準備物品

- 小豬存錢筒 1 個
  請準備底部有開口的存錢筒，方便取出鈕扣後再次使用。
- 海綿菜瓜布 1 個　● 美工刀
- 鈕扣 6 顆
  選大一點的鈕扣，太小孩子很難抓取。

遊戲 Tip

- 可以將小豬存錢筒擬人化，增加趣味性。放鈕扣前可以說：「豬豬肚子餓了」、「要不要餵豬豬？」提升孩子的動力。投進鈕扣後可以說：「豬豬都吃光了耶」、「你剛剛餵飽豬豬了」增加孩子的成就感。

1 在海綿菜瓜布上割 6 個鈕扣大小的洞。

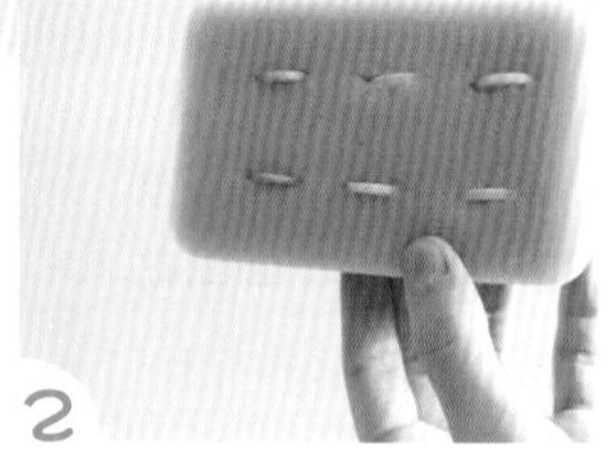

2 在洞裡插入鈕扣。

Tip 洞不要割太深，以免鈕扣壓太裡面很難取出，務必讓鈕扣稍微露出表面。

3 讓孩子以拇指和食指取出鈕扣。

「用手指頭用力抓抓看！」
「抓到天空顏色的鈕扣了！」

4 讓孩子將鈕扣投入存錢筒中。

「要不要餵豬豬吃東西呢？」
「豬豬還要吃，好餓！」

5 全部的鈕扣都放入後，將存錢筒翻過來打開。

「豬豬有洞呢！」
「要怎麼拿出鈕扣呢？」

6 讓孩子搖晃存錢筒倒出鈕扣。

彈珠玻璃罐

建議年齡　12 個月以上
遊戲目標　手指活動能力＆眼、手協調訓練・刺激視覺和聽覺

玻璃製品對孩子來說獨具魅力。周遭大人小心翼翼的模樣，也會更引發孩子的好奇心。透明的玻璃罐可以看到放進去的物品，不透明的玻璃罐雖然看不到，但也可以激發孩子探索的好奇心。透過讓孩子探索各種材質的物品拓寬視野，並且培養挑戰精神。

準備物品

- 玻璃罐 1 個
  開口小的罐子能夠提升孩子的挑戰心、耐心和專注力。
- 彈珠 10 顆
- 裝彈珠的盤子

應用　珠鍊數條
鍊子太長不方便放入罐子，很容易產生挫折感，太短也不有趣。建議剪成 10 公分左右最恰當。

遊戲 Tip

- 請用各種擬聲語表現彈珠落下的聲音。
- 玻璃瓶的種類可以任意替換，做不同的變化。

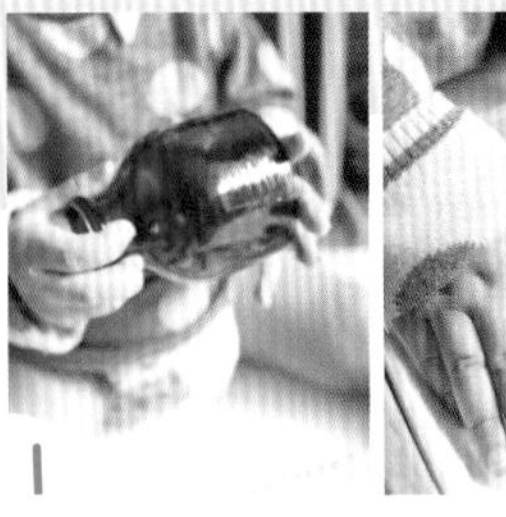

1 激發孩子對玻璃罐和彈珠產生好奇心。
「玻璃罐裡面有什麼呢？」
「圓圓的珠珠會發出『噹噹』的聲音呢！」

2 讓孩子將彈珠放入玻璃罐。
「拿珠珠放放看吧！」
「噹！有聲音呢！」

3 激發完後，體驗「無」的概念。
「嗯？盤子空了呢！」
「珠珠全部進到瓶子裡了！」

4 讓孩子搖晃罐子，聽聲音。
「搖搖罐子，聽聽看聲音吧！」
「有什麼聲音呢？」

5 讓孩子翻轉罐子倒出彈珠。
「把瓶子反過來，裡面的珠珠都跑出來了！」
「瓶子裡都沒有東西了呢！」

應用 可以把彈珠替換成珠鍊，提升遊戲難度。
Tip 要將珠鍊放入罐子裡，必須持續對準罐口，可以訓練孩子的協調力和專注力。

漏斗義大利麵

建議年齡 12 個月以上
遊戲目標 認知物體恆存概念・探索新工具

這個時期的孩子還無法用漏斗倒粉或液體，但可以將漏斗倒過來，將小東西丟入洞裡，間接體驗漏斗的用法。這個遊戲可以幫助孩子提升協調能力，不僅能放小東西到洞裡，也能體會即使物品從眼前消失，也仍然存在的「物體恆存」概念。

準備物品

- 漏斗 1 個
- 有蓋子的紙箱 1 個
- 筆管麵 10 條
  可以用叉子、吸管、板子等小物品替代。
- 裝筆管麵的碗 1 個
- 美工刀
- 熱熔膠

應用 迴紋針 10 個

遊戲 Tip

- 媽媽可以幫忙抓住紙箱，讓孩子抓黏著漏斗的蓋子，這麼一來，孩子就能自行打開箱子。

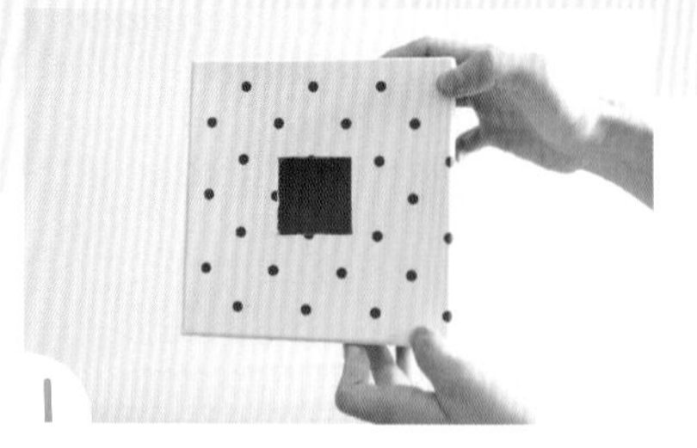

1 在紙箱的蓋子上挖洞。

Tip 洞要小於漏斗的洞口。

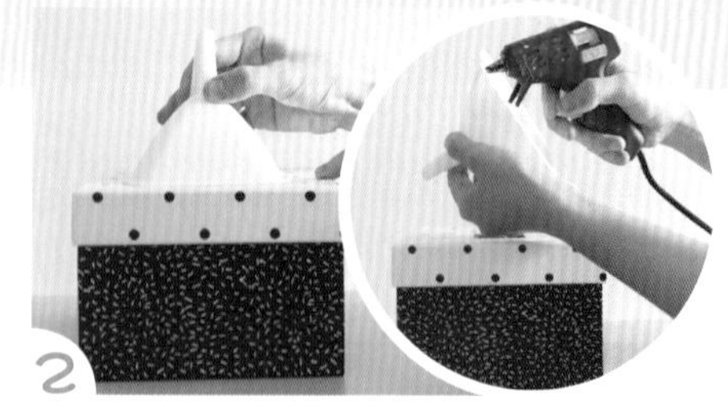

2 在漏斗的洞口塗熱熔膠，黏到箱子的洞上方。

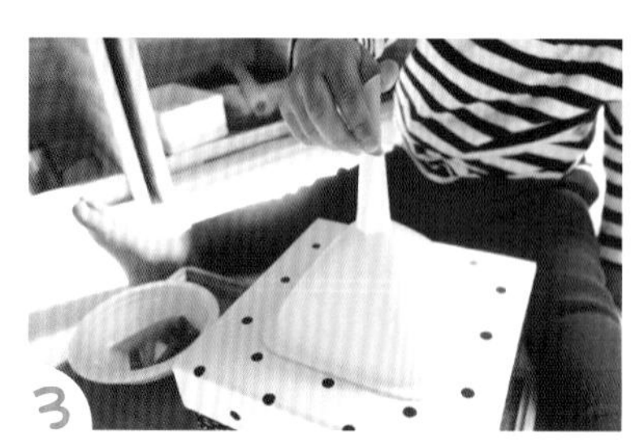

3 引導孩子從漏斗的小洞放入筆管麵。

「麵跑到洞裡面了呢！」
「麵不見了！」

4 讓孩子聽筆管麵掉下去的聲音。

（手放到耳邊）「喔？這是什麼聲音啊？」
「麵放到洞裡，就有聲音跑出來呢！」

5 讓孩子體驗物體恆存概念。

「麵都去哪裡了呢？」
（打開箱子）「藏在這裡耶！」

應用

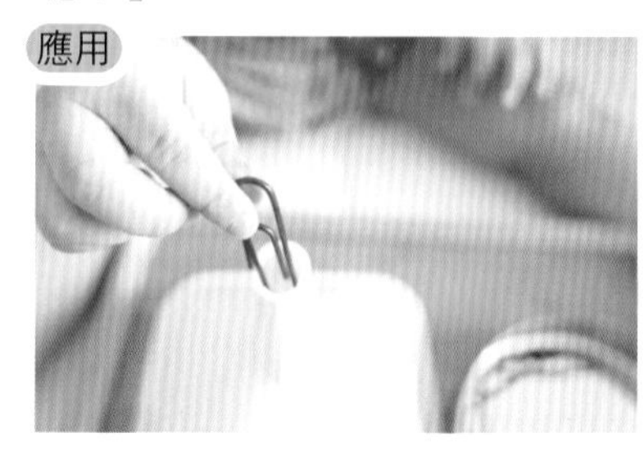

將漏斗放在地上，從洞口放入迴紋針。

沿直線走路

建議年齡　18 個月以上

遊戲目標　訓練大肌肉・提升身體活動＆控制

在蒙特梭利教學中，課程前後都會讓孩子沿著線走路，這樣能夠提升孩子的注意力和集中力，也能幫助情緒穩定，以利進行下一個活動。年紀小的孩子要沿著一條線走有點困難，可以從兩條線中間走開始。當孩子能夠掌握平衡、穩定行走後，再改成沿著一條線走。

能力需求

適合已經能夠自行走路的孩子。

1 在地板上貼兩條 3～4 公尺長的絕緣膠帶。

Tip 兩條線如果間距過窄，走路的空間就會受限。一開始先抓比較寬的間隔，之後再慢慢縮小。

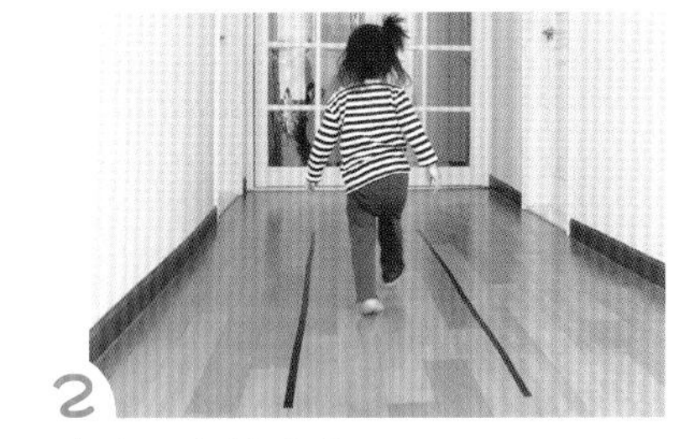

2 讓孩子在線內走。

「走在線的裡面。」
「一步一步走走看吧！」

3 走到底之後，讓孩子轉身再走回來。

「走到底了！」
「再走回來吧！」

4 可以用各種方式沿著線走。

「要不要學烏龜用爬的呢？」
「邊跳舞邊走吧？」
「扭來扭去的蛇怎麼動？」

準備物品

- 絕緣膠帶
  請準備貼在地上明顯的顏色。

遊戲 Tip

- 可以做各種變化，例如：跟著音樂節奏走、坐在線上、單腳站、小跑步、抱著娃娃走、牽著媽媽的手走、踮腳走、張開手走、邊拍手邊走等。

搬運托盤

建議年齡 18 個月以上

遊戲目標 訓練大肌肉・訓練手部動作・維持身體平衡

這是利用托盤搬運物品，訓練手部動作的遊戲。一開始請和孩子一起走，在旁邊幫忙。孩子還不熟悉托盤的使用方式時，可能會拿直的或是搖晃。當孩子漸漸習慣，也開始能控制動作後，請鼓勵孩子自己進行。自己完成的成就感，有助於幫孩子建立自信。

準備物品

- 托盤 1 個
- 絕緣膠帶
- 物品 3～4 個
  推薦不會滾動、底面寬大或扁平的物品。請準備大小、重量、高度各不相同的東西，讓孩子體驗物品的差異。
- 放物品的桌子 1 張

遊戲 Tip

- 媽媽示範時，請讓孩子在旁邊一起進行，跟著做和光用看的絕對不同。
- 托盤上的物品數量愈多，空間就愈小，難度也越高。物品高度愈高，也會比較難。

1 在終點放桌子，上面放準備好的物品。

Tip 請用絕緣膠帶標示出起點。

2 先讓孩子了解拿托盤的方式。

「用兩隻手抓住盤子。」
「盤子能做什麼呢？」

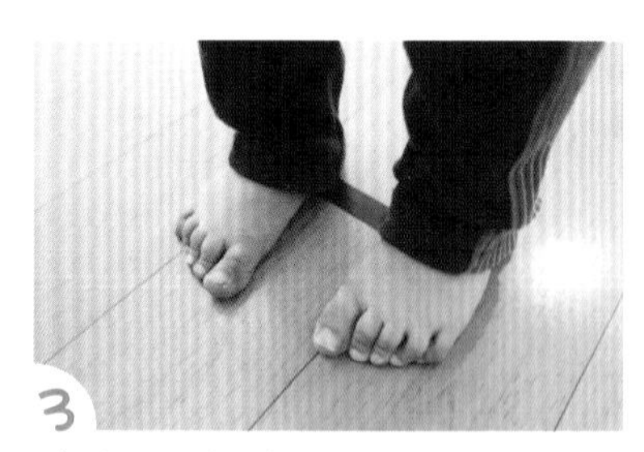

3 讓孩子從起點走到桌子。

「從這邊開始。」
（指著東西）「把那邊的東西拿過來吧！」

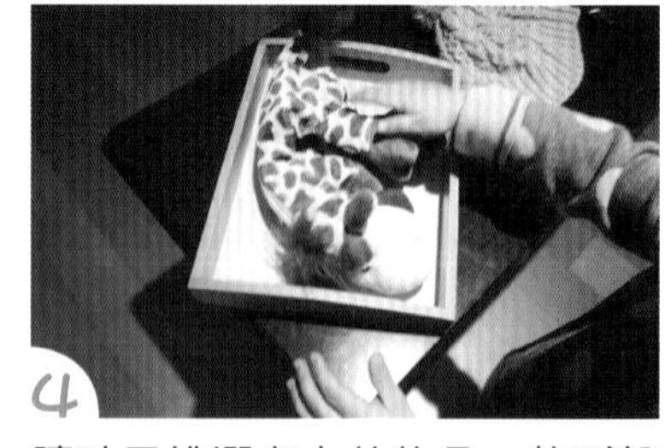

4 讓孩子挑選桌上的物品，放到盤子上。

「你想挑這個嗎？」
「在盤子上放了長頸鹿娃娃！」

5 讓孩子拿著托盤回到起點。

「我們再出發一次吧？」
「小心走，不要弄掉喔！」

6 讓孩子再次將物品放回桌上，結束遊戲。

「把東西放回去吧！」
「兩隻手小心拿～」

竹籤保護套

建議年齡 18 個月以上
遊戲目標 訓練小肌肉＆控制能力・體驗 Q 彈觸感

「套」是「放入」的延伸動作。先讓孩子反覆練習放入，訓練手和手指的力道控制，接著再進階練習「套」的動作。為了保護手指頭與方便進行遊戲，建議選用軟橡膠材質的鉛筆保護套，也可以先用筆管麵或吸管進行，熟悉動作以後再用鉛筆保護套提升難度。

準備物品

- 竹籤 2 根
  烤肉用 20 公分左右的竹籤。
- 直徑 3 公分絨毛球 1 個
- 鉛筆保護套 8 個
  如果是 20 公分的竹籤，插入絨毛球後，剩下的長度可以套 4 個 4 公分長的鉛筆保護套，請依狀況調整數量。
- 裝鉛筆保護套的籃子 1 個
- 剪刀　● 熱熔膠
- 燒酒杯 1 個
  用來裝絨毛球，可以省略。

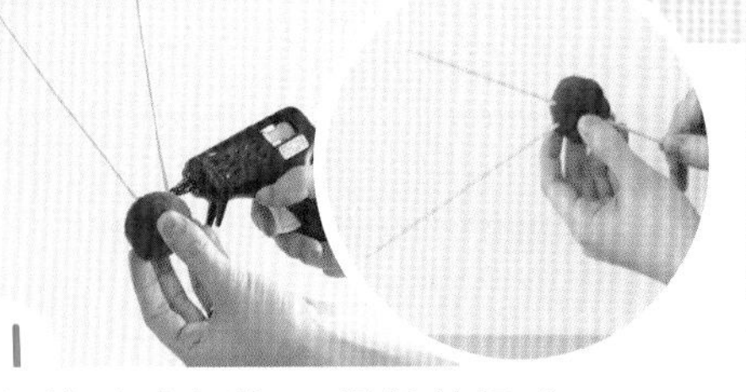

1

在絨毛球上將 2 根竹籤插成 V 字型，上下縫隙處擠入熱熔膠，固定竹籤。

Tip 竹籤間距如果過窄，鉛筆保護套很難穿進去。

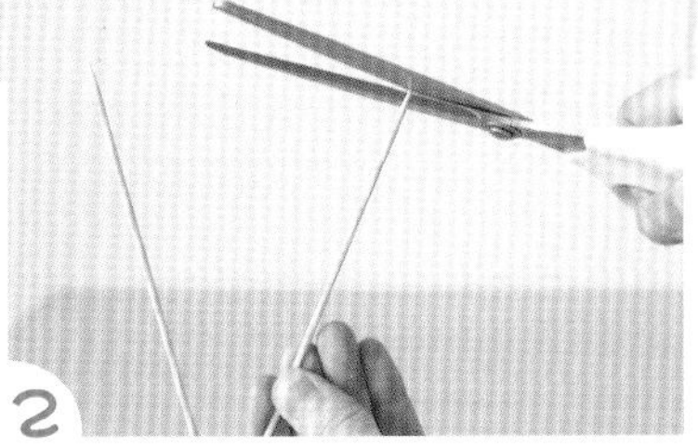

2

剪除竹籤尖銳的部分，避免孩子受傷。

Tip 如果先剪掉尖銳處，竹籤就插不進絨毛球中，因此請依照順序進行。

3

將絨毛球放入燒酒杯中並固定。

Tip 如果沒有燒酒杯，可以由大人抓著固定，讓孩子進行遊戲。

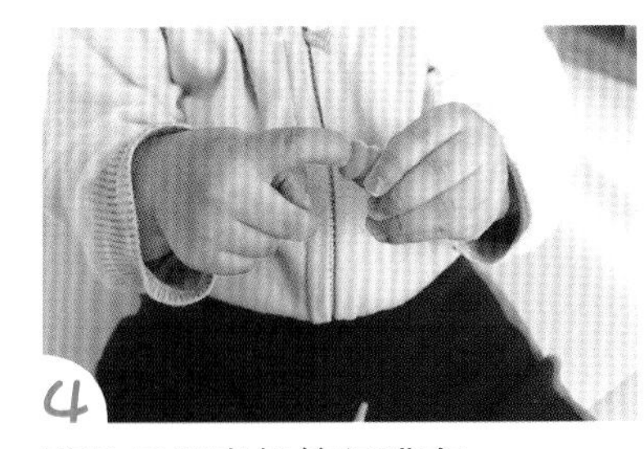

4

讓孩子探索鉛筆保護套。

「軟軟的呀！」
「手指跑進洞裡了呢！」

5

讓孩子拿著鉛筆保護套，套入竹籤中。

「對準洞口慢慢套喔！」
「哇～你自己套好了耶！」

6

全部套入後，再逐一取出整理。

「要怎麼從竹籤裡拿出來呢？」
「把它們收回籃子裡吧！」

吸管放棉花棒

建議年齡　18 個月以上
遊戲目標　練習精準動作・體驗一對一的概念

當孩子的手眼協調能力較高後，就可以挑戰把小東西逐一放進洞裡的遊戲。先準備相同數量的吸管和棉花棒，讓孩子逐一放入，並確認有沒有空的吸管、沒放到的棉花棒，學習一對一的概念。這種一對一的遊戲，能夠讓孩子自行找出錯誤，提升自主能力。

準備物品

- **吸管 3 根**
  請將吸管裁剪成和棉花棒一樣的數量。
- **棉花棒 8 根**
  請先確認棉花棒是否可以放進吸管中。
- **圓筒蓋**
  牙籤罐或棉花棒罐的蓋子即可，請準備孩子的手能掌握的大小。
- **裝棉花棒的盒子 1 個**
- **剪刀**　● **熱熔膠**

1 請先將吸管剪成比圓筒蓋長、比棉花棒短的長度。

Tip 為了讓孩子放入棉花棒後能自己取出來，請將吸管剪得比棉花棒短 1 公分。

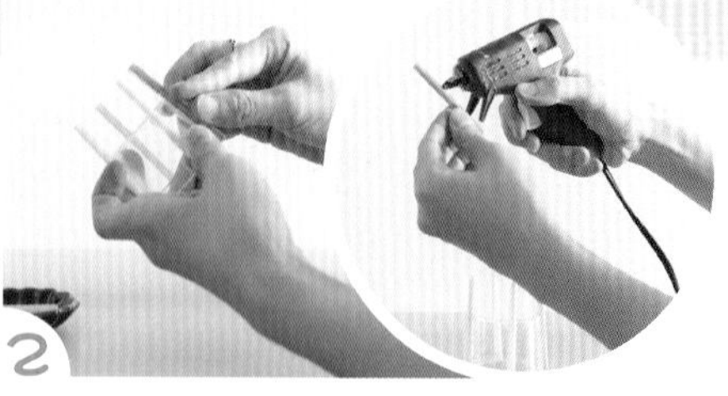

2 在圓筒蓋上等間距黏上吸管。

Tip 如照片三，請將吸管底部對齊圓筒蓋邊緣。

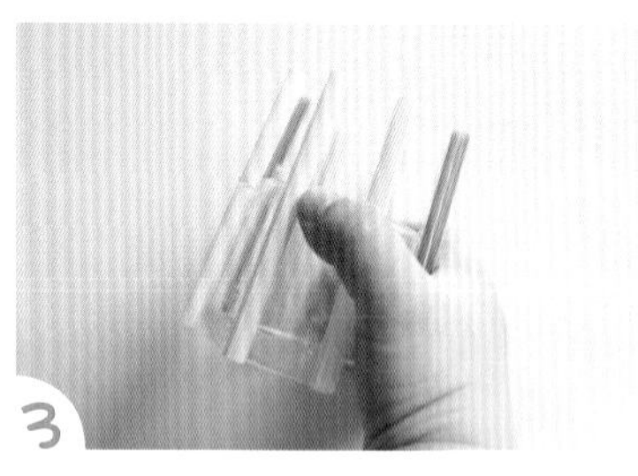

3 讓孩子探索貼好吸管的圓筒蓋。

「這個尖尖的是什麼？」
「上面有好多吸管喔！」

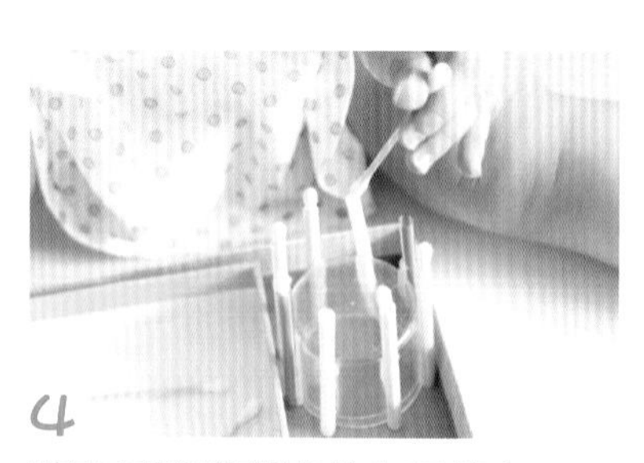

4 讓孩子將棉花棒放入吸管中。

「一根一根慢慢放吧！」
「放進去了呢！」

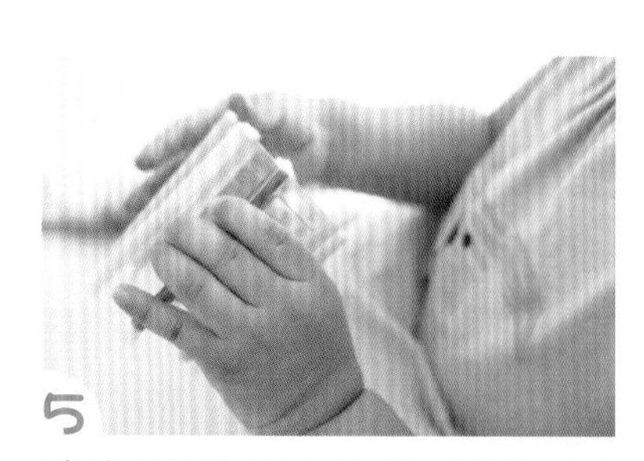

5 讓孩子找出空的吸管，體驗一對一的概念。

「你在觀察呀！」
「看看哪根吸管是空的？」

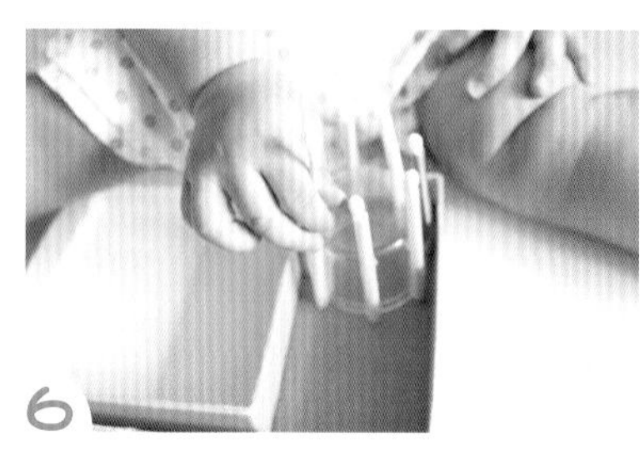

6 讓孩子取出棉花棒整理。

（指著都放滿的吸管）「每個都有棉花棒了！」
「現在一個一個拿出來吧！」

拔絨毛球放吸管杯

建議年齡 18 個月以上
遊戲目標 訓練控制手腕力量＆大、小肌肉・同時進行兩種以上行為

反覆使用手，能夠刺激孩子的腦神經細胞，間接訓練大腦發展各種感覺，拓展思考幅度，慢慢地，孩子就可以同時或者依序進行兩種行為。這個遊戲透過滾動除塵滾筒來黏絨毛球，再用手拔除絨毛球放入杯中，有助於促進孩子的腦部發育。

準備物品

- 除塵滾筒 1 個
  選擇上下滾動的款式，會比左右滾的更好操作。
- 絨毛球 數個
  準備能放進吸管杯孔洞的大小。
- 大盤子 1 個
- 吸管杯 1 個
- 裝絨毛球的碗 1 個

準備 盆子

遊戲 Tip

- 在學習除塵滾筒的用法時，絨毛球的數量多一點比較好，但也不要太多，以免孩子在放到吸管杯的步驟時感到疲倦。

練習

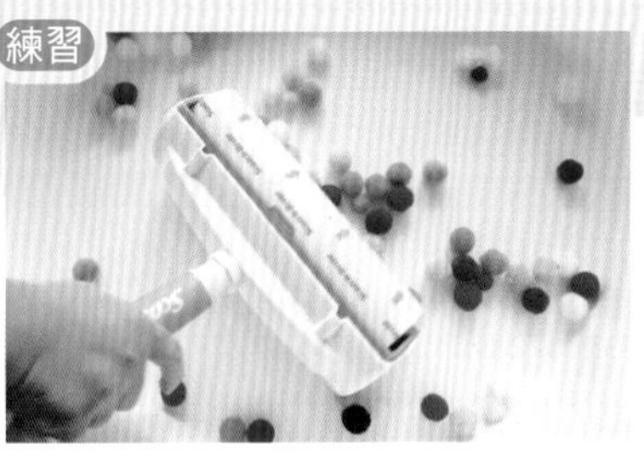

在盆子上放絨毛球，讓孩子先學習除塵滾筒的使用方式。

Tip 如果孩子自己操作有困難，請媽媽抓著孩子的手幫忙。

1

讓孩子把盤中的絨毛球黏起來。

「貼紙上黏著好多小球！」
「有好多顏色耶！」

2

讓孩子自由探索黏著絨毛球的除塵滾筒。

「摸起來有什麼感覺？」
「是不是軟軟的？」

3

讓孩子拔除絨毛球，從吸管杯孔洞放進去。

「一個一個放進去吧！」
「丟到洞裡面！」

4

將絨毛球放回盤中整理。

（打開杯蓋）「把球球統統倒到盤子上吧！」
「想玩的話還可以再玩喔！」

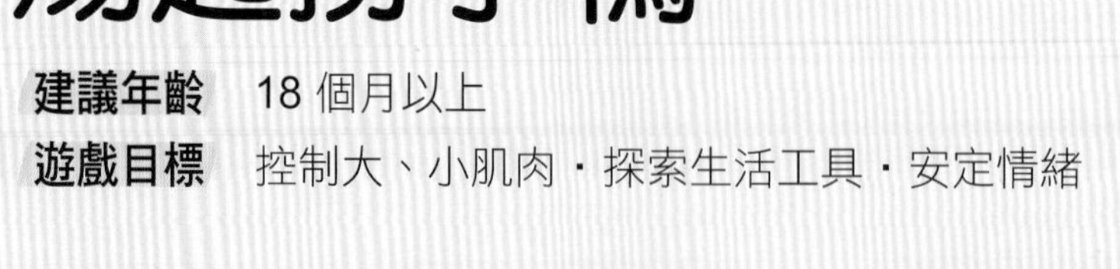

湯匙撈小鴨

建議年齡　18 個月以上

遊戲目標　控制大、小肌肉・探索生活工具・安定情緒

每個家裡一定都會發生這樣的事。當大人在廚房做菜時，小孩子突然跑來打開櫥櫃，翻出各種廚具。媽媽常用的日常工具對孩子來說獨具魅力。請試著讓孩子用漏勺撈水盆中的小鴨到盤子上，等孩子比較上手後，再換成窄口瓶或杯子。

準備物品

- 盆子 1 個
- 裝小鴨的碗 1 個
- 漏勺 1 根
- 小鴨玩具 10 個左右
  也可以替換成其他能漂浮在水上的玩具。
- 乾毛巾 1 條
  玩有水的遊戲時請準備毛巾，讓孩子可以自己清理灑出的水。

應用　不同形狀的漏勺

遊戲 Tip

- 請在陽台、浴室，或是其他不怕弄濕的地方進行遊戲。

1 在盆子裡裝水後放入小鴨玩具。

2 讓孩子自由探索漂浮在水面上的小鴨玩具。

「裡面有什麼呢？」
「有小鴨漂在上面耶！」

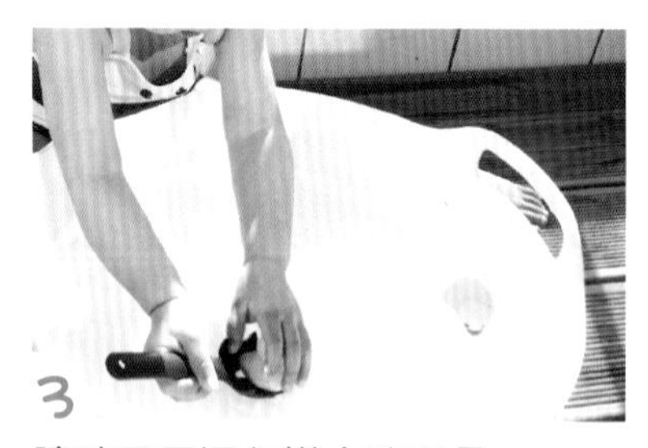

3 讓孩子用漏勺撈小鴨玩具。

「小鴨跑進勺子裡了！」
「可以用手放進去喔！」

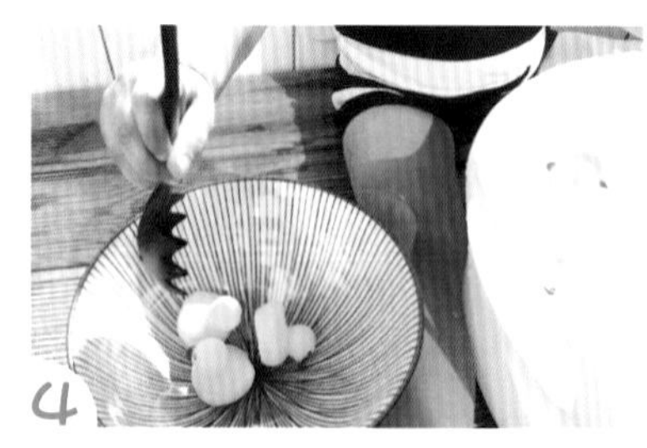

4 引導孩子將小鴨玩具移到碗上。

「從勺子掉到碗裡了呀！」
（幫助熟悉數字概念）「一、二、三。」

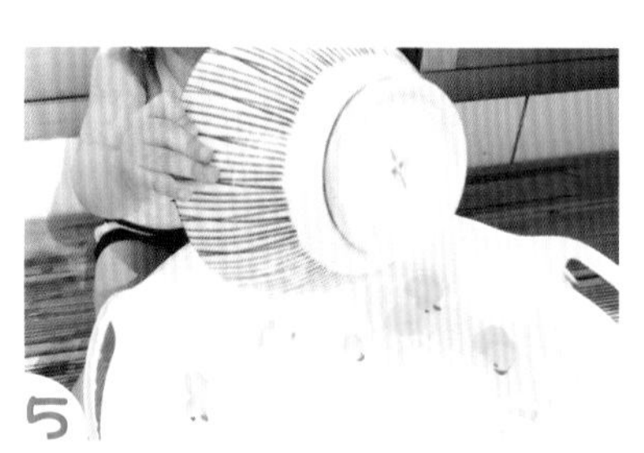

5 再次將小鴨玩具放入水中。

（指著空水盆）「只有水了！」
「我們把小鴨放回水裡吧！」

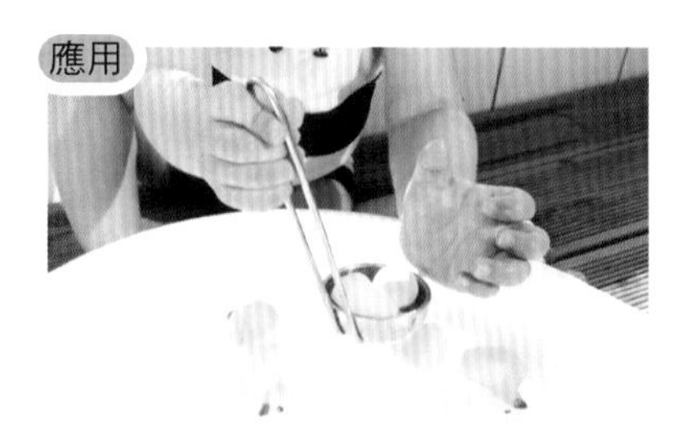

應用 使用沒有洞的勺子進行遊戲。

「這個勺子沒有洞呢！」
「水也一起撈起來了！」

冰淇淋匙挖核桃

建議年齡 18 個月以上
遊戲目標 提升手腕柔軟度・訓練手指力量&運筆能力

喜歡用手拉、放、搬東西的孩子，會漸漸開始對操作工具感興趣。如果孩子的小肌肉還沒有發展完全，無法順利使用工具，媽媽可以抓著孩子的手進行，或是讓孩子用手把東西放到工具上，請依狀況適時調整。利用手指頭抓東西的練習，可以間接體驗握筆寫字的感覺。

1 將核桃全部放入一個碗中，旁邊放一個空碗。

2 讓孩子探索冰淇淋匙。
「好大的湯匙喔！」
（碰金屬面）「啊，好冰！」

準備物品

- 冰淇淋匙 1 根
  如果沒有專用的冰淇淋匙，可以改用大湯匙、小湯匙等。
- 核桃 5 顆
- 裝核桃的碗 2 個

應用1 冰塊鏟 1 個、球 4 顆
應用2 奶粉匙 1 個、玩具冰塊 1 把

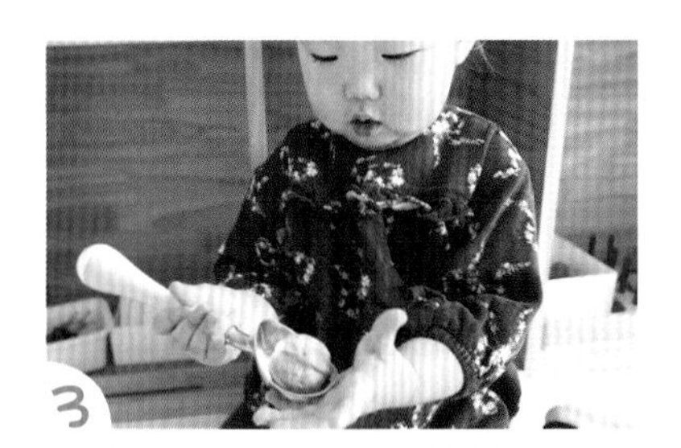

3 讓孩子用冰淇淋匙挖核桃。
「核桃跑到湯匙上了。」
「跟我們吃東西的時候一樣！」

4 讓孩子將核桃放到另一個碗中。
「從綠色的碗裡挖到核桃了！」
「放到黃色的碗裡吧！」

遊戲 Tip

- 可以延伸為餵娃娃吃東西的遊戲，增加樂趣。

應用1 用冰塊鏟搬球。
「這是挖冰塊用的長長湯匙。」
（搬移的時候）「一、二、三。」

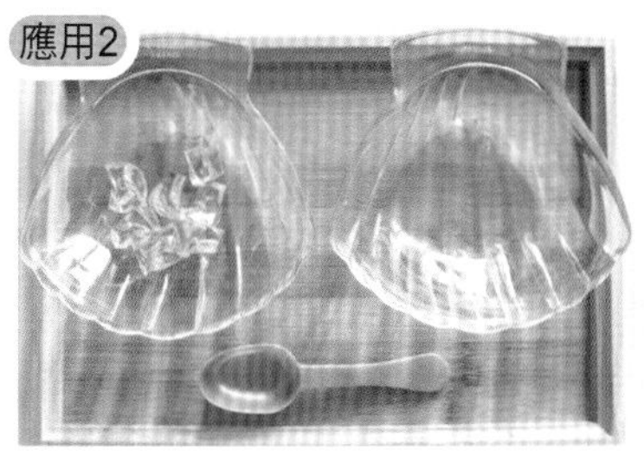

應用2 用奶粉匙搬玩具冰塊。
Tip 不一定要用玩具冰塊，積木等可以放進奶粉匙大小的物品都可以。

用湯匙搬豆子

建議年齡　18 個月以上

遊戲目標　探索工具＆了解用法・訓練手指力量＆運筆能力

孩子在發展自主能力時，什麼事情都會想要自己完成。儘管這個時期要讓孩子自己用湯匙挖飯還太早，但可以透過遊戲的練習，讓孩子熟悉基本生活技能。一開始可以用湯匙挖球、石頭、米等有重量的物品，熟練以後再換成絨毛球、爆米花等輕巧的物品。

準備物品

- 衛生紙筒 3 個
- 紙板 1 片　● 湯匙 1 根
- 豆子 2～3 把
  建議使用扁豆、大紅豆等體積較大的豆子。
- 裝豆子的碗 1 個
- 熱熔膠　● 美工刀

應用　爆米花

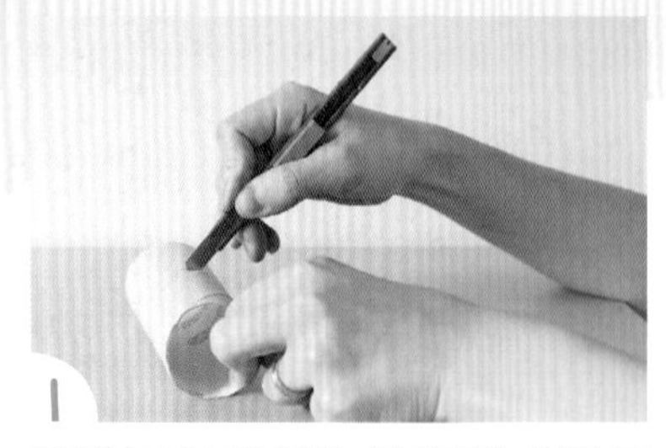

1 用美工刀將衛生紙筒割成四等分。

Tip 如果沒有衛生紙捲筒，也可以用紙杯的下端。

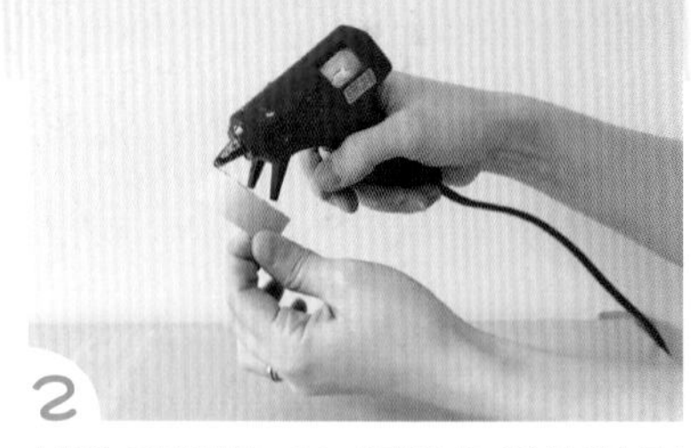

2 以熱熔膠將 11 個衛生紙筒貼到板子上。

Tip 分別貼上 4 個、3 個、4 個，做成蜂窩形狀。

3 讓孩子用湯匙挖豆子出來放到紙筒裡。

「是圓圓的豆子耶！」
「用湯匙放到圈圈裡吧！」

4 放豆子時，讓孩子體驗多和少的概念。

「這個圈圈裡的豆子比較多！」
「這裡再少放／多放一點。」

應用

替換成爆米花等輕巧的物品。

用夾子移動絨毛球

建議年齡　18 個月以上

遊戲目標　訓練小肌肉的動作＆手指力量・體驗新工具

孩子在成長過程中，會漸漸使用到肌肉的力量，例如用拇指和食指夾東西，或是用夾子夾取物品等。等孩子已經熟練湯匙的用法後，就可以進階挑戰夾子。將水果、餅乾等和夾子放在一起，幫助孩子訓練在生活中使用夾子的能力。

準備物品

- 夾子 1 個
  請準備只要稍微用力就能夾取的夾子。
- 裝絨毛球的碗 2 個
- 2 公分的絨毛球 約 10 個
- 絕緣膠帶
  請在教具盤上貼符合夾子長度的膠帶，幫助孩子自己整理教具。

應用　其他種類的夾子 1 個

1 讓孩子探索夾子。

「紅線上有夾子耶！」
「要不要拿起來看看？」

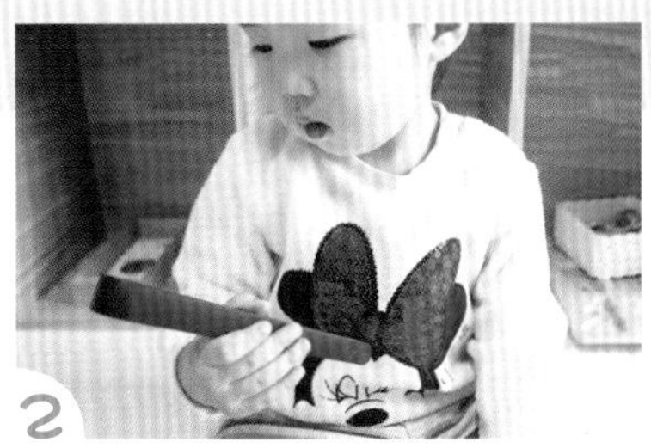

2 讓孩子學習夾子的使用方式。

（示範使用夾子）「合起來了、打開了！」
「你也來用用看夾子吧！」

3 讓孩子用夾子夾絨毛球。

（指著空盤子）「夾到這邊吧！」
「用夾子夾到白球了呢！」

4 讓孩子體驗行為的因果關係。

「剩一個了喔！」
（指著變多的盤子）「這邊的球變多了！」

5 讓孩子放回夾子，做整理。

「球都搬過去了呀！」
「把夾子放回紅線上吧！」

應用

等孩子熟練後，可以替換成要稍微用力才能夾取的夾子。

轉開瓶蓋

建議年齡 18 個月以上

遊戲目標 訓練手腕轉動＆雙手協調・提升認知能力・獨立

轉動瓶蓋的時候要同時用手抓蓋子和容器，並且用手腕轉動。轉開比拉開、推開還要難，要關上又會更難一些。反覆練習轉動手腕，也與日常生活中用鑰匙開啟、鎖上，以及開關水龍頭等必備技能相關。

準備物品

- 旋轉罐 5～6 個
  空瓶或化妝品空罐即可，請準備大小、用途各不相同的罐子。
- 裝罐子的籃子 1 個

遊戲 Tip

- 請先將容器清洗乾淨。容器中殘存的氣味，可以讓孩子產生好奇心，去猜測裡面是裝什麼東西的罐子。
- 如果孩子在開蓋時有困難，可以抓著孩子的手一起進行，幫助孩子增加成就感。

1 將各種罐子放入籃子中。

Tip 蓋子稍微蓋起來即可，不用轉太緊，方便孩子打開。

2 讓孩子自由探索罐子。

「籃子裡有好多罐子哦！」
「這是果汁罐耶！」

3 讓孩子轉開罐子。

「你想要打開嗎？」
「抓著蓋子和罐子轉轉看。」

4 讓孩子聞聞看罐子裡的味道。

「罐子打開了呢！」
「裡面有什麼味道？」

5 讓孩子將罐子和蓋子闔上。

「這個蓋子是哪一個罐子的？」
「轉一轉就關起來了！」

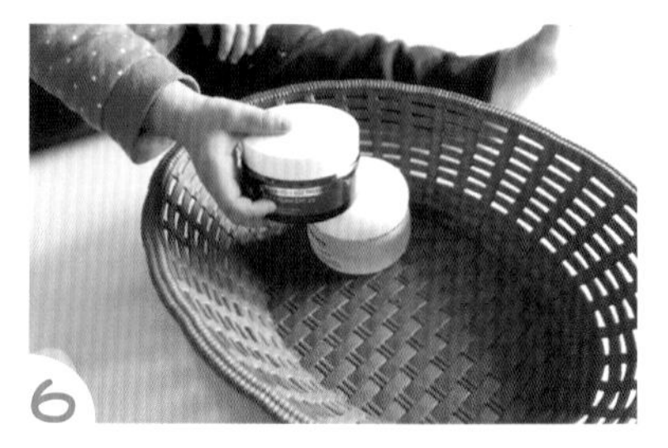

6 讓孩子將罐子放回籃子中。

「一個一個放喔！」
「整理好籃子了呢！」

倒乾物

建議年齡 24 個月以上
遊戲目標 訓練雙手＆手眼協調・培養專注力

在蒙特梭利活動中，有分倒乾物和倒液體兩種。倒豆子、彈珠、米等乾的物品，比液體還要容易。乾的物品中，愈大的物品愈容易倒，掉到地板時要撿也比較容易。放杯子到盤子上時，要如步驟 3 的照片一樣，將把手朝向外側，讓孩子的雙手能同時抓住杯子。

準備物品

- 有把手的杯子 2 個
  準備小而輕的杯子，孩子才能單手拿取。照片是 150ml 的奶泡杯。
- 扁豆 少許
  約裝滿杯子的 1/3。
- 盤子 1 個

準備 燒酒杯 2 個、黏土

應用 彈珠 少許

遊戲 Tip

- 如果孩子在倒的時候有困難，請幫忙扶一下杯底。

讓孩子先練習將燒酒杯中的物品倒到另一個燒酒杯中。

Tip 也可以放黏土球。先把黏土捏成比燒酒杯小的球後放乾，避免黏在杯子上即可。

先讓孩子用手搬移扁豆。

「杯子裡有白色的豆子耶！」
「用手幫豆子搬家吧！」

讓孩子拿起裝扁豆的杯子。

「右手拿著杯子呀！」
「小心倒過去看看？」

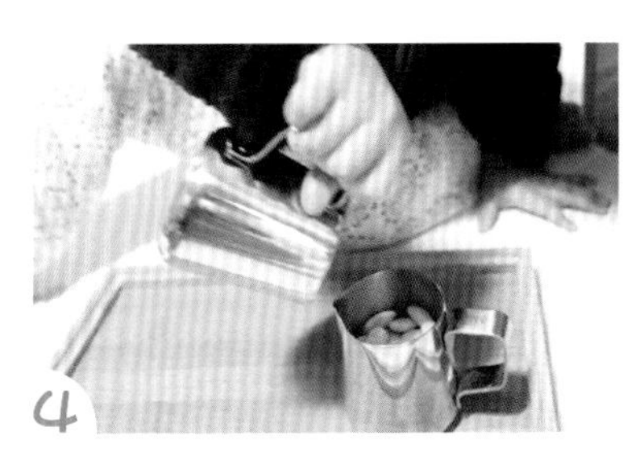

讓孩子傾斜杯子，將扁豆倒入空杯中。

「小心抓著喔！」
「有聽到『咚咚』的聲音嗎？」

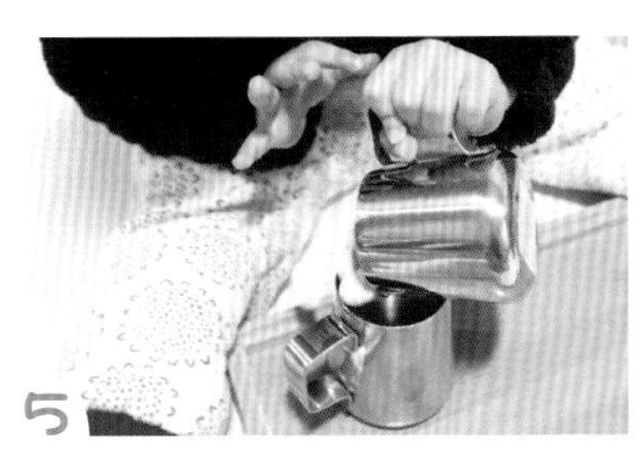

再次將豆子倒回原本的杯子中。

「再倒回原本的杯子裡吧」
「這次用左手倒倒看！」

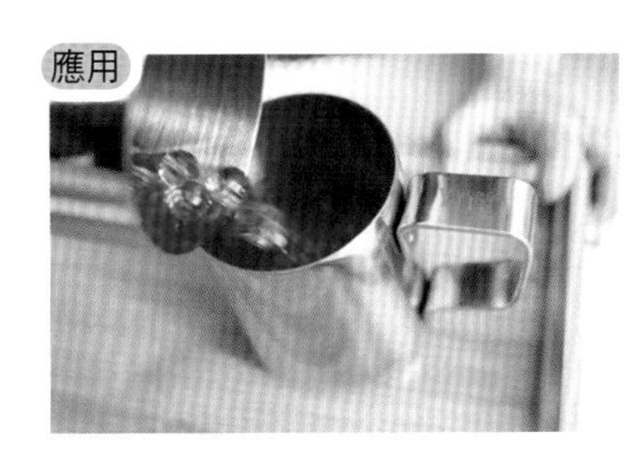

倒比扁豆還要小的彈珠。

Tip 也可以換成其他比較小的豆子或穀物。

漏斗倒米

建議年齡 24 個月以上

遊戲目標 探索與認識漏斗使用方式・培養專注力與秩序性

在「漏斗義大利麵（P56）」的遊戲中，是將漏斗反過來，讓孩子從出口放東西進去，這次則要體驗漏斗原本的使用方式，從入口放米進去。一開始孩子動作還沒有很協調時，請先避免使用過大的漏斗。讓孩子從漏斗邊緣倒入物品後，稍微搖晃就能讓東西掉進去。

準備物品

- **漏斗 1 個**
  將漏斗放進杯子時，漏斗底部不能碰到杯底。
- **有把手的杯子 2 個**
  準備小而輕的杯子，孩子才能單手拿取。照片是 150ml 的奶泡杯。
- **米 少許**
  約裝滿杯子的 1/3。
- **托盤 1 個**
  在托盤上進行遊戲，即使米撒出來，也比較好清理。

遊戲 Tip

- 如果孩子有困難，可以幫忙稍微將杯子傾斜，方便孩子倒入。

1

讓孩子探索漏斗。

「這個叫做『漏斗』。」
「有尖尖的洞吧？」

2

讓孩子將漏斗放入空杯中。

「放好漏斗了呀！」
「要不要倒倒看米？」

3

讓孩子傾斜杯子，將米倒入。

「抓著把手，慢慢倒吧！」
「米慢慢出來了呢！」

4

讓孩子體驗漏斗的特性和物體恆存概念。

「米去哪裡了呢？」
（拿起漏斗）「跑到這裡了呢！」

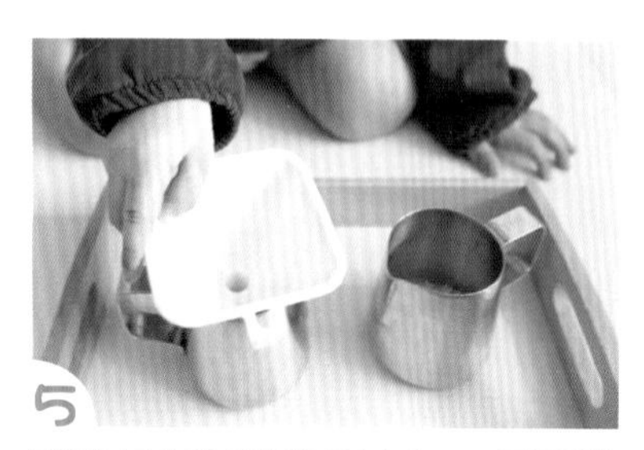

5

讓孩子把漏斗移到空杯，反覆進行遊戲。

「要不要把漏斗移到另一個杯子看看？」
「再來倒倒看吧？」

6

讓孩子倒放漏斗，整理教具。

「把比較大的地方朝下，整理一下吧！」
「下次再試試看吧！」

漏斗倒水

建議年齡 24 個月以上

遊戲目標 提升身體控制能力・培養專注力＆注意力

在前面「漏斗倒米（P68）」的遊戲中，孩子已經了解倒乾物與漏斗的使用方式，接著就可以體驗倒液體。反覆倒滿水瓶的過程，不僅可以讓孩子練習專注，也能培養耐心、感受成就感。還能再進階延伸為倒水進花瓶，達到安定情緒與培養美感的作用。

準備物品

- 瓶子 1 個
- 杯子 1 個
- 水盆 1 個
  約裝 1/2 的水。
- 托盤 1 個
- 漏斗 1 個
- 乾毛巾 1 條
  玩有水的遊戲時請準備毛巾，讓孩子可以自己清理灑出來的水。

應用 有把手的透明杯 1 個、水彩顏料或食用色素 少許

遊戲 Tip

- 請在陽台、浴室，或是其他不怕弄濕的地方進行遊戲。

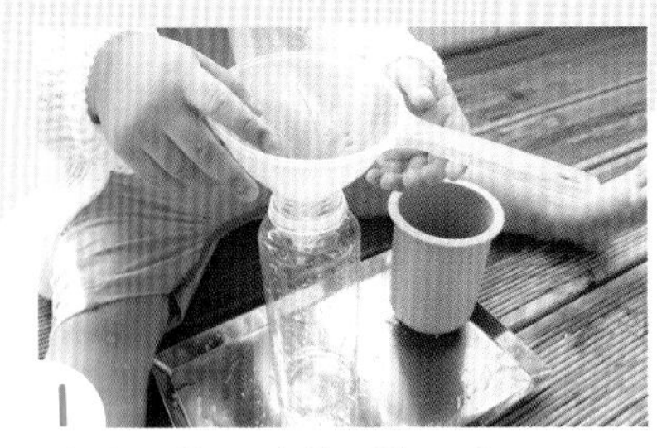

1 讓孩子將漏斗放到瓶口裡。

「要怎麼放漏斗呢？」
「把尖尖的地方放進去。」

2 讓孩子用杯子撈水。

「用杯子裝滿水了！」
「來倒倒看吧？」

3 引導孩子將水從漏斗倒入瓶中。

「水進去瓶子裡面了！」
「有水的聲音呢！」

4 讓孩子把水倒回去。

「哇，水滿了呢！」
（一邊倒水）「瓶子變得空空的了。」

5 讓孩子用毛巾擦拭托盤和地上灑出來的水。

「水跑出來了耶。」
「用毛巾擦乾吧！」

應用 將杯子裡用顏料染色的水，透過漏斗倒入瓶中。

Tip 夏天可以用涼爽的藍色，冬天用溫暖的紅色，讓孩子感受季節的差異。

準備餐桌

建議年齡 24 個月以上
遊戲目標 學習日常生活技能・了解碗盤使用方式

吃飯是日常生活中一件重要的事，透過這個遊戲，可以讓孩子了解餐桌上的東西，不同餐具要放在哪裡、哪種盤子要放哪種食物，也能夠學習到玻璃餐具的用法。同時，透過大小不同的盤子，也能幫助他們理解到「大小」的概念。

準備物品

- 1 人份餐具
  大盤子、小盤子、杯子、湯匙、叉子、碗等，中式或西式的餐具皆可。
- 手帕 1 條
- 油性簽字筆 1 枝
- 食物模型 數個
- 裝餐具和手帕的籃子 1 個

遊戲 Tip

- 請讓孩子學會自己將餐具、手帕收回籃子中。

1 先將手帕攤開，接著用油性筆在手帕上畫出準備好的餐具輪廓。

Tip 先擺放好餐具再畫，才不會畫錯。

2 讓孩子攤開手帕探索。

「把手帕打開來看看。」
「上面畫了什麼呢？」

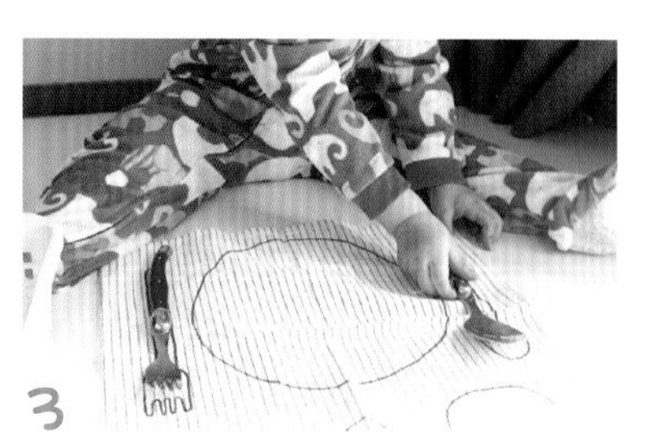

3 引導孩子依照手帕上的圖案擺放餐具。

「這邊是放叉子呀！」
「這些都是你吃飯時用的東西喔！」

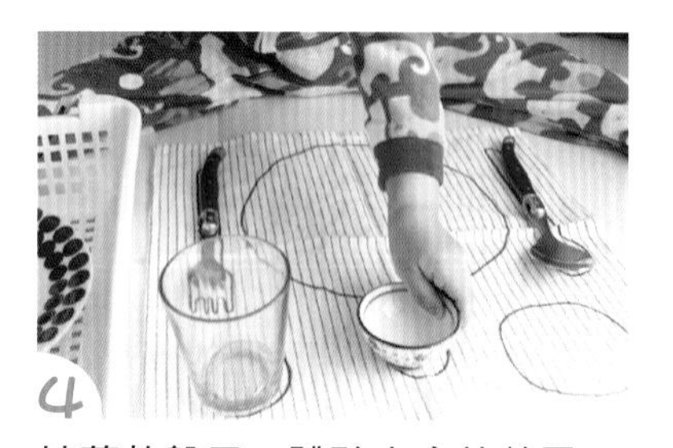

4 接著放盤子，體驗大小的差異。

「這是小的盤子。」
「小盤子放到小圈圈裡了！」

5 讓孩子體驗雙手安全拿盤子的方式。

「盤子很重，所以要用雙手一起拿喔！」
「小心、慢慢拿。」

6 運用食物模型擺放餐點，玩扮家家酒遊戲。

「來一點好吃的水果吧！」
「還有橘子汁哦。」

廣告單食物

建議年齡　24 個月以上

遊戲目標　學習食物名稱與對應工具・透過扮家家酒訓練想像力

請利用超市的傳單，剪下孩子喜歡的水果、食物等圖片，進行準備餐點的遊戲。看著真實的圖片，和孩子討論喜歡什麼、想吃什麼，讓孩子自然認識食物的名稱。也可以將圖片放到孩子實際使用的餐具上進行，讓孩子更投入，提升趣味性。

準備物品

- 鐵盒 1 個
  要用鐵盒才能黏磁鐵。
- 食物照片約 10 張
  可以從廣告傳單上剪下來。
- 磁鐵貼
  如果用一般磁鐵，要另外準備熱熔膠黏貼。
- 素面貼紙　● 湯匙
- 油性簽字筆

遊戲 Tip

- 遊戲結束後，請讓孩子自己整理收拾、蓋上蓋子，培養孩子的自主能力。

1

先在鐵盒上貼素面貼紙，再用油性簽字筆在上方畫框。

Tip 畫得像孩子實際在使用的餐盤，這樣即使不特別說明，孩子也能明白是餐盤。

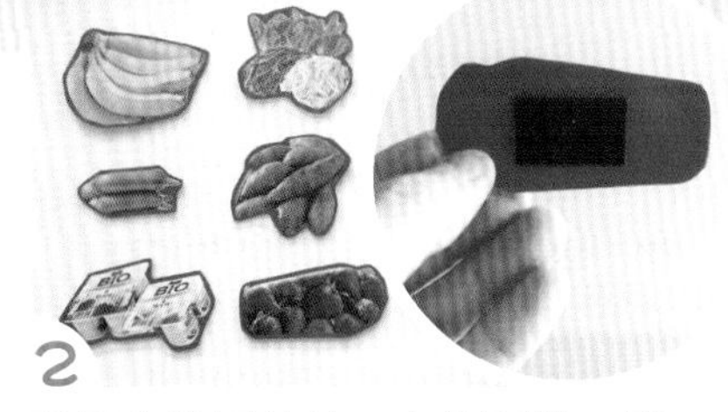

2

剪下食物圖片後，在後面貼一塊磁鐵貼。

Tip 在圖片後面多貼一層色紙或紙板，會比較堅固。

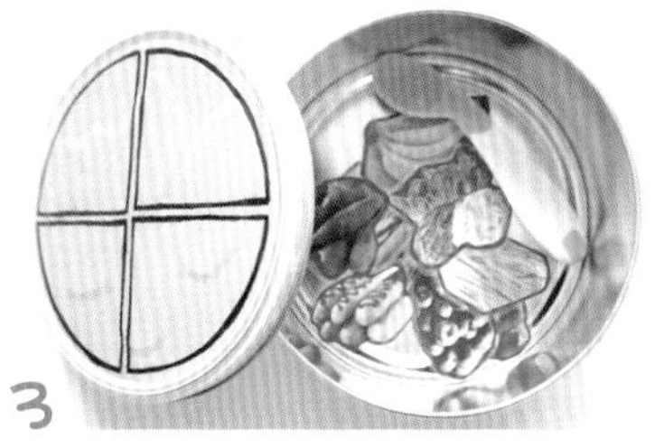

3

在鐵盒中放入食物圖片和湯匙後，蓋上蓋子。

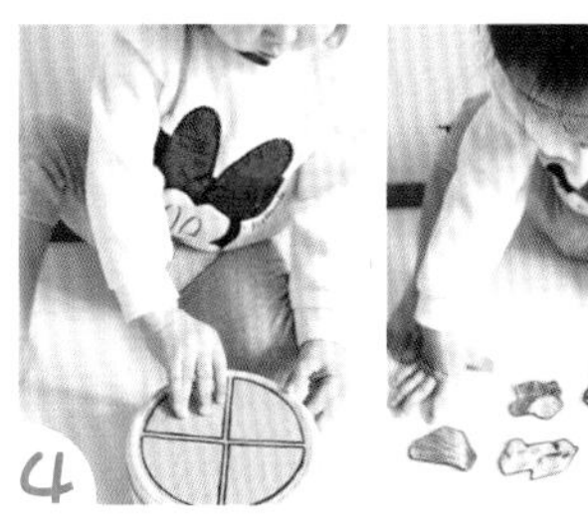

4

讓孩子探索裝圖片的鐵盒。

（搖晃盒子）「這是什麼聲音？」
「打開蓋子，拿出來看看吧。」

5

讓孩子將想吃的東西貼到蓋子上的框中。

「把想吃的食物放上去吧！」
「你放了喜歡的香蕉和好吃的地瓜呀！」

6

請和孩子進行吃東西扮家家酒遊戲，刺激想像力。

「湯匙上放了黃色的香蕉。」
「好好吃喔！」

使用掃把

建議年齡　24 個月以上

遊戲目標　訓練雙手協調能力・培養清理周遭的習慣

當孩子開始想要自己做事時，不妨準備他們能單手拿的小掃把和畚箕來進行遊戲，幫孩子養成自己打掃周遭環境的習慣。讓孩子記住用掃把掃掉落物品、裝入畚箕、將畚箕裡的垃圾移到另一個地方的順序，不僅能實際執行，也有助於腦部發展。

準備物品

- 小掃把組合 1 個
  準備書桌用的小掃把和畚箕。
- 玩具冰塊 3-4 個
  可以替換成筆管麵或紙製立體物，避免用很難掃起來的彈珠等球狀物或薄紙張。
- 裝玩具冰塊的籃子 1 個
- 托盤 1 個
- 絕緣膠帶 1 個

遊戲 Tip

- 用掃把將物品掃入畚箕的動作，需要雙手協力作業。如果孩子做這個動作有困難，可以幫忙一起抓著畚箕進行。

先在托盤上用絕緣膠帶貼一個正方形。

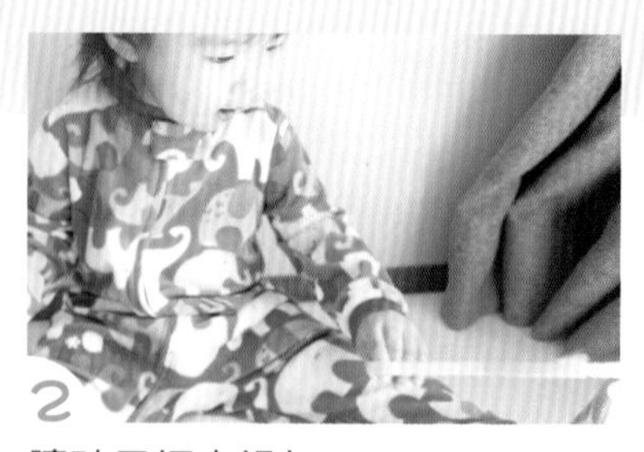

讓孩子探索掃把。

「好像頭髮喔！」
「這個叫做『掃把』。」

讓孩子將玩具冰塊倒到托盤上。

「倒到托盤上吧！」
「小心翻過來。」

4

引導孩子用掃把將玩具冰塊掃入正方形中。

「蒐集到方塊了啊！」
「抓著掃把掃掃看。」

讓孩子將玩具冰塊掃入畚箕中。

「放進去裡面好嗎？」
「用掃把掃進去看看。」

6

讓孩子將畚箕裡的玩具冰塊倒入籃中。

「倒回籃子裡吧！」
「托盤變乾淨了呢。」

練習刷牙

建議年齡　24 個月以上
遊戲目標　練習刷牙・清潔身體

大約 2 歲的時候，可以讓孩子正式開始練習刷牙。請先畫一張臉，然後將臉上的牙齒畫黑，告訴孩子蛀牙發生的原因。當孩子了解為什麼需要刷牙，就會建立清潔衛生的概念。建議讓孩子自己拿牙刷刷，並確認刷牙前後的不同，讓他們在遊戲中學習刷牙的技巧。

準備物品

- 用紙做一張臉
  下載右上方 QRCode 的臉部圖片，先用色紙做出臉，再以白板筆畫牙齒。請使用白板筆可以擦掉的色紙。
- 牙刷 1 支
  注意不要把遊戲用的牙刷真的拿來刷牙。
- 不織布　● 熱熔膠
- 膠帶　● 白板筆

遊戲 Tip

- 請透過鏡子觀察孩子的牙齒，稱讚孩子乾淨潔白的牙齒刷得很乾淨，建立孩子的自信，日後才能做得更好。和孩子一起透過鏡子觀察對方的牙齒也很有趣。

1 請先準備好用色紙做的臉。再準備一模一樣的嘴巴貼上，就能打開嘴巴。

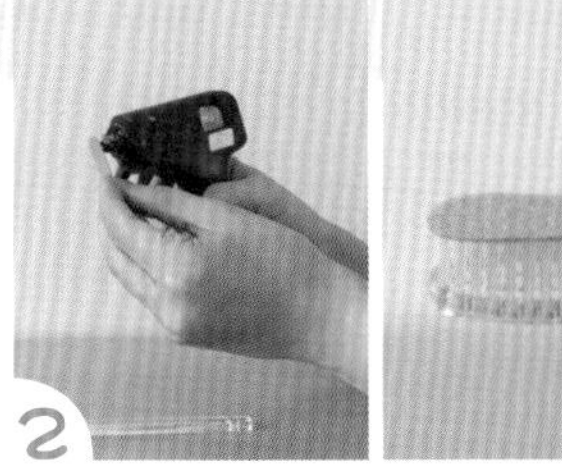

2 剪一塊和牙刷刷毛一樣大的不織布，用熱熔膠貼在牙刷上方，做成牙膏的樣子。

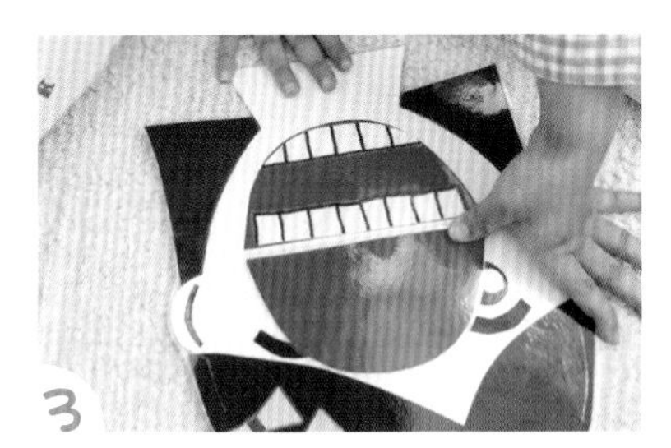

3 先讓孩子看乾淨的牙齒。

「我們來打開小朋友的嘴巴看看吧！」
「牙齒是什麼顏色呢？」

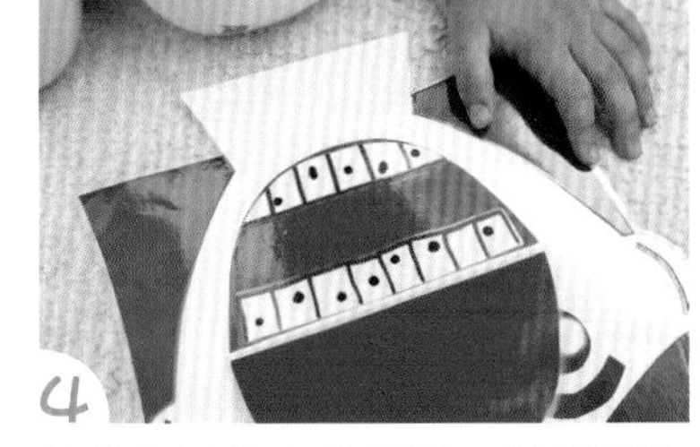

4 接著在牙齒上畫黑點，並說明為什麼會蛀牙。

「看看這顆牙齒，變成什麼樣子了呢？」
「為什麼會變成黑色的？」

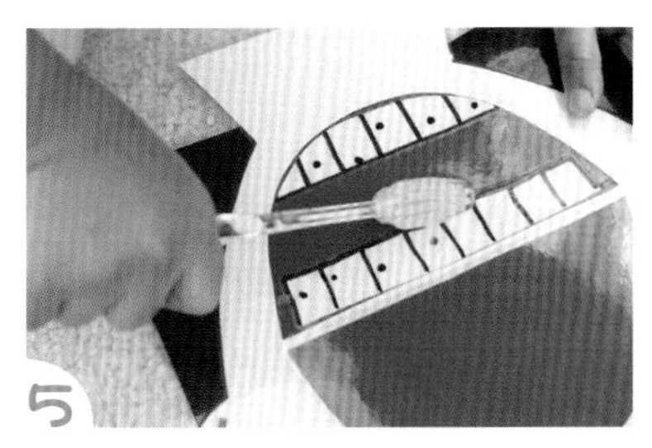

5 讓孩子用牙刷幫牙齒刷乾淨。

「快幫他刷牙試試看！」
「牙齒上的黑點不見了！」

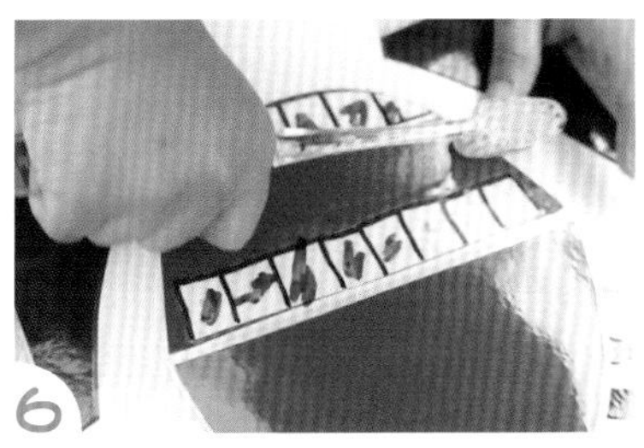

6 反覆進行遊戲，幫助孩子了解刷牙的重要性。

「又有蛀牙了！」
「刷乾淨才有健康的牙齒！」

摺手帕

建議年齡 30 個月以上
遊戲目標 學習摺疊技巧・認識基本圖形

看著爸爸媽媽摺衣服，孩子也會想要一起參與，一起做摺的動作。摺紙可能會摺錯，或是摺得不滿意，必須不斷更換紙張。先利用反覆摺也不會留下痕跡的手帕，幫孩子訓練手指的力量，之後再進階挑戰摺紙吧。

準備物品

- 手帕 3 條
- 裝手帕的籃子 1 個
- 油性筆

遊戲 Tip

- 孩子的力道跟手的控制能力還很難將手帕摺平，可能會摺得歪七扭八。一開始不用沿著線摺也沒關係，線只是提供基準，如果孩子想要自由自在地摺，請尊重他的想法。

1 在手帕的正反面畫上線。不同的手帕上要畫不同的圖形。

Tip 兩面都畫線，這樣不管孩子打開哪一面，上面都有線。

2 讓孩子從籃子中取出手帕。

「籃子裡面有手帕呢！」
「要不要拿一條出來看看？」

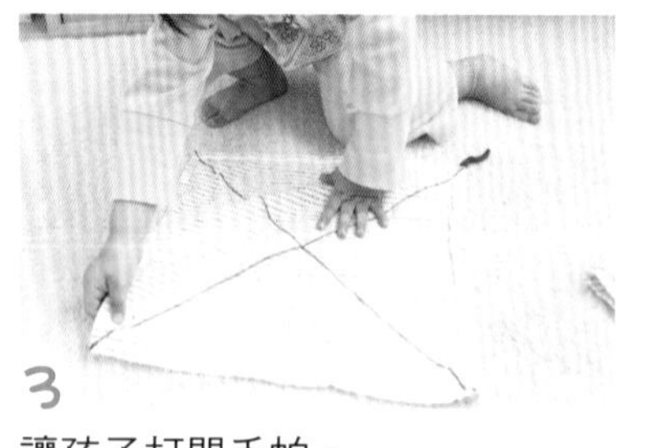

3 讓孩子打開手帕。

「打開手帕了啊！」
「上面有什麼？」

4 讓孩子用手沿著線畫線。

「跟著媽媽的手一起比喔！」
「等一下跟著這條線摺摺看。」

5 讓孩子沿著線摺手帕。

（指著兩端邊角）「讓這個角對這個角吧！」
「摺起來會變什麼形狀？」

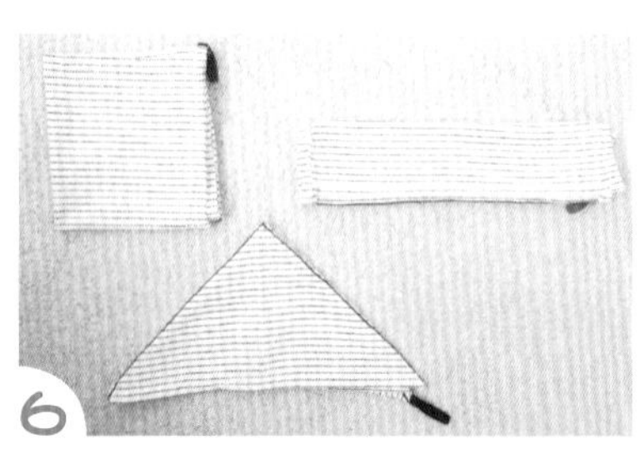

6 反覆摺起來、打開，讓孩子熟悉摺的方法。

「變成三角形了！」
「再摺一次就變小了呢！」

夾髮夾

建議年齡 30 個月以上

遊戲目標 訓練夾物品的能力・提升美感與創意表達

孩子會看著鏡子整理自己的頭髮，拿掉沾到的東西。透過自我整理的過程感受到自我的珍貴，並體驗健康、保護自我的概念。請透過毛線遊戲，讓孩子練習自己夾頭髮。這樣的日常小活動可以讓孩子培養自主能力與獨立。

準備物品

- 厚紙板 1 片
  可以用厚圖畫紙替代。
- 毛線 1 球
  請準備黑色或深咖啡色，比較有真實的感覺。
- 梳子 1 個
- 髮夾 數個
  使用扣式髮夾比較好操作。請根據孩子的發展狀況準備各種工具，促進小肌肉發展。
- 油性筆 ● 剪刀 ● 熱熔膠

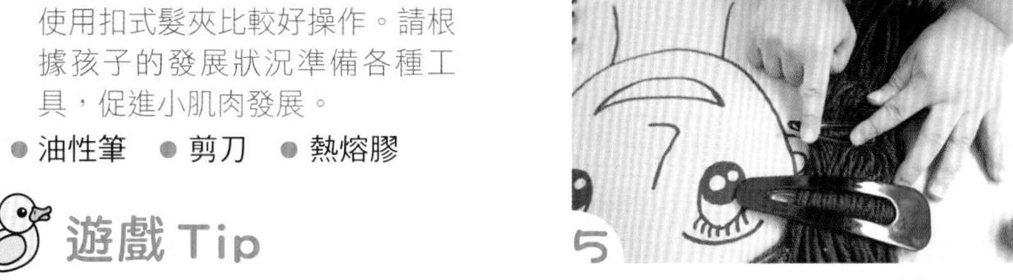

遊戲 Tip

- 說到長、短時，可以用「這個比那個長」、「就像長頸鹿一樣長」、「跟手指一樣短短的」等，幫助孩子發展語言能力。

1

先在紙板上畫出臉部線條，接著將毛線剪成適當長度，以熱熔膠貼出頭髮。

Tip 為避免毛線遮到臉，請在畫線的地方用熱熔膠固定。

2

在紙板旁邊夾上夾子預備。

3

引導孩子用梳子梳毛線。

「她的頭髮好長喔！用梳子梳梳看吧！」
「你的頭髮比她的短。」

4

讓孩子探索夾子，並教他認識使用方式。

「這個髮夾要用一點力壓。」
「會發出聲音耶！」

5

讓孩子在毛線上夾上髮夾。

「你想幫她夾哪一個髮夾？」
「雙手用力壓就可以了。」

6

把各種髮夾都夾到毛線上。

「這個小朋友她的頭髮上有好多顏色！」
（照著鏡子）「小朋友，喜歡自己的頭髮嗎？」

協助準備用餐

建議年齡 18 個月以上

遊戲目標 體驗食物樂趣・認識餐具的使用方式・記憶用餐順序與進行

請調整環境，讓孩子能夠一起幫忙準備用餐。孩子在自己準備餐點的過程中，能夠學習到日常生活的技能，也能感受到食物的珍貴。請配合孩子的發展狀況，準備適當的食物大小、分量、餐具的種類。在開始之前，先讓孩子洗乾淨雙手。餐桌上建議先放好桌巾、餐墊、盤子等。

準備餐具

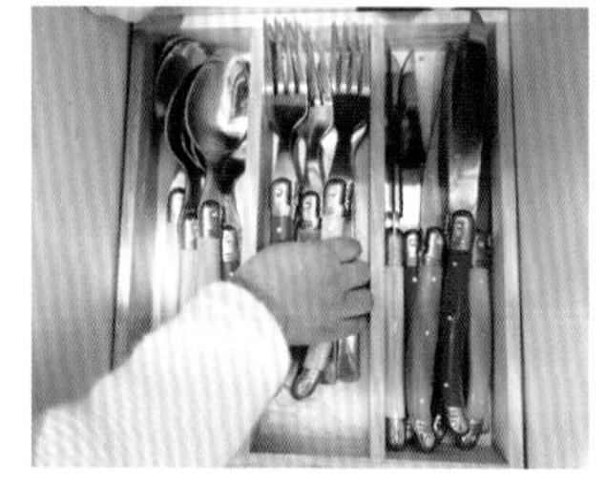

先將湯匙、叉子、餐盤等餐具放到孩子能碰到的櫃子內，到了用餐時間時，對孩子說：「要吃飯了，要不要一起準備？」把幫忙擺放餐具的過程當作遊戲，可以讓孩子感到有趣，也能夠感受到身為家族一員的珍貴。

剝香蕉皮

先將香蕉切開，並剝開一角，孩子就會自己剝開來吃。旁邊準備放香蕉皮的碗，培養孩子養成整理的習慣。橘子、地瓜也能用同樣的方式，由媽媽先剝一點，再交給孩子。

切香蕉

香蕉等軟食材，可以延伸為讓孩子自己切完後放入盤中。使用波浪刀、麵包刀等不鋭利的刀子較為安全。除了香蕉外，也可以讓孩子切酪梨、蒸過的地瓜等。

吐司抹果醬 24 個月以上

將需要用到的材料全部放到托盤上，讓孩子光看就能預測接下來的動作。抹果醬需要用到湯匙，因此這個練習適合已經能夠流暢使用湯匙的孩子。熟練後就可以進階抹奶油起司、製作三明治等。

磨水果泥 24 個月以上

請準備專業的磨泥器，讓孩子自己磨水果來吃。反覆進行磨水果、放入盤中、用湯匙吃的動作，能讓孩子培養記憶複雜活動的能力。磨泥器要小心使用避免受傷，大人務必在旁邊協助。

打蛋 30 個月以上

敲破蛋殼、打開的過程，對孩子來說可能有困難，請大人在旁邊協助。因為孩子還無法控制力道，蛋殼很有可能掉到蛋液中，因此務必先將蛋清洗乾淨。

整理餐具

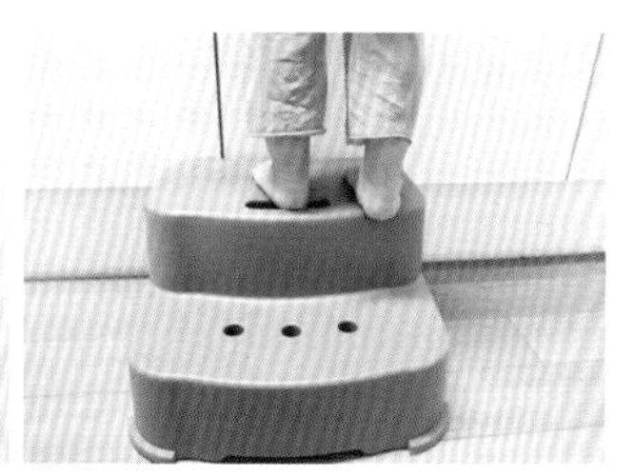

請在洗手台旁準備符合孩子身高的小板凳，讓孩子在吃完飯後能夠自己整理用過的餐具。請指導孩子一次拿一個，並且要用雙手一起拿。如果有易碎材質要多注意、觀察，同時也讓孩子體驗小心翼翼的過程。拿較高的物品或關房間燈等，也都可以讓孩子用小板凳處理，養成自主能力。

自我照顧

建議年齡 18 個月以上

遊戲目標 培養基本生活技能・提升獨立與自理能力・提升自我尊重感

孩子會透過模仿最親近的父母，學習自我照顧和基本生存需要的技能。請幫忙準備孩子能夠照顧自我的環境，大人眼中微不足道的小事，在孩子看來可能充滿樂趣。透過這樣的自我主導活動，不僅能讓孩子感受到自我的珍貴，也能培養他們獨立成長。

梳頭髮

請先準備有頭髮的娃娃，教導孩子梳頭髮的方法，日後孩子就能自己整理頭髮。透過看鏡子打理自己的過程，也能夠進一步培養尊重他人的心理。

擦臉上沾到的東西

請在小托盤上準備所有需要的物品（衛生紙、鏡子、小垃圾桶），放在符合孩子高度的地方，讓孩子不需要大人協助就能自己進行。一開始，先示範抽衛生紙擦臉、丟掉衛生紙的動作給他們看，之後當孩子遇到流鼻涕、臉上沾到食物等狀況時，就能自行處理。

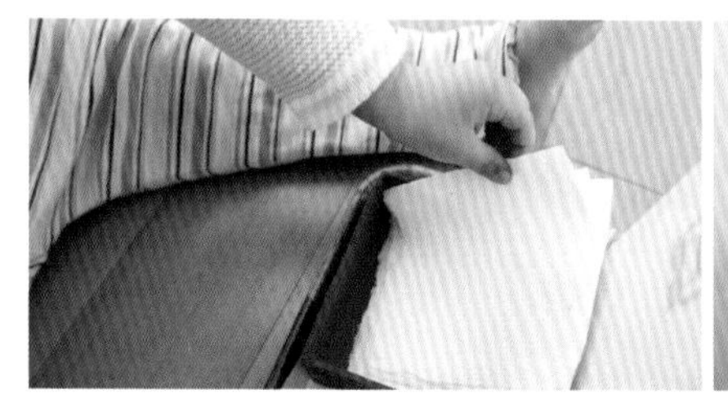

Tip 年紀小的孩子可能會將衛生紙當玩具，建議準備比較不容易破的紙巾。

挑衣服和鞋子

請將衣服和鞋子放在孩子拿得到的地方，讓孩子從 3～4 種物品中挑自己喜歡的。如果數量過多，會讓孩子無所適從、覺得困難。請先挑出符合今日天氣和季節的衣物，其他收在抽屜內，或由媽媽先挑選幾件後，再讓孩子選擇。

拉拉鍊

拉拉鍊的動作能夠訓練手眼協調，提升手指的控制能力。幫孩子穿衣服時，請先將拉鍊頭扣上，再讓孩子自己拉起拉鍊。

脫衣服

即使孩子還沒辦法自己穿衣服，也可以讓他們嘗試自己脫衣服。請讓孩子先拉下拉鍊，接著用其中一隻手拉另一側的袖子，脫下衣服。衣服比較合身時，會需要媽媽幫忙一起脫，可以在孩子穿較大、寬鬆的衣服時讓他們嘗試，幫助他們建立自信心。

脫襪子

外出回家時，請讓孩子自己脫襪子。如果洗衣機的高度沒有安全疑慮，也可以讓孩子自己將襪子放入洗衣機中。

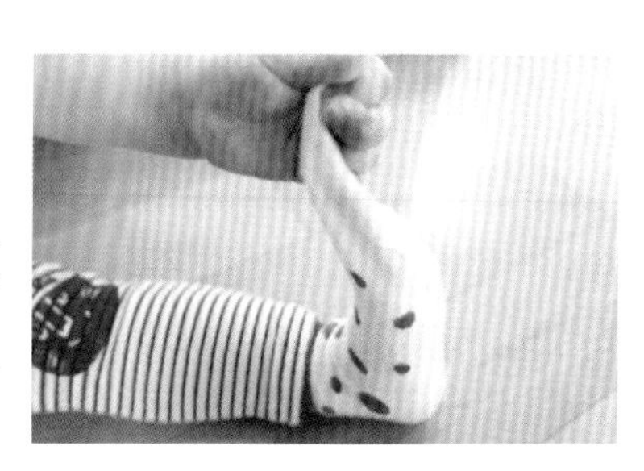

脫鞋子＆擺放整齊

脫鞋子時，請指導孩子從腳跟先脫，並且在脫好後將鞋子放整齊。整理鞋子就像物品、圖畫配對遊戲一樣，有助於促進腦部發展。

熟悉日常禮儀

建議年齡 18 個月以上

遊戲目標 培養正向自我＆安全依附・提升社會性・養成基本生活技能

我們不只透過語言表達，也會利用肢體、眼神等傳達訊息。就算是還不會說話的孩子，也可以透過觀察父母的各種表達方式，自然學習日常生活禮儀。請指導孩子打招呼、咳嗽噴嚏禮儀、排隊、遞交物品等各種技能與生活常規，並教導孩子尊重他人。

打招呼

打招呼是和他人維持關係的基本社會禮儀，在外面遇到大人或朋友時，請指導孩子打招呼的方式。遇到長輩、鄰居時點頭或鞠躬打招呼，遇到朋友時揮手說「嗨！」。透過打招呼，可以讓孩子體驗日常生活禮節，心情也會變好。

咳嗽、打噴嚏

咳嗽時沒有摀住嘴巴，或是對著人打噴嚏，都會帶給他人不好的觀感，即使用手掌擋，也可能透過手傳遞細菌。建議從小教導孩子，咳嗽或打噴嚏時彎曲手臂，以手肘內側擋住嘴巴。雖然對小孩子來說不容易，不過隨著年紀增長，孩子們掌控動作的能力增強後，就能正確做出咳嗽摀嘴的姿勢。

傳遞物品

請指導孩子以雙手傳遞物品，體驗禮儀。這個年紀的孩子看過、聽過的事，都會像海綿一樣吸收進去。對孩子來說，比起告訴他們：「用雙手拿」，父母以身作則的示範更有效果。在拿取剪刀、餐具、盤子等具有危險性的物品時，習慣用雙手拿也會來得更加安全。

幫忙做家事

建議年齡 24 個月以上

遊戲目標 參與日常生活・訓練獨立・養成清潔習慣

日常生活中的小事，對大人來說可能是義務，但孩子在幫忙父母的過程中，可以體會到自己是家庭一員，感受到自己的存在價值。家務事不應該被視為繁雜的瑣事，而是維持環境秩序的必要舉動。在整理好的環境中，能夠感受到安全感，也會更愛惜自己的周遭環境。

打掃

準備簡單的清潔工具，幫孩子培養打掃的習慣。使用清潔工具並不困難，只要簡單示範，孩子就能學會。水倒出來用拖把擦、小灰塵用除塵滾筒清理、垃圾或紙屑撿起來丟垃圾桶，並請將垃圾桶放在需要的地方。

放換洗衣物

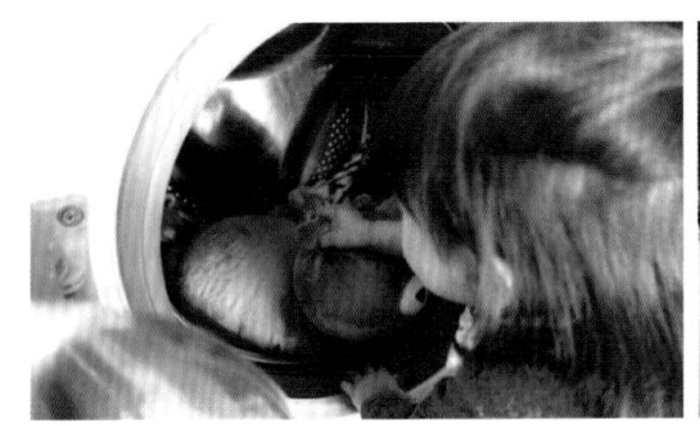

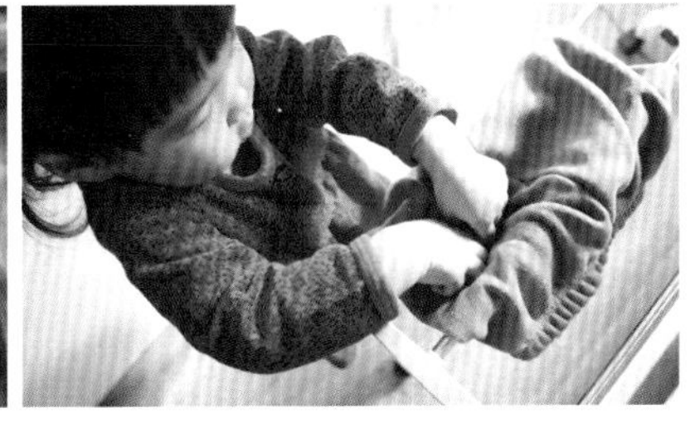

換洗衣物請讓孩子自己放到洗衣機或洗衣籃中。洗好的衣服，也可以讓孩子自己攤開，放到晾衣架上。可以讓孩子參與從洗衣機拿出衣物的過程，不過洗衣機深處的衣物還是由大人幫忙拿取比較安全。

整理衣服

此時的孩子要摺衣服還太難，請媽媽幫忙摺。摺好後，分類成襯衫、褲子、襪子等，教導孩子依照類別放入抽屜中，讓孩子培養整理衣服的習慣，日後自己拿衣服時也會更熟練。

02 奠定學習基礎的 感官領域

感官領域是數學、語言、自然人文等各種領域的基礎。我們對所有事物的認知，都是由感官開始，透過視覺活動辨別顏色、形狀、大小；透過聽覺仔細聆聽周遭的聲音，感受音調的抑揚頓挫；藉由用手摸物品的質感、重量等觸覺活動，認識物品的性質。透過這些感官的體驗，能讓孩子認識各種事物，並且進行比較與分類，拓展自我的世界。

☑ 年紀愈小的孩子，觸感差異要愈明顯

年紀小的孩子摸索物品時，是以整個手掌去感受，因此要提供差別明顯的東西，才能感受到不同之處。等孩子能夠自由掌控手和手指以後，才會逐漸體會到細微的差異。

☑ 簡潔且不斷重覆的感官詞彙

大小、長短、高低、粗細、輕重、明暗等，是這個時期的孩子會開始漸漸熟悉的用語。請利用各種擬聲擬態語，或以熟悉的動物或東西比喻，用孩子能夠理解的語言描述。在第 4 章節（P152）中也會另外講解語言領域。

☑ 製作只有單一性質差異的教具

想要讓孩子比較顏色時，請準備大小、外型、材質完全，只有顏色不一樣的物品。比較長度時，也要準備顏色和重量相同，只有長度不同的物品。除了要探索的單一特點外，其他條件都要維持一致，孩子才不會受到影響，能夠集中在要探索的性質上。蒙特梭利這種獨立出單一特性的概念，又稱為「性質孤立」。

☑ 遊戲方式要多元並反覆進行

即使是同樣的教具，以不同的方式進行難度就會不同。如果一開始僅是單純體驗感覺，接下來可以漸進感受大小、聲音、重量、顏色、形狀等性質。再者，還可以進階比較長度、高度、粗糙度、厚度，抑或更進一步依感受分類物品。透過反覆體驗提升孩子的辨識能力。

黑與白的世界

建議年齡 6 個月內
遊戲目標 刺激視覺・訓練視力・提升小肌肉控制能力

新生兒的視力還不成熟，眼前只看得見模糊的黑白樣貌，要過一段時間後才會逐漸清晰，大約 3 個月左右開始有顏色，6 個月左右才有能力辨識色彩。請準備黑白教具，讓孩子壓按、拍打、搖晃教具，幫助小於 6 個月的孩子訓練視覺發展。

準備物品

- 黑白寶特瓶
  寶特瓶、米、黑色絕緣膠帶
- 黑白密封袋
  夾鏈袋、黑豆、白色絕緣膠帶
- 黑白瓶蓋串
  黑色和白色瓶蓋數個、毛線
- 錐子

遊戲 Tip

- 透過色彩、聲音、形狀的描述，幫助孩子訓練感知。
- 可以讓孩子透過用手打、壓、按、搖晃、放掉等方式探索。

1
將寶特瓶洗乾淨、瀝乾，裝滿米後蓋上蓋子。

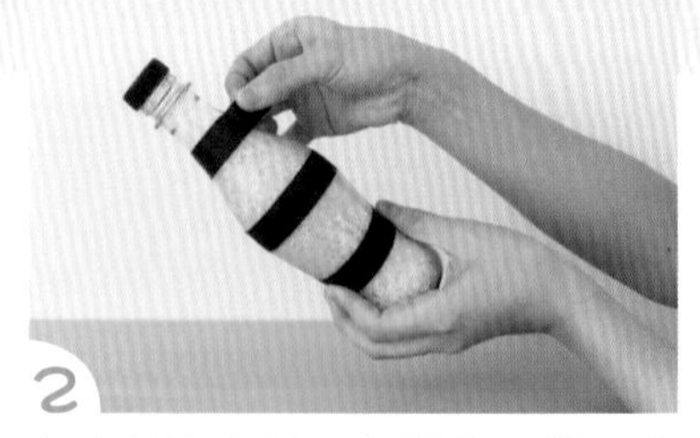

2
在寶特瓶上貼黑色絕緣膠帶，完成黑白寶特瓶。

Tip 如果蓋子不是黑色，也要貼上絕緣膠帶。

3
將黑豆放入夾鏈袋中，把開口密封起來。

Tip 開口處請用膠帶貼緊，避免被打開。

4
在袋子上用白色絕緣膠帶貼上紋路，完成黑白密封袋。

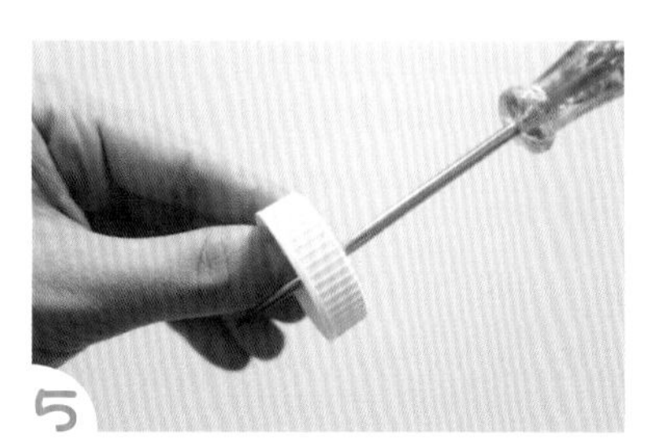

5
用錐子在瓶蓋中間鑽一個洞。

Tip 錐子加熱過後會更好鑽洞。

6
用毛線交錯穿入白色和黑色瓶蓋，完成黑白瓶蓋串。

搖晃紙筒

建議年齡 6 個月以上

遊戲目標 訓練聽覺辨識力・訓練大肌肉

裝入東西後，搖晃會發出聲音的紙筒，是經常用來刺激聽覺發展的教具。輕輕晃動發出的聲音小，用力搖晃發出的聲音大，有助於培養孩子的聽覺辨識力。對聲音敏感的孩子，可能會被大的聲響嚇到，請配合孩子適合的狀況調整。

準備物品

- 紙筒
  使用鋁箔紙或餐巾紙等長而硬的紙筒芯，沒有的話也可以用衛生紙筒代替。
- 紙板
- 鉛筆或原子筆
- 剪刀
- 熱熔膠
- 米 少許

遊戲 Tip

- 放入的材料、搖晃的速度或力道，都會影響發出的聲音和大小，可以透過在地上滾、敲地板、快速（慢速）搖晃等，製造出各式各樣的聲音。

1 將紙筒放到紙板上，沿著紙筒在紙板上畫 2 個圓。

2 依照畫好的圓剪下紙板，做成紙筒的上下蓋。

Tip 可以剪得比畫好的圓大 0.1～0.2 公分，方便黏貼。

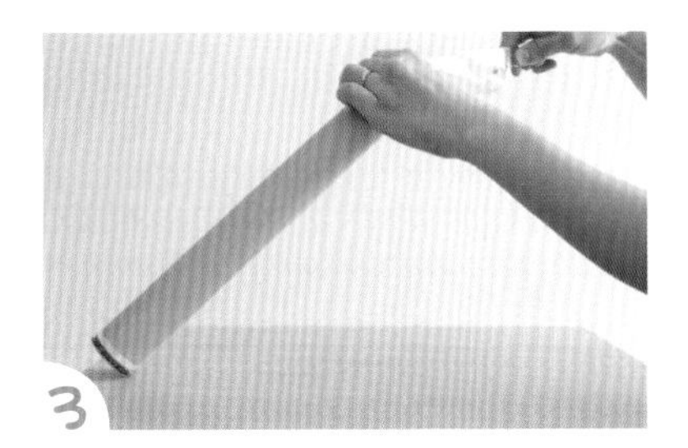

3 在紙筒其中一側用熱熔膠黏上蓋子後，裝入米。

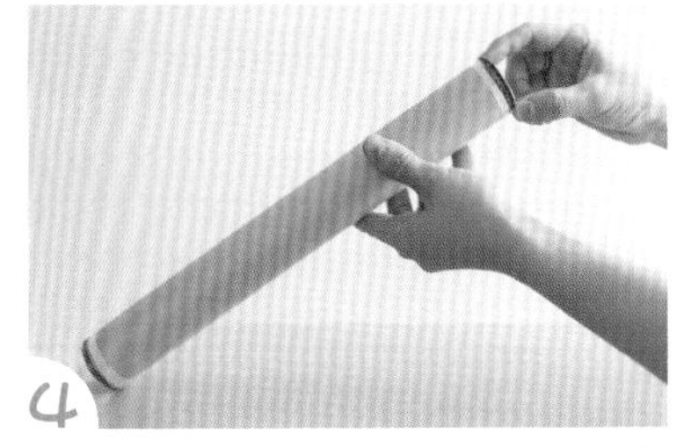

4 將紙筒另一側，也用熱熔膠黏上蓋子。

5 讓孩子探索完成的紙筒。

「這是什麼呢？」
「長長的耶！」

6 搖晃紙筒，讓孩子聆聽聲音。

「滴滴滴，好像下雨的聲音。」
「有簌簌的聲音呢！」

搖搖寶特瓶砂槌

建議年齡 6 個月左右
遊戲目標 運用各種材料刺激視覺和聽覺・訓練大肌肉

為了幫孩子訓練聽覺辨識能力，請將各種材料放入寶特瓶中，用聲音引起孩子的注意力。同時，孩子也能感受「因為搖晃，所以有聲音」的因果行為。聽覺辨識力逐漸提升以後，可以延伸為不讓孩子看寶特瓶內的物品，配對同樣聲音的遊戲。

準備物品

- **寶特瓶 4 個**
  準備孩子可以單手輕鬆拿起來的寶特瓶。蓋子轉緊，避免過程中被打開。
- **放入寶特瓶的材料 4 種**
  請準備米、彈珠、吸管、色紙等各種材料，幫助孩子體驗不同的聲音。
- **剪刀**

應用 熱熔膠、透明罐、各種材料

遊戲 Tip

- 一開始先讓孩子集中聆聽一種聲音，之後再慢慢增加，讓孩子體驗不同的聲音，提升辨識能力。

1 將寶特瓶洗乾淨、晾乾。

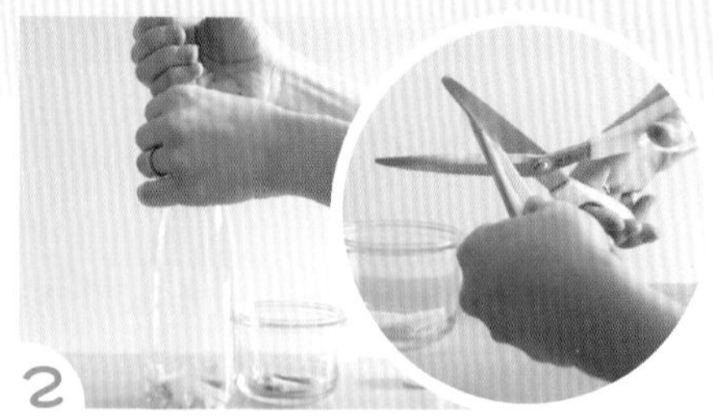

2 將吸管剪成很多 2～3 公分的長段，放入寶特瓶中再蓋上蓋子。

3 將色紙剪成長寬約 1 公分的大小後，放入寶特瓶中。米和彈珠也分別放入寶特瓶內。

4 讓孩子探索寶特瓶砂槌。
「瓶子裡有什麼聲音呢？」
「有黃色的彈珠，也有紅色的彈珠呢！」

5 讓孩子搖晃瓶子，探索聲音。
「你把瓶子拿起來了啊！」
「在搖瓶子呀！」

6 幫助孩子探索各種不同的聲音。
Tip 讓瓶子彼此碰撞、敲地板、在地板滾動、用手推倒等，嘗試各種不同的方式。

應用 12 個月以上 觸摸材料

可以將寶特瓶內的材料貼到瓶蓋上，延伸成同時刺激聽覺和視覺的遊戲。透過讓孩子觸摸材料，也能引發孩子的好奇心。黏材料時，請以熱熔膠黏牢，另外要注意米、彈珠等可能會掉落，要避免孩子放入嘴巴。

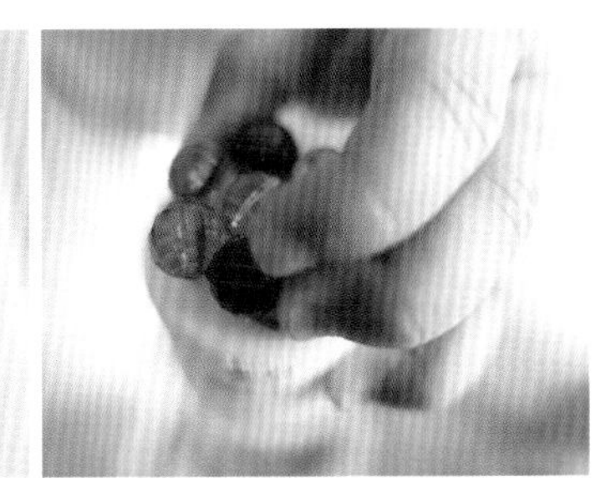

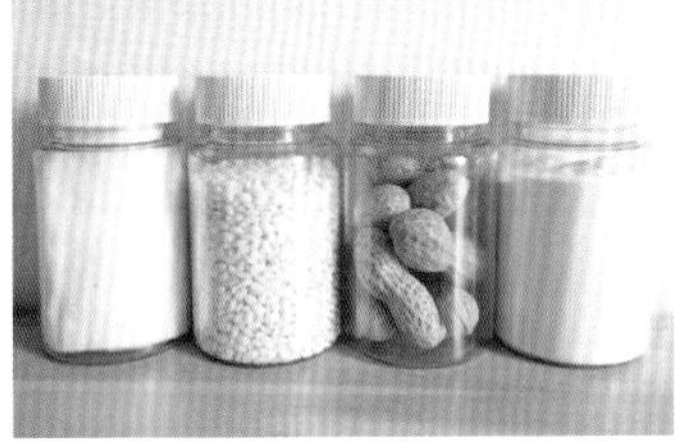

應用 6 個月以上 延伸材料

根據放入的物品不同，以及搖晃的力道、速度不同，瓶子會發出不同的聲音。材料大而重時，發出的聲音較大，若放入米、吸管等小東西，發出的聲音則小。可以放入重量、聲音、顏色、形狀等各不相同的物品，讓孩子搖晃、練習辨別。

應用 12 個月以上 觀察自然物品

在戶外進行遊戲時，可以放入周遭撿拾來的物品，讓孩子聆聽大自然的聲音。如果孩子已經會走路，讓孩子自己蒐集物品更好。將撿來的葉子、石頭、果實等放入瓶中觀察，可以觀賞季節之美，也能比較大自然產物的形狀、質感、顏色、大小等。

感官骰子

建議年齡　6 個月以上

遊戲目標　探索周遭物品・訓練小肌肉活動

過去只能躺著看天花板的孩子，開始進入到可以翻身、坐著等運用大肌肉的階段後，視野會更寬廣，也看得見更多東西，對更多事物感到好奇。這個遊戲可以幫助還不能自由移動的孩子探索周遭物品、刺激五感，讓孩子自己滾動骰子的過程，也有助於訓練獨立。

準備物品

- **正方體的箱子**
  請以瓦楞紙包覆，讓箱子更堅固，避免被孩子壓壞。
- **不同觸感的物品 6 種**
  湯匙、衛生紙筒、絨毛球、瓶蓋、棉花棒、小石頭等都可以，請先清洗乾淨，避免孩子放進嘴巴。不建議使用棉花、紙張等太過平面的物品。
- **熱熔膠**

應用 托盤、各種材料

遊戲 Tip

- 可以運用各種方式增加孩子的好奇心，例如讓孩子看媽媽探索、媽媽抓著孩子的手一起探索、將骰子滾給孩子等。

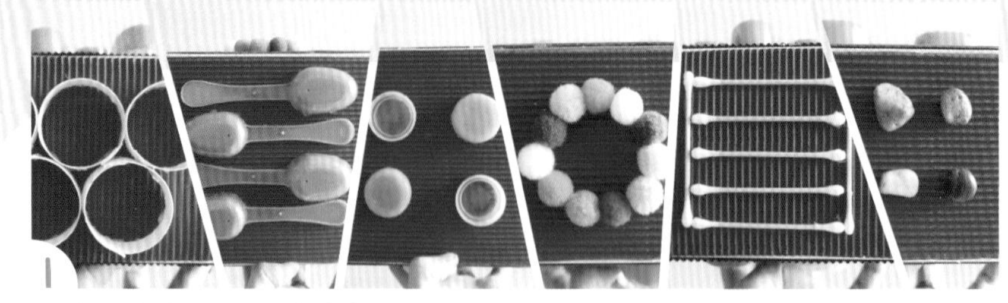

1 在箱子的六個面分別貼上不同的材料，做成骰子。

Tip 衛生紙筒等比較長的物品要先裁短再貼，否則骰子無法滾動。湯匙、瓶蓋等可以正反面交錯或任意排列，讓孩子自由探索，有助於豐富孩子的想像力。

2 讓孩子探索骰子。

「你在摸軟軟的東西呀！」
「藍色、黃色、綠色，有好多顏色喔！」

3 讓孩子繼續探索骰子各個面，接收刺激。

「石頭冷冷的吧？」
「有長長的石頭，也有圓圓的石頭呢！」

應用

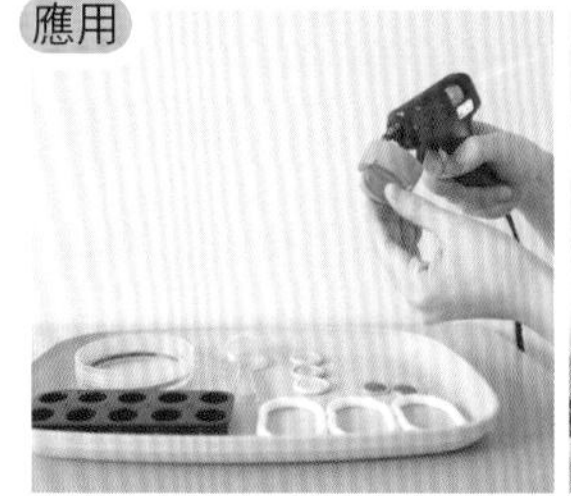

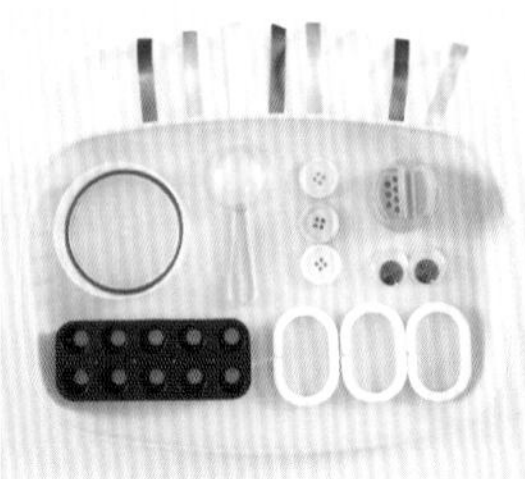

在托盤的一側黏上各種物品，製作成感官托盤。

Tip 如果孩子不斷翻轉骰子探索各種物品，可以將所有素材黏到托盤上，方便孩子快速探索，滿足好奇心。

探索感官手套

建議年齡 6 個月以上

遊戲目標 訓練感知・感受重量

即使是同樣的物品，也可以透過不同的探索方式，訓練思考能力。例如裝米的手套很重，裝棉花的手套很輕，裝豆子的手套很硬，裝麵粉的手套很軟。讓孩子透過各種感受培養感知辨別能力。可以將手套自然放在教具櫃中，等他們產生好奇心再主動探索即可。

準備物品

- 衛生手套 5 個
  橡膠手套比塑膠手套牢固好用。
- 不同材質的物品 5 種
  豆子、米、麵粉、棉花、絨毛球等皆可。因為手套可能被弄破，避免放液體或危險尖銳物品。
- 橡皮筋 5 個

遊戲 Tip

- 拍手掌、壓手掌、抓手指頭數數、由上往下掉落等，可以用各種方式和孩子玩。
- 若孩子想要將手套放到嘴巴，可以透過讓他們摸、壓、搖晃、聽聲音等，轉移孩子的注意力。

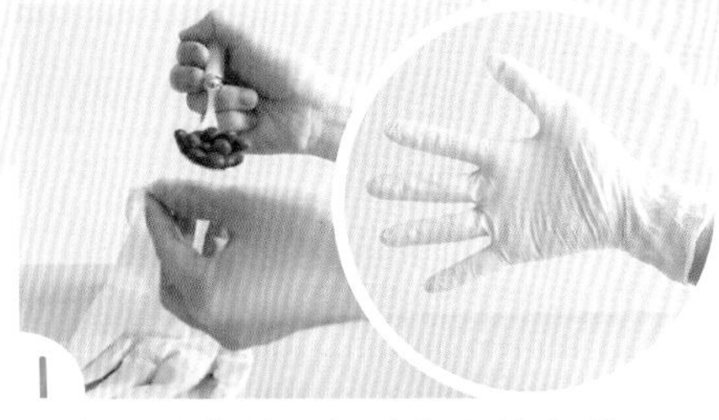

1 在衛生手套的五根手指內均勻放入豆子。

Tip 可以先將手放入手套內，或吹風進去，會比較好放。

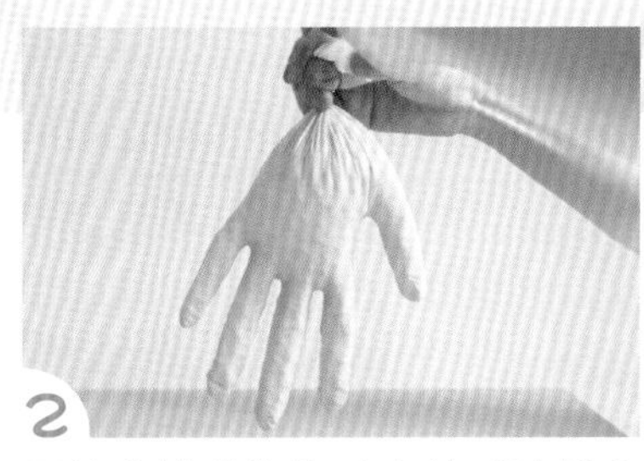

2 用橡皮筋將衛生手套的手腕部分綁緊。

3 其他的材料也以同樣的方式放入手套內。

Tip 孩子可能會放進嘴巴，務必先將手套清洗乾淨。

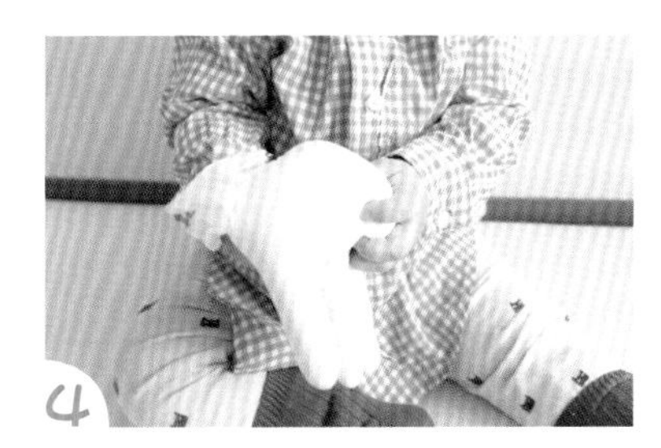

4 讓孩子自己探索。

「在壓手指頭呀！」
「軟軟的呢！」

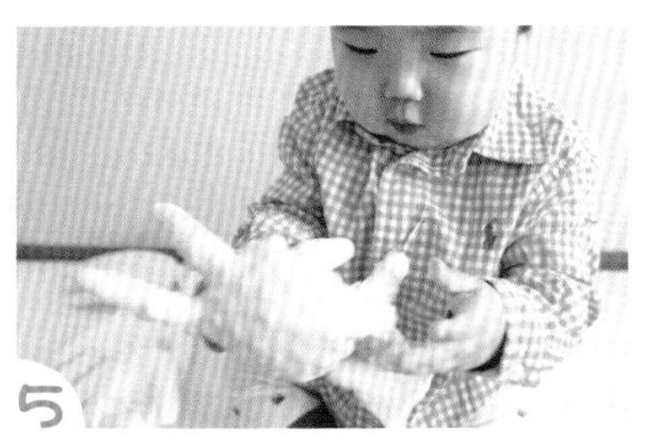

5 讓孩子聆聽手套發出的聲音。

（在孩子耳邊搖晃）「有聽到什麼聲音嗎？」
「啪啪！噹噹！」

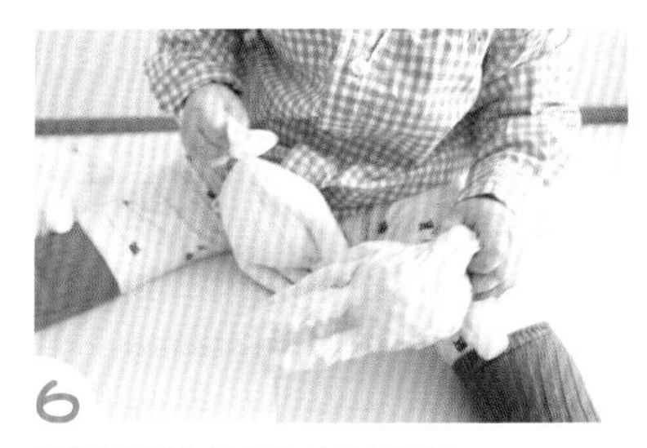

6 讓孩子比較不同的手套。

「用兩隻手壓壓看。」
（指放豆子的手套）「這個重。」
（指放棉花的手套）「這個輕。」

籃子裡的冒險

建議年齡　6 個月以上

遊戲目標　提升好奇心與探索心・訓練大、小肌肉

等孩子可以自己坐著的時期，請準備一個探索籃。探索籃會成為孩子探索這個世界的通道。這個活動不需要媽媽協助，孩子可以自己盡情觀看、摸、聞、聽聲音，發揮探索的本能，透過滾、丟、壓、抓、撞等各種方式感受，也能訓練大小肌肉。

準備物品

- **不同觸感的物品 數個**
  這個時期的孩子對周遭的東西很感興趣，使用家中物品即可，放入前先清洗乾淨，以免孩子放進嘴巴。
- **籃子 1 個**
  請準備沒有危險性的籃子，箱子或塑膠籃也可以。

遊戲 Tip

- 準備好安全的物品，讓孩子完全用自己的方式探索，不要跟他們說：「不能放進嘴巴」、「那很危險」等。孩子探索時，請儘量用話語描述孩子的動作，幫助語言發展。

1

將各種物品放入籃子裡。

Tip 請先從 4～5 個物品開始，再慢慢增加，至多 7～8 個。如果有孩子不感興趣的東西，也可以替換掉。

2

讓孩子探索籃子。

「籃子裡好多東西喔。」
「你在摸熊熊呀！」

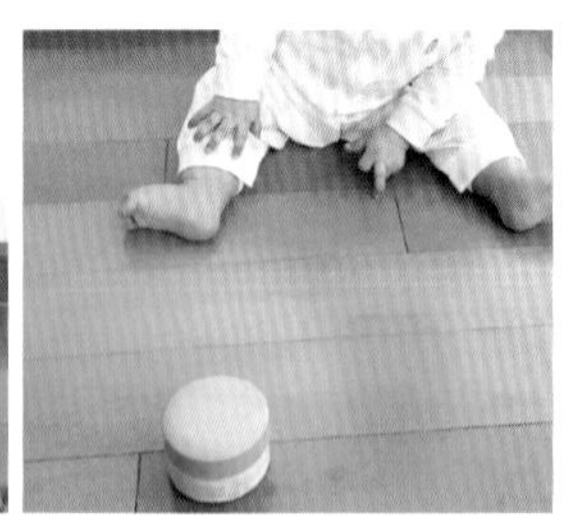

3

讓孩子自由探索每個物品。

Tip 請在孩子取出物品時，清楚說出物品的名稱，提升孩子對物品的認知思考能力。

應用　12 個月以上

可以準備幾個不同主題的籃子。

Tip 將家裡的相似物品分類，讓孩子進行有趣的探索。同樣顏色、同樣材質、同樣形狀、在同地點使用、同樣的觸感等，仔細觀察周遭，就會發現很多具有共通性的物品。

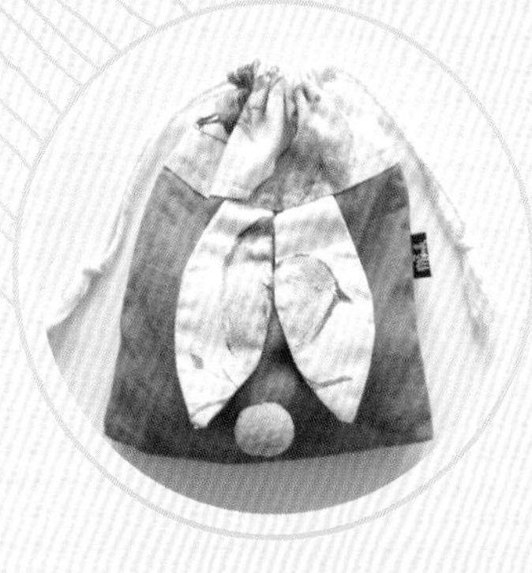

好奇心口袋

建議年齡　6 個月以上
遊戲目標　體驗各種事物・預測看不見的物品

很多孩子喜歡觀察媽媽化妝的樣子。將手放入看不見內容物的袋子裡取出各種化妝品，對孩子來說就像魔法般新奇有趣。請準備好安全的物品，讓孩子透過體驗、猜測袋子裡的東西培養好奇心，取出後也能夠自由探索。

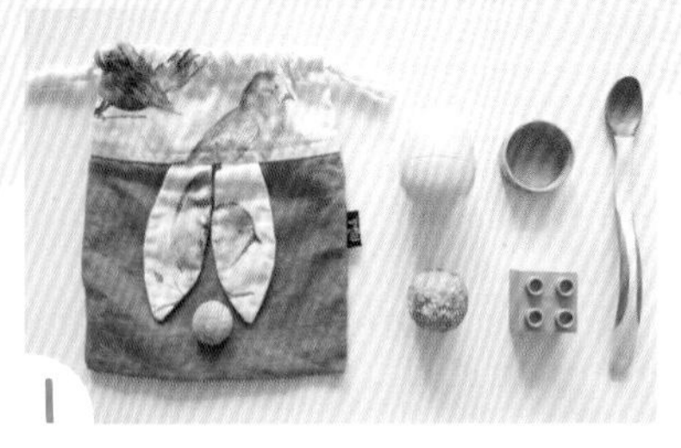

1 將準備好的物品放入袋子中。

Tip 可以放孩子喜歡的東西增加樂趣，等孩子熟悉後，再逐漸增加物品數量。

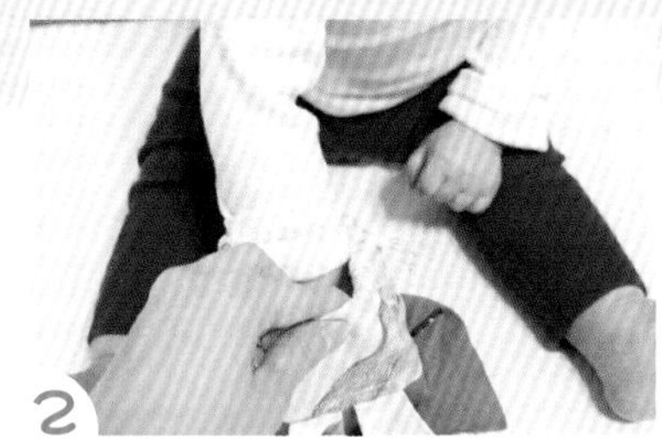

2 由媽媽抓著袋子，讓孩子將手放進袋子中。

「把手放進去看看吧。」
「摸到什麼東西呢？」

3 讓孩子逐一取出物品探索。

「這是什麼呢？」
「搖的時候有聲音耶！」

4 讓孩子體驗「無」的概念。

（翻開袋子）「什麼都沒有啦？」
「裡面的東西都拿出來了呀！」

準備物品

- 小袋子 1 個
- 不同觸感的物品 數個
  湯匙、球、積木、蓋子、核桃等安全的東西。

應用　有拉鍊的袋子
請準備好拉開、柔軟的拉鍊。若拉鍊頭過小，可以掛上鑰匙圈或娃娃。

遊戲 Tip

- 透過搖晃袋子聽聲音、摸袋子猜內容物、瞄一眼裡面等方式，提升孩子的好奇心與期待感。
- 如果孩子不敢將手放進袋子裡，可以牽著孩子的手一起進行，或是幫忙取出。

應用　12 個月以上

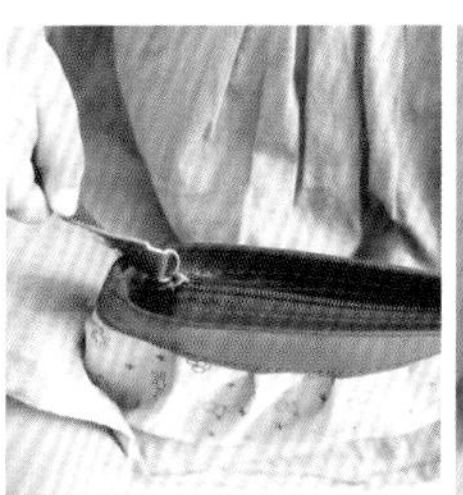

更換成有拉鍊的袋子，做出不同的變化。

Tip 比起一直更換新遊戲，更推薦把現有的遊戲增添變化。

底片罐小沙鈴

建議年齡 6 個月以上
遊戲目標 訓練聽覺辨識・刺激大肌肉

孩子的手眼協調能力提升後，就能用手拿取前方的物品。等肩膀和手臂的肌肉進一步發展，拿取的力量增強，就可以拿著東西搖晃。這個遊戲可以讓孩子一邊拿著搖晃一邊刺激聽覺。還可以用丟、敲等方式探索聲音，讓孩子感受「晃動就有聲音」的因果關係。

1
準備好要放進底片罐的材料。

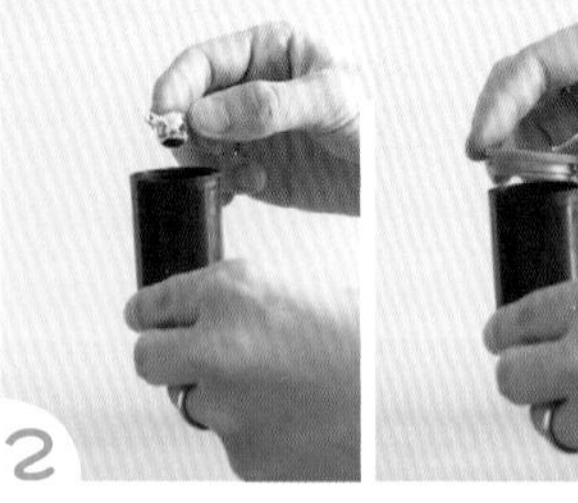

2
將材料放入底片罐、蓋上蓋子。

3
底片罐分別放入所有材料，再放進盒子內。

「盒子裡面有黑黑的罐子呢！」（逐一數）「一、二、三、四！」

4
讓孩子自由探索底片罐。

「搖搖看吧！」
「這個有『叩叩』的聲音，那個有『噹噹』的聲音。」

準備物品

- 底片罐 4 個
- 裝底片罐的盒子 1 個
- 不同材質的物品 4 種
  鈴鐺、橡皮擦、鈕釦等，選擇搖晃時聲音不同的東西。

應用 奶粉匙 8 支、熱熔膠、放進奶粉匙的物品 4 種

應用

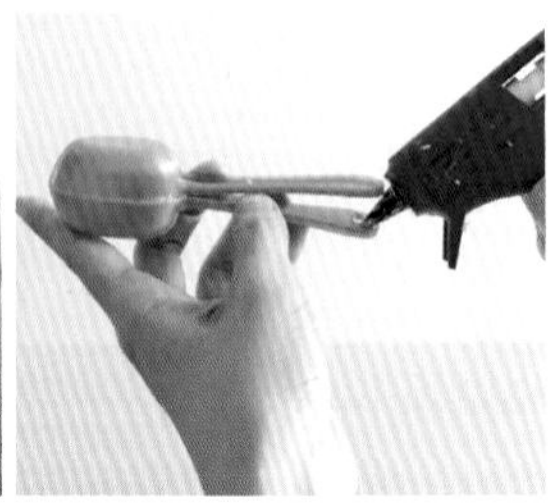

在奶粉匙中放入小物品，再黏上另一個奶粉匙，做成小小的沙鈴。

Tip 先在奶粉匙周圍塗上熱熔膠，再放進小物品，比較方便製作。把手也要仔細黏牢。

遊戲 Tip

- 孩子還無法控制好力量，搖晃的力道都會比較大。可以試著在孩子耳邊輕輕搖晃，讓孩子體驗輕小的聲音。
- 也可以嘗試在地上滾、堆疊、敲地板等各種探索方式。

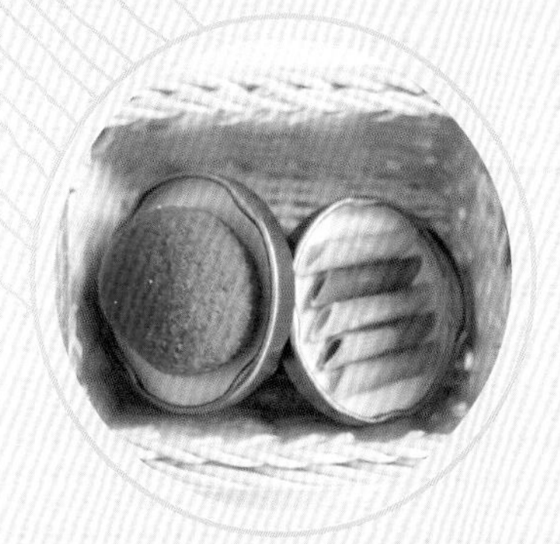

觸覺瓶蓋

建議年齡　6 個月以上
遊戲目標　體驗各種觸感・提升好奇心與探索欲

這是透過摸瓶蓋上的東西，來感受不同觸感的遊戲。將瓶蓋翻過來就看不到內容物，可以藉此引發孩子的好奇心，再一邊和孩子說：「這裡有什麼呢？」一邊翻開，滿足好奇心。孩子 18 個月大以後，可以將各種材料製作成一對，進行配對遊戲。

準備物品

- 果醬瓶蓋 5 個
- 不同觸感的物品 5 種
  髮圈、絨毛球、筆管麵、玩具眼睛、蕾絲等，請準備不尖銳、不具危險性的物品，讓孩子能自由探索，放進嘴巴也無妨。
- 放果醬瓶蓋的籃子 1 個
- 熱熔膠

應用　小袋子 1 個、果醬瓶蓋 10 個、黏貼的物品 5 種（一種 2 個）

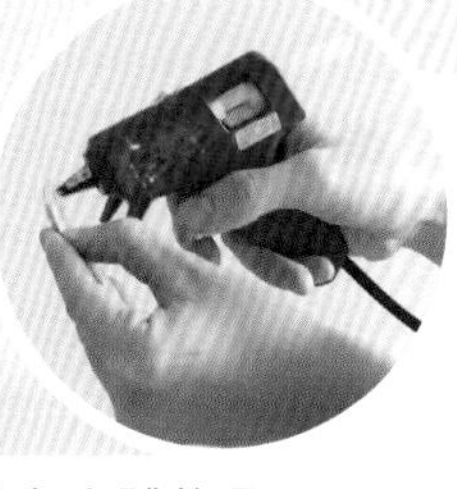

1 在果醬瓶蓋內側黏上立體物品。

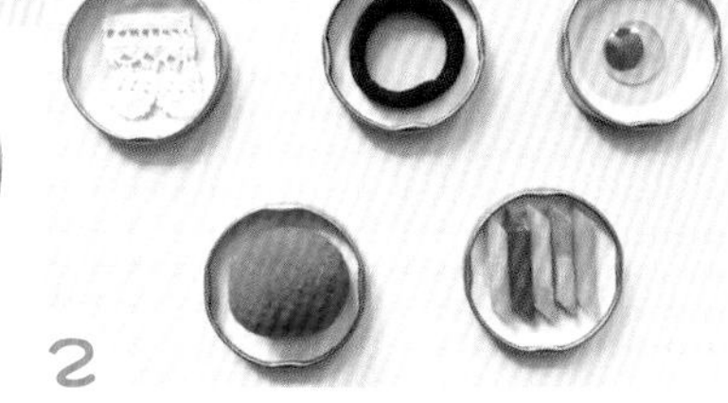

2 每個瓶蓋裡都黏不一樣的東西。

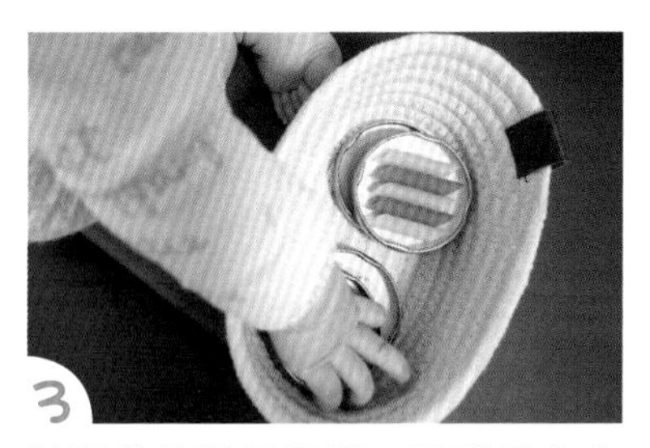

3 將瓶蓋放進籃子裡，讓孩子自由探索。

「籃子裡面有什麼呢？」
「有好多蓋子喔！」

4 讓孩子探索黏有東西的瓶蓋。

「用手摸摸看，感覺怎麼樣？」
「藍色的軟軟的，白色的有洞洞耶！」

應用　18 個月以上

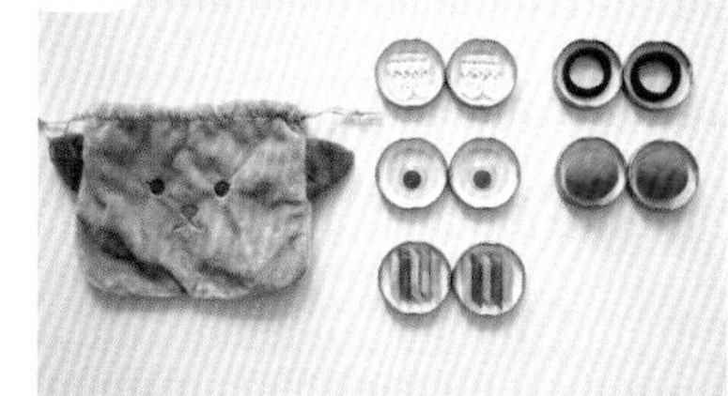

一種材料貼 2 個瓶蓋，一共製作出五組後，統統放進袋子，讓孩子取出配對。

（搖晃袋子）「袋子裡面有什麼呢？」
「一個一個拿出來配對吧。」

濕紙巾盒蓋寶箱

建議年齡　6 個月以上
遊戲目標　訓練小肌肉・了解物體恆存

10 個月左右的孩子，開始可以理解看不到不代表消失的物體恆存概念。在紙巾盒蓋內黏上物品，透過開關，讓孩子具體感受物體恆存的意思。紙巾盒蓋內除了有觸感的東西，也可以黏上家人的臉、動物照片等，做出不同的變化。

準備物品

- **畫板**
  也可以用箱子或紙板代替。
- **紙巾盒蓋 4 個**
- **不同觸感的物品 4 種**
  鈕扣、攪拌棒、絨毛球、絕緣膠帶等，準備和盒蓋等量的物品。
- **熱熔膠**

1 在紙巾盒蓋上黏熱熔膠後，貼到畫板上。

2 在蓋子內黏上準備好的物品後，將蓋子關起來。

Tip 為了讓孩子方便開蓋，請不要完全蓋緊。

3 讓孩子打開盒蓋。

「裡面有什麼呢？」
「可以把手放進去耶！」

4 讓孩子探索盒蓋裡面的東西。

「圓圓的呢！」
「這個是鈕扣哦。」

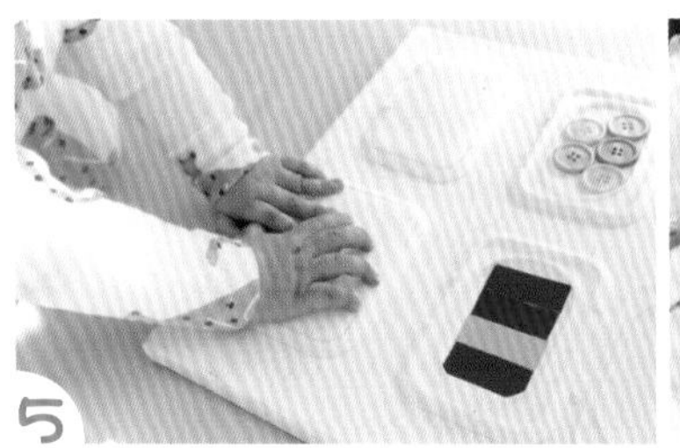

5 讓孩子開關蓋子，體驗物體恆存概念。

「圓圓的鈕扣跑去哪裡了？」
（再次打開蓋子）「哇，在這裡呢！」

物體恆存體驗箱

建議年齡 6 個月以上
遊戲目標 體驗物體恆存&因果關係

物體恆存指的是，「物品不在眼前不代表消失」的概念。用手遮住臉再打開，就是最具代表性的遊戲。十分推薦大家跟孩子玩這個丟球的遊戲，孩子可以在玩的過程中了解到，即便不打開盒子，球也會自動滾出來。

準備物品

- 含蓋的盒子
  推薦使用鞋盒，製作很方便。
- 桌球 1 顆
- 裝桌球的箱子 1 個
- 美工刀 ● 熱熔膠

應用 馬芬模具、便利貼 3～4 張、放入馬芬模具的物品 3～4 種

遊戲 Tip

- 拿盤子蓋住餅乾的遊戲也十分有趣。玩到熟悉以後，可以改為準備兩個盤子，其中一個用來蓋住餅乾。

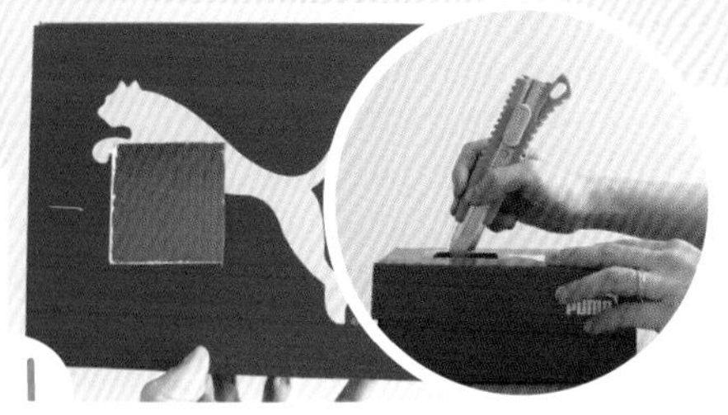

1 在盒子上用美工刀割出一個比桌球大的洞。

Tip 如上圖割在盒子其中一側，才能連接步驟 3 的斜面。

2 剪下盒子離洞較遠那一側的側面，讓球可以滾出來。

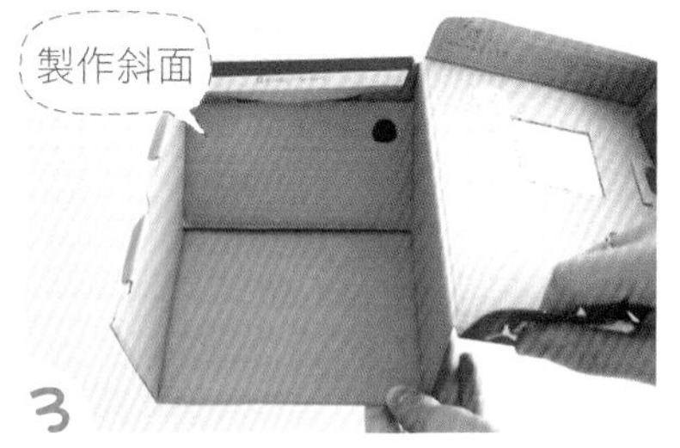

3 將剪下來的盒子側面放到洞下方，貼成斜面後，蓋上蓋子。

Tip 傾斜的角度平緩一點，不要放太斜，讓球慢慢滾出來。

4 讓孩子將桌球丟入洞中。

「丟球進去看看吧。」
（丟進去後）「喔？球不見了！去哪裡了呢？」

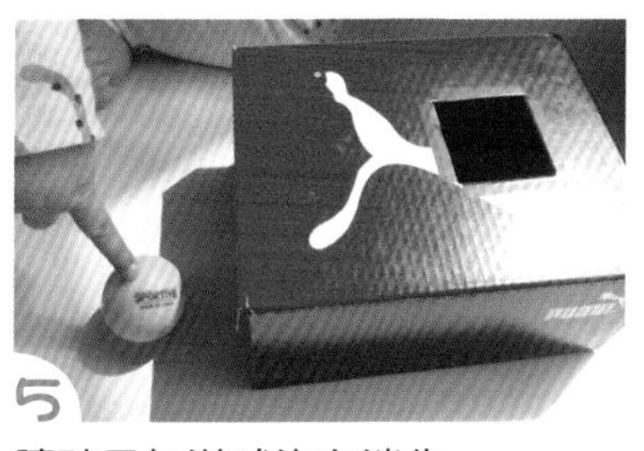

5 讓孩子知道球沒有消失。

「哦！球在這裡呀！」
「球沒有不見呢。」

應用

在馬芬模具上放物品，再貼上便利貼，進行撕便利貼的遊戲。

（指便利貼）「裡面有什麼呢？」
「哇！有紅色的蓋子呢！」

自製形狀拼圖

建議年齡　6 個月以上
遊戲目標　學習辨識形狀・間接體驗抓握和書寫

拼圖對年紀小的孩子來說很困難，建議一開始先從取出拼圖板開始就好。透過用手指摸紙板上的圖形，能夠幫助孩子學習辨識圖案。等孩子手眼協調能力提升以後，再進階成拼圖遊戲。

準備物品

- 紙板 1 塊
  約長寬 30×12 公分的大小。
- 底面圓形的物品
  用來畫圓形。
- 串珠、牢固的線
  用來製作拼圖的把手。
- 絕緣膠帶
  用來修飾拼圖邊緣，可以省略。
- 尺　● 鉛筆或原子筆
- 美工刀　● 錐子

遊戲 Tip

- 製作動物、交通工具、數字等拼圖，幫助孩子熟悉圖案。

1 在紙板上分別畫圓形、三角形和方形。

Tip 圓形可以用馬克杯描繪，三角形和方形請用尺畫。

2 用美工刀裁下圖案，接著在紙板邊緣貼上絕緣膠帶。

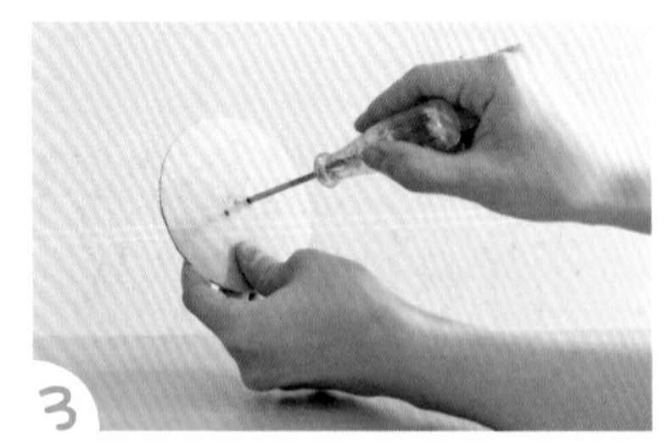

3 在裁下的紙板上，於中間位置用錐子打兩個洞。

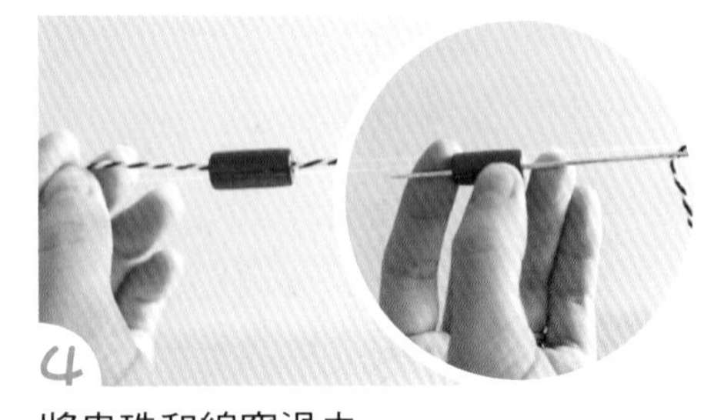

4 將串珠和線穿過去。

Tip 線如果穿不過去，可以用針輔助。

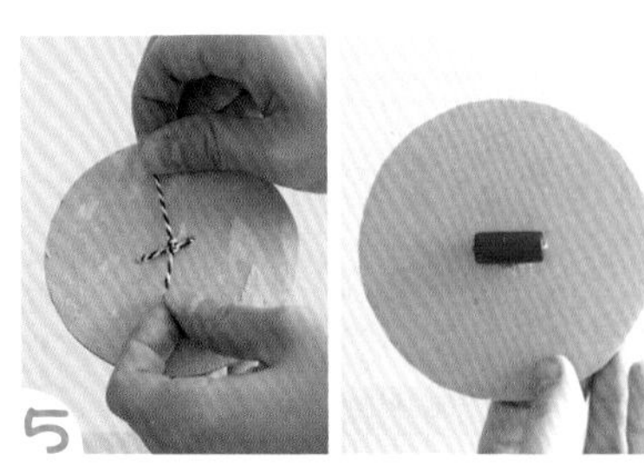

5 將線和串珠穿過紙板，線打結使其牢固，做成紙板的把手。

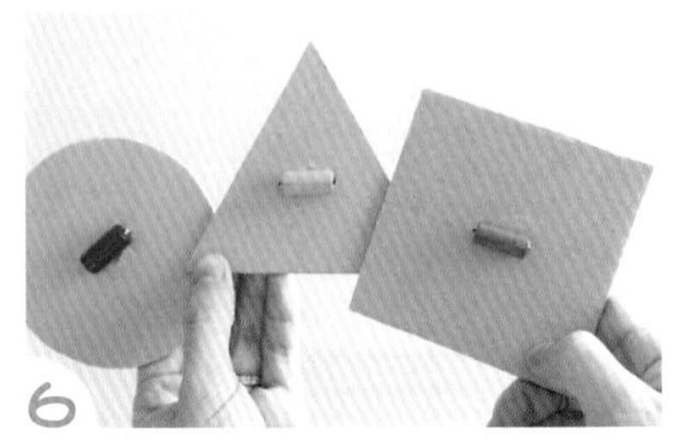

6 其他的圖案也用同樣的方式製作把手。

Tip 也可以用熱熔膠黏上絨毛球、瓶蓋等來當成把手。

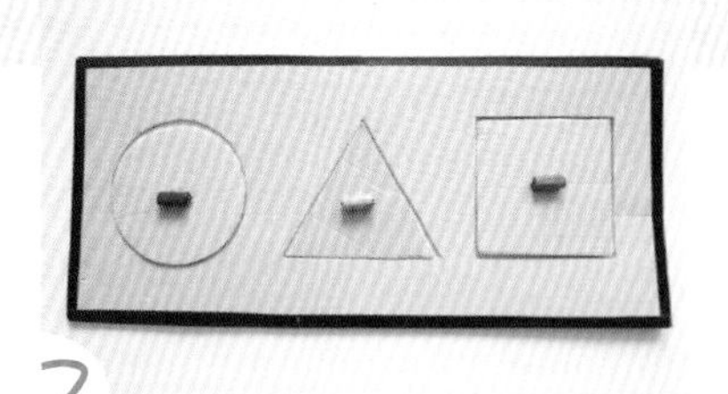

7

將圖案拼回紙板上。

Tip 可以將紙板貼到墊子或地上，避免滑動，方便孩子操作。

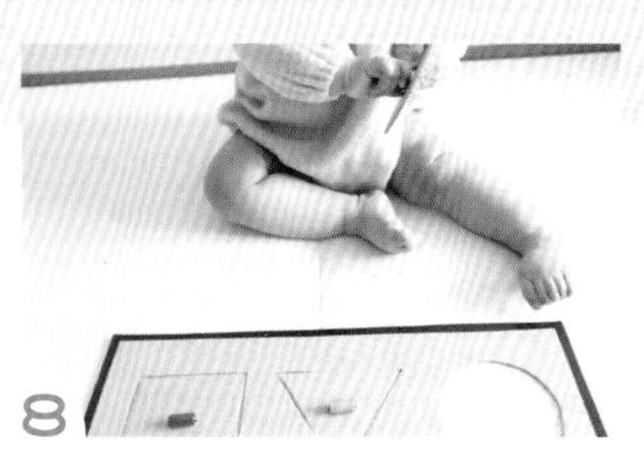

8

讓孩子探索拼圖。

「有圓形、三角形、方形。」
（拿起拼圖）「喔？上面有洞耶！」

9

讓孩子體驗圖案。

「要不要拿拿看正方形？」
（拉著孩子的手描繪邊緣）「這是正方形。」

應用1

將紙板貼到窗戶上，讓孩子摸圖形、透過圖形看窗外。

Tip 也可以將紙板拿起來玩遮臉遊戲，讓孩子透過圖形看東西。

應用2 12 個月以上

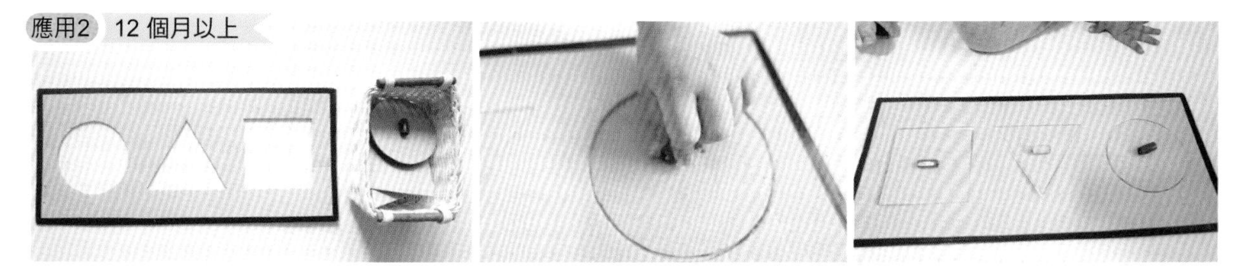

將拼圖板拿出來，讓孩子把圖案拼回紙板，進行拼圖遊戲。

Tip 指著圖案逐一反覆說明：「三角形在哪裡呢？」、「來找出正方形吧！」，幫助孩子認識名稱。

豆子沙坑

建議年齡 12 個月以上
遊戲目標 刺激觸覺與聽覺．安定情緒

讓孩子用雙手摸豆子涼涼的觸感，或是聽豆子掉落的聲音，除了建立感官的體驗，還有安定情緒的作用。這個年紀的孩子會對豆子等小小的東西感到好奇，可以透過這樣的遊戲提供適當的刺激。但過程中務必小心，不要讓孩子把豆子放進嘴巴。

1 將豆子倒進大盆裡。

「好多黑色的豆子喔！」
「摸起來感覺怎麼樣？」

2 讓孩子用雙手探索豆子。

「用手抓抓看。」
（放下豆子時）「豆子咚咚咚掉下來了！」

3 讓孩子用湯勺撈豆子。

「用勺子撈一些豆子吧。」
「發出了沙沙的聲音！」

4 讓孩子用各種工具自由探索。

「你在炒豆子呀！」
「還有小湯匙呢！」

準備物品

- 豆子 適量
- 裝豆子的大盆 1 個
- 各種工具 3～4 種
  湯匙、飯匙、湯勺、瓶子、盤子等家中現有的工具。
- 遊戲墊
  裡頭的東西可能會撒出來，在遊戲墊上玩比較好清理。

應用 米 適量、搖搖寶特瓶
（參考 P103 步驟 1～2）

遊戲 Tip

- 可以讓孩子用各種不同的方式探索豆子，例如從手指頭間流過、握起再放下、用腳踩等。
- 準備好大盆子後，在孩子的面前倒入豆子。

應用

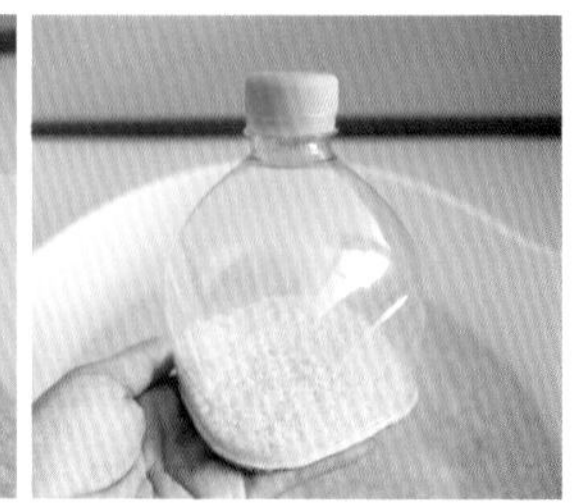

在盆子內放米，以各種工具探索。

Tip 也可以在寶特瓶內裝米後搖晃，刺激聽覺。

米中的寶藏

建議年齡　12 個月以上
遊戲目標　訓練視覺與知覺・培養認知能力

這個是用握把拼圖來玩的遊戲。將拼圖藏在米中，只露出把手，讓孩子自己找出來再拼起來。透過遊戲，可以漸進讓孩子做不同的體驗。但要避免在孩子第一次玩這個遊戲時，使用新的拼圖，要探索的新事物過多，反而會造成孩子的壓力。

準備物品

- 米 適量
- 大盆 1 個
- 握把拼圖 1 組
- 遊戲墊
  米可能會撒出來，在遊戲墊上玩比較好清理。

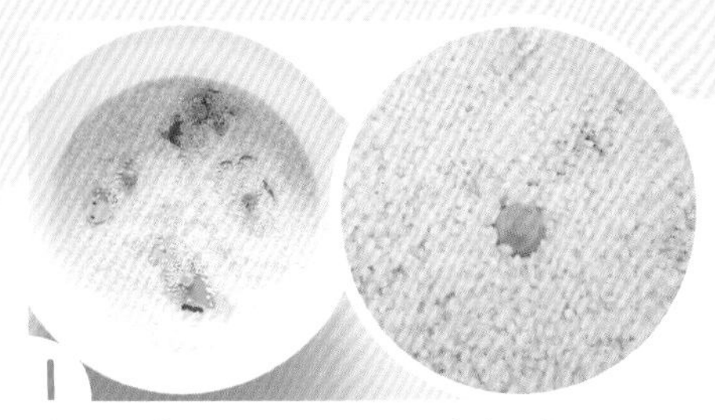

1 將拼圖放入米中，只露出把手。

Tip 不要讓孩子看到拼圖藏在哪，可以藉此提升期待感。

2 讓孩子探索放滿米的大盆。

「米裡面有什麼呢？」
（指著把手）「這是什麼啊？」

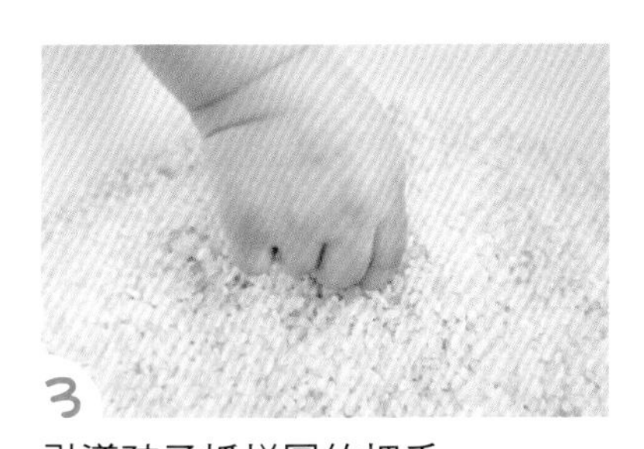

3 引導孩子抓拼圖的把手。

「有個圓圓的東西跑出來了。」
「要不要拿起來看看？」

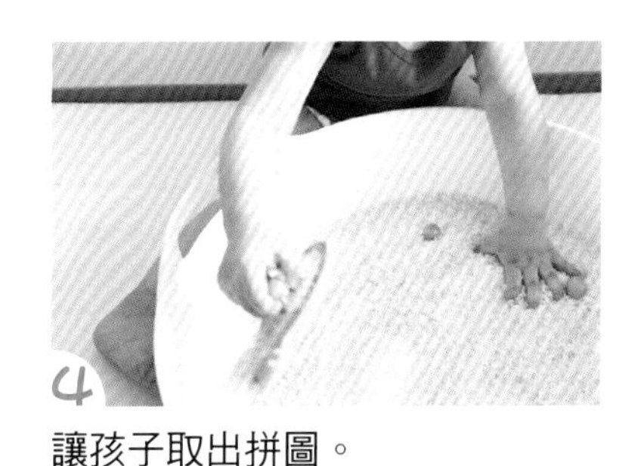

4 讓孩子取出拼圖。

「是魚呀！」
「還有什麼動物呢？」

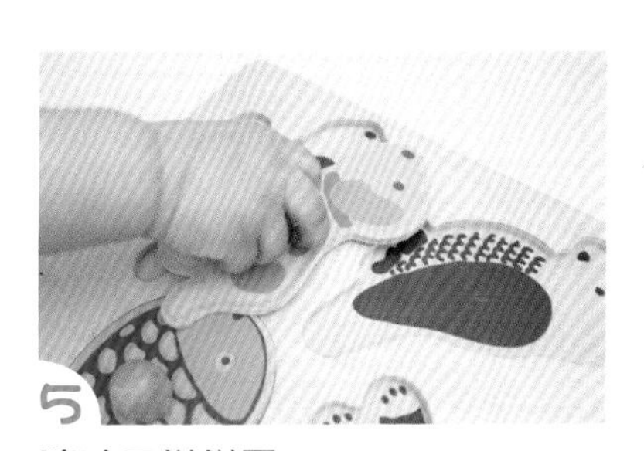

5 讓孩子拼拼圖。

「來拼拼看吧！」
「放到拼圖裡面了！」

探索冰塊

建議年齡　12 個月以上

遊戲目標　體驗冰塊的觸感與溫度・認識工具

天氣熱的時候，孩子也會像大人一樣感到倦怠。這種時候就很適合這個消暑紓壓的遊戲，可以讓孩子透過搬冰塊感受到冰涼的感覺，以及認知冰塊會融化的特性。製作冰塊時加入花瓣或小玩具，就可以進階成融化後取出東西的遊戲。

1 將冰塊放入大盆內。

Tip 只裝冰塊，可以讓孩子體驗冰塊融化成水的變化。

2 用手探索冰塊。

（指著盆子）「看到什麼呢？」
「這個是冰塊。」

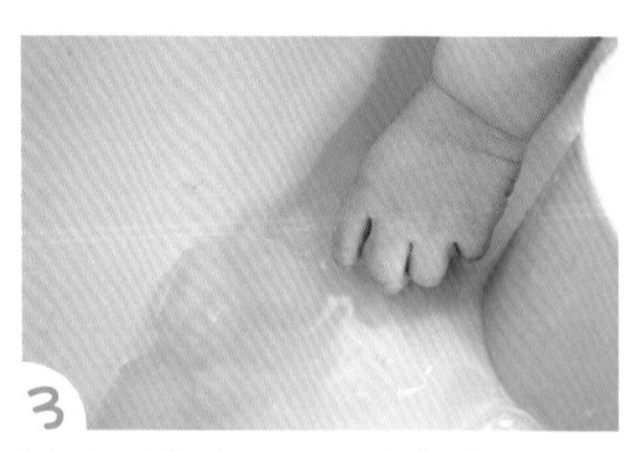

3 讓孩子體驗冰涼、滑溜感覺。

「冰塊一直跑掉呢！」
「水放在冰冷的地方，就會變成冰塊。」

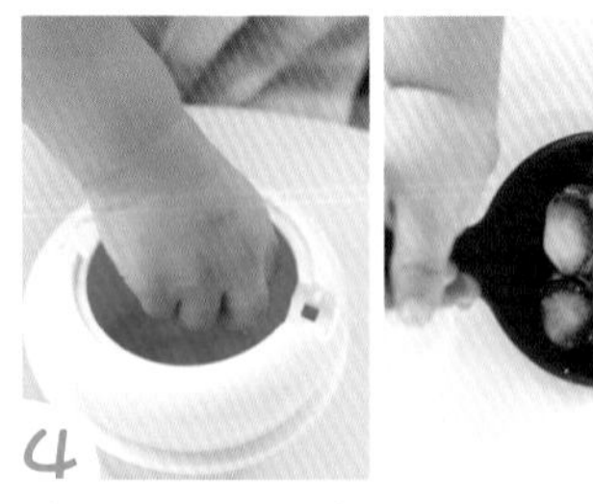

4 讓孩子將冰塊放到桶子裡。

「要不要放到桶子裡呢？」
「『咚』一聲掉進去了！」

準備物品

- 冰塊 15～20 個
  請用乾淨的開水製作，避免孩子放進嘴巴。
- 大盆 1 個
- 冰塊桶 1 個

應用　加入花朵的冰塊 數個

應用　18 個月以上

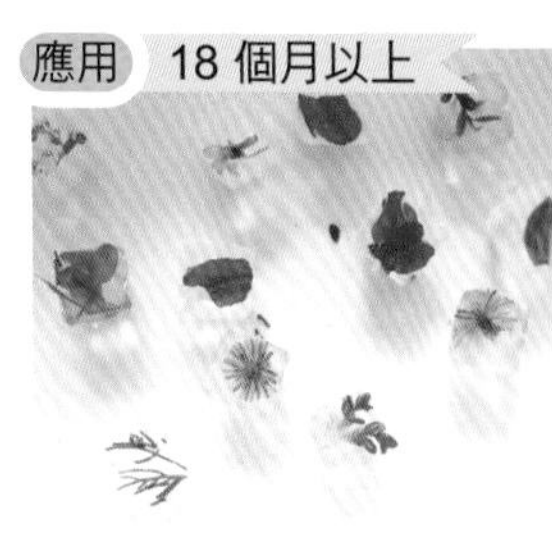

在冰塊中加入花朵，可以同時刺激到視覺。

「冰塊裡面有花呢！」
「冰塊融化以後，就可以拿到花了。」

遊戲 Tip

- 製作花朵冰塊時，建議購買食用花，除了有各式各樣的種類外，也不怕孩子放進嘴巴。

鍋蓋的感官體驗

建議年齡　12 個月以上

遊戲目標　比較物品的大小・訓練手臂&小肌肉的力量

開關鍋蓋的動作需要精準控制肌肉，對孩子來說會有點困難，因為用手抓住鍋蓋把手、開啟鍋蓋以後，需要再次對準鍋子才能關起來。請準備幾個大小不同的鍋子，間接讓孩子比較大小差異。想像鍋內的物品，也可以增加遊戲的趣味性。

準備物品

- 有蓋子的鍋子 3 個
  如果是長把手的鍋子，要小心孩子撞到。
- 不同的物品 3 種

遊戲 Tip

- 可以自行變化遊戲方式，例如：在大鍋子中放入小鍋子、鍋蓋翻過來堆疊、用湯匙或筷子敲鍋子、對著鍋子說話聽回音等。

在鍋中放入準備好的東西後，蓋上鍋蓋。

Tip 放東西時不要讓孩子看見，更能提升期待感。

讓孩子探索鍋子。

「好多鍋子喔！」
「用手敲敲看。」

讓孩子打開鍋蓋，確認裡面有什麼東西。

「鍋子裡面有什麼呢？」
「我們來看看吧！」

讓孩子抓鍋蓋蓋在不同鍋子上，感受大小的不同。

「這個蓋子跑到鍋子裡面了。」
「要不要放放看其他鍋子？」

讓孩子用手敲鍋蓋，刺激聽覺。

（將鍋蓋翻過來）「原來也可以這樣關呀！」
「敲敲看，有什麼聲音？」

6

讓孩子開關鍋蓋，感受物體恆存概念。

（打開鍋蓋）「有青蛙！」
（關上鍋蓋）「沒有青蛙！」

探索保鮮盒

建議年齡　12 個月以上

遊戲目標　配對大小和形狀・練習控制小肌肉

讓孩子在符合自己能力的環境中主動進行探索，才能夠達到「實踐教育」的目的。因此，要將教具拿到孩子面前時，務必先確認孩子是否有能力進行這項活動。保鮮盒的形狀、大小、開關方式等，都可以成為孩子探索的目標。

準備物品

- 含蓋保鮮盒 4～5 個
  請準備各種形狀、大小的容器。

遊戲 Tip

- 如果對孩子來說，在大容器中放小容器的動作還太難，媽媽可以抓著孩子的手一起進行，或是使用不怕破的塑膠材質。
- 玻璃材質的保鮮盒有可能打破，務必多加留意。

1 將保鮮盒的蓋子都蓋好。

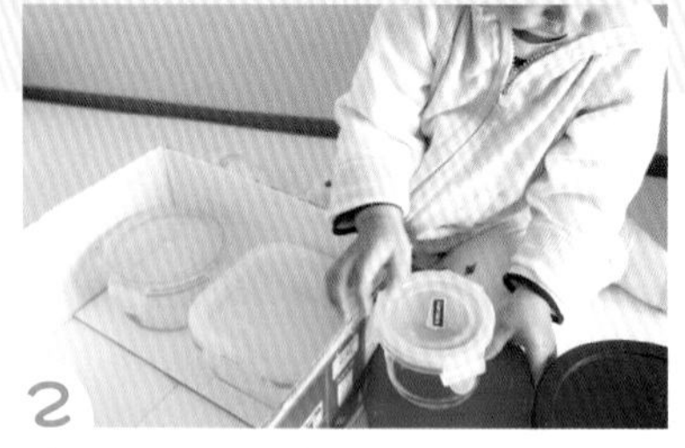

2 讓孩子探索保鮮盒。

「有圓形、方形，好多種喔。」
「上面都有蓋子耶！」

3 讓孩子打開保鮮盒的蓋子。

「想開開看蓋子嗎？」
「啪！往上扳就打開囉！」

4 讓孩子將小保鮮盒放到大的裡面，感受大小的概念。

「小的可以放到大的裡面呢！」
「還要放什麼呢？」

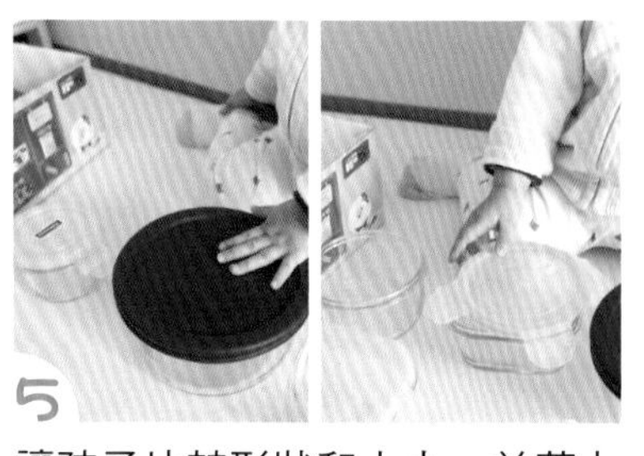

5 讓孩子比較形狀和大小，並蓋上蓋子。

「要不要來蓋蓋子呢？」
「這個碗是方形的，那個蓋子是圓形的呀！」

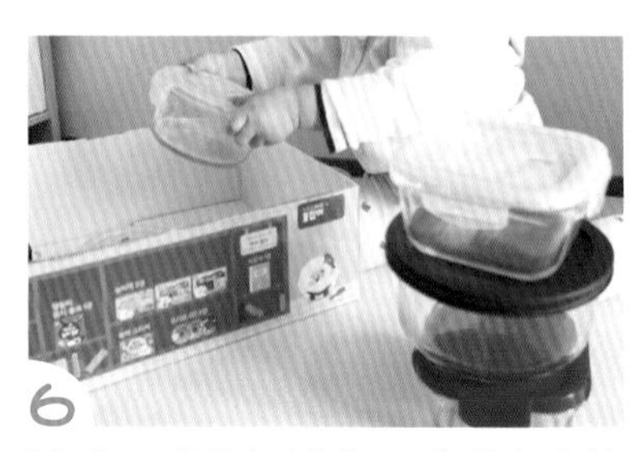

6 讓孩子堆疊保鮮盒，感受高度的概念。

「在堆高高呀！」
「越來越高囉！」

搖晃彈珠寶特瓶

建議年齡　12 個月以上
遊戲目標　辨別聲音大小・訓練小肌肉＆手眼協調

這個遊戲同時有放和搖晃的動作，孩子們很喜歡。要放進瓶內的物品，可以準備不同的類型。又小又硬的彈珠、豆子會發出較大的聲音，吸管等軟的物品則比較小聲，也可以準備絨毛球等沒有聲音的東西，讓孩子感受聲音的差異，刺激聽覺。

準備物品

- 1.5～2 公升的透明寶特瓶
- 紙板 1 片
  使用紙箱或厚紙板等較厚的紙都可以。
- 彈珠 20 個左右
- 裝彈珠的碗 1 個
- 熱熔膠　● 美工刀　● 剪刀
- 鉛筆或原子筆

應用　吸管 數根

遊戲 Tip

- 請小心不要讓孩子吞下彈珠。
- 可以變化各種方式，例如倒著放、敲地板、敲手等。

1 剪掉寶特瓶下方約 2/3 後，使用上方的 1/3。

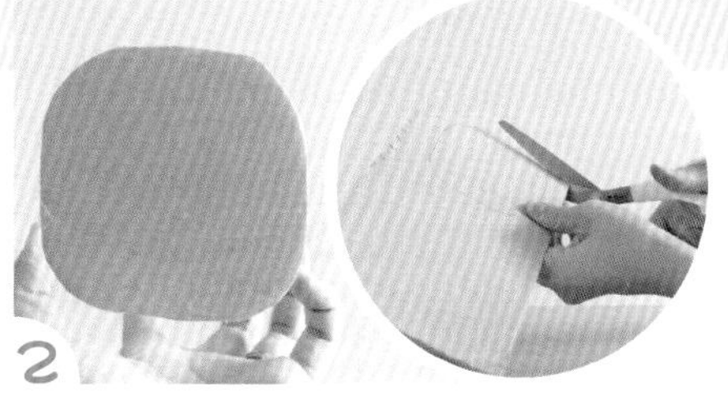

2 在紙板上描繪寶特瓶的斷面後，沿線剪下後貼到寶特瓶下方。

Tip 把熱熔膠擠到紙板上再黏合，直接擠到寶特瓶上容易熔掉。

3 讓孩子探索彈珠。

「彈珠好小哦！」
「有好多顏色呢。」

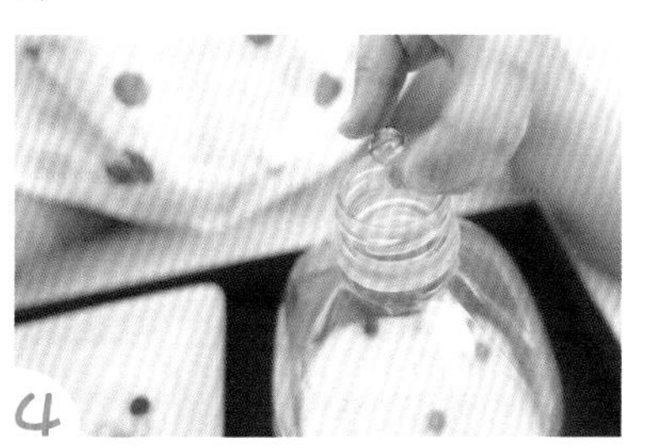

4 引導孩子將彈珠放入寶特瓶中。

「放了黃色的彈珠呀！」
「有聲音耶！」

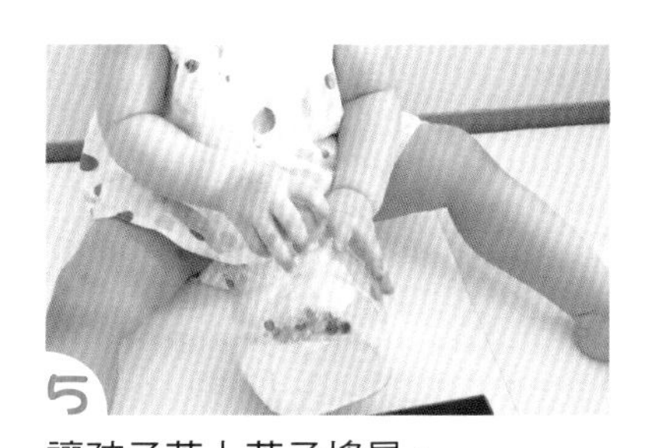

5 讓孩子蓋上蓋子搖晃。

「蓋上蓋子後搖搖看吧。」
「有『鏘鏘』的聲音呢！」

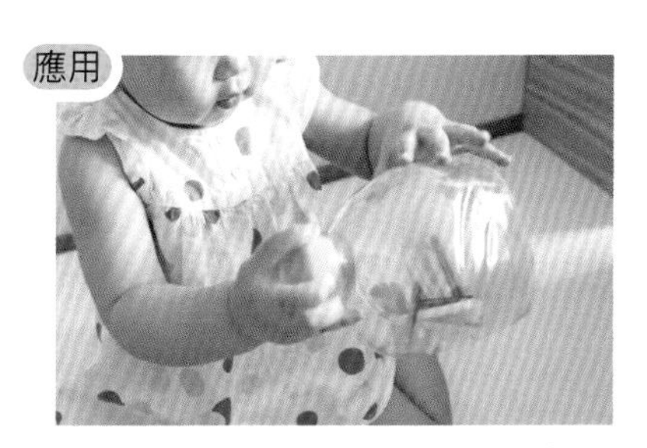

應用 把吸管剪短，放進去讓孩子搖。

Tip 讓孩子體驗放彈珠和放吸管搖晃的差異。

形形色色玻璃紙

建議年齡　12 個月以上

遊戲目標　練習辨識顏色＆形狀・體驗混色

走進顏色的世界是什麼感覺呢？如果媽媽變成藍色？貓變成黃色，會是什麼樣子？透過各種形狀的玻璃紙，可以同時體驗到形狀和顏色。如果孩子害怕新的嘗試，請不要在他們眼前放玻璃紙，示範時可以離孩子遠一點。

1 在兩張紙板上畫圓後割下來。

2 在兩張挖好洞的紙板間黏玻璃紙，旁邊貼上絕緣膠帶。

Tip 絕緣膠帶請貼和玻璃紙一樣的顏色。

3 用同樣的方式製作三角形、正方形玻璃紙板。

4 讓孩子自由探索玻璃紙板的形狀和顏色。

「這是什麼形狀？」
「到處都變藍色的耶？」

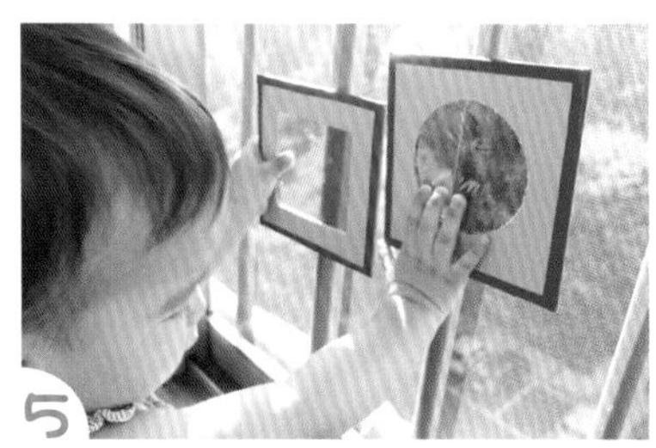

5 讓孩子透過玻璃紙板看外面。

「外面是什麼顏色？」
「車子變成紅色的了！」

6 讓孩子交錯玻璃紙板，感受顏色混合的效果。

「把紅色和藍色合起來看看！」
「喔？是新的顏色呢！」

準備物品

- 紙板 6 塊
  請準備長寬約 25 公分的大小。
- 底面圓形的物品
  用來輔助畫圓形。
- 玻璃紙 3 張
  紅色、黃色、藍色各一，請準備長寬約 14 公分的大小。
- 絕緣膠帶 3 種
  選擇 3 種與玻璃紙相同的顏色
- 尺　● 鉛筆或原子筆
- 美工刀　● 膠水或熱熔膠

遊戲 Tip

- 到戶外玩時也可以準備玻璃紙板，讓孩子透過玻璃紙觀察花朵、樹木、沙子、小動物等，會是很有趣的體驗。

色彩配對遊戲

建議年齡 18 個月以上

遊戲目標 訓練辨色能力・探索各種物品

這個時期很適合訓練視覺辨別力，請盡量準備顏色鮮明的物品，用孩子喜歡的東西提升好奇心。當孩子拿起紅色積木時就說：「紅色在哪裡呢？」，或是用日常用品比喻：「蘋果是紅色的喔！」、「猴子的屁股也是紅色的！」，透過反覆說明讓孩子熟悉色彩。

準備物品

- 3 種顏色紙板
  塑膠板、色紙皆可，請裁成 15 公分左右的正方形。
- 3 色物品各 2～3 種
  請準備小一點的東西，才能放到紙板上。
- 裝東西的籃子 1 個

遊戲 Tip

- 等孩子熟悉顏色的分類和名稱後，可以改為詢問：「紅色在哪裡呢？」、「把黃色球球拿給媽媽好嗎？」等。

練習

讓孩子先分類兩種顏色的物品。

Tip 等孩子熟練分類顏色後，可以改為三種顏色。

1

讓孩子探索放了三個顏色物品的籃子。

「籃子裡有球，也有積木呢！」
「好多不同的顏色喔！」

2

讓孩子拿物品，放到同樣顏色的紙板上。

「藍色在哪裡呢？」
（孩子放下後）「是藍色呢！」

3

反覆說明顏色名稱，培養孩子的辨色能力。

（逐一指著）「這是藍色、這是紅色、這是黃色。」
「同樣顏色的都聚在一起了！」

4

玩完後引導孩子動手整理。

「來整理籃子吧！」
「黃色積木掰掰！」

應用 20 個月以上

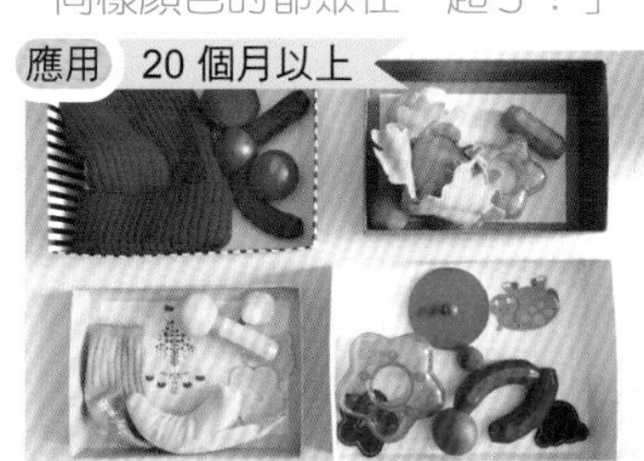

幫家裡各種物品分類顏色。

Tip 熟悉三種顏色的分類以後，再慢慢增加顏色。

找出相同顏色

建議年齡 18 個月以上

遊戲目標 認識新顏色・訓練觀察力

探索顏色不一定需要教學書籍或教具，即使孩子還不會說話，也可以透過：「你拿的是黃色的積木」、「你用綠色的毛巾呀」等話語描述周遭物品的顏色，讓他們自然而然探索色彩。透過蒐集同顏色的物品也是很好的方式，還能夠培養觀察力。

1 準備一個裝好綠色物品的籃子。

「好多綠色的東西喔！」
「敲敲看綠色的方塊。」

2 讓孩子自由探索綠色的物品。

「你拿了一個綠色的球。」
「綠色的球球滾來滾去呢！」

3 讓孩子繼續探索綠色物品。

「這是綠色的鸚鵡哦。」
「要不要套在手指上？」

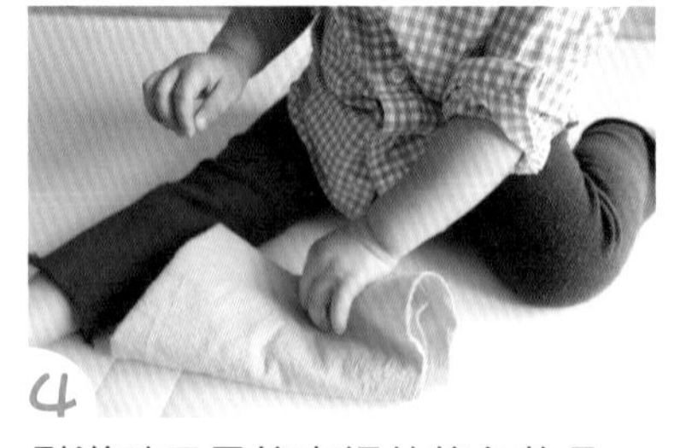

4 引導孩子尋找家裡的綠色物品。

（巡視周遭）「哪裡還有綠色的東西呢？」
「我們找找看吧！」

5 用同樣的方式體驗各種顏色。

應用

將同色的物品放入浴缸中玩。

Tip 如果孩子怕水，不必勉強玩這個遊戲。處於有安全感的環境中，孩子才能專心遊玩、探索。

準備物品

- 同樣顏色的物品 數個
  從紅、綠、藍三原色的其中一色開始，讓孩子漸進探索各種顏色的物品。請準備安全、沒有危險性的東西。
- 籃子 1 個

應用 防水物品 數個
為了讓孩子洗澡時抓取遊玩，請準備不怕水、浮得起來的東西，避免孩子在水中失去重心。

遊戲 Tip

- 不妨和孩子一起在家裡尋找綠色或其他顏色的物品，讓顏色的概念結合日常生活，拓展孩子思考的幅度。

三色棍戳戳樂

建議年齡 18 個月以上
遊戲目標 學習辨識色彩・訓練手眼協調

當孩子有同樣顏色的概念以後，就能為周遭的物品進行分類。使用彩色的冰棒棍，來製作簡單的顏色分類教具吧！從顏色對比強烈的三原色開始，熟悉後再增加顏色的種類。對準洞口插入冰棒棍的動作，也能夠幫助孩子訓練小肌肉發展。

準備物品

- 紙箱 1 個
  紙箱的高度要比冰棒棍低。
- 彩色紙 3 色
- 冰棒棍 6 根（共 3 色）
  請準備和彩色紙相同的顏色。
- 裝冰棒棍的容器 1 個
- 美工刀
- 雙面膠或膠水

遊戲 Tip

- 取出黃色的冰棒棍，說出：「黃色」，插入盒子時，也說：「黃色」。也要向孩子示範整理冰棒棍的動作。

1
將 3 張彩色紙分別裁成紙箱的 1/3 大小，用雙面膠黏貼到紙箱上。

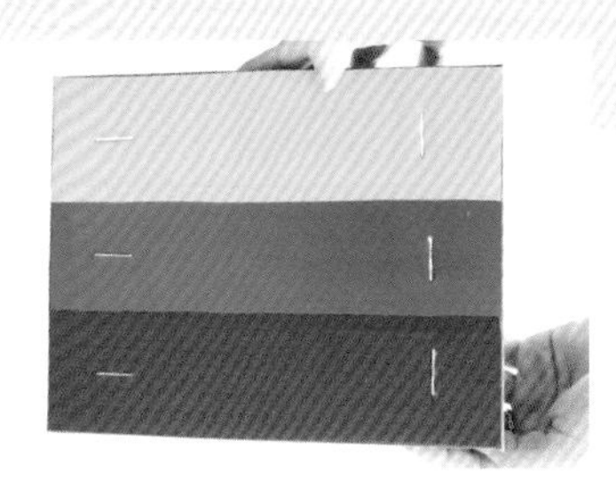

2
在每個顏色兩端，用美工刀割一橫一豎的切口。

Tip 在切口插入冰棒棍，上下左右動一下讓洞稍微變寬，方便孩子操作。

3
讓孩子探索箱子。

「箱子上面有洞呢！」
（逐一指著顏色）「這是紅色、藍色、黃色。」

4
讓孩子配對顏色並插入冰棒棍。

「紅色在哪裡呢？」
（指著紙箱和冰棒棍）「紅色、紅色，這兩個是一樣的。」

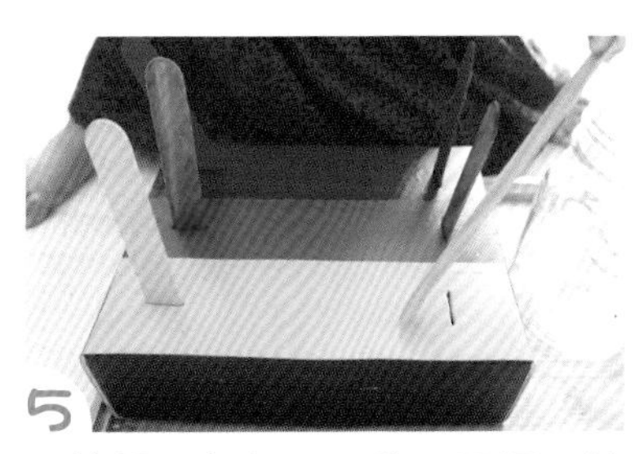

5
冰棒棍全部插入以後，再逐一抽出放回容器中。

「都插好了呢！」
「再用力拔出來吧！」

應用

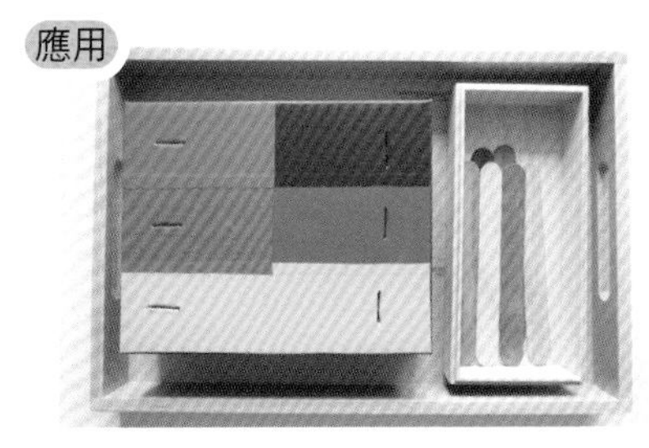

熟悉三種顏色以後，可以增加為五種顏色。

Tip 用同一個紙箱，多貼兩種顏色即可。

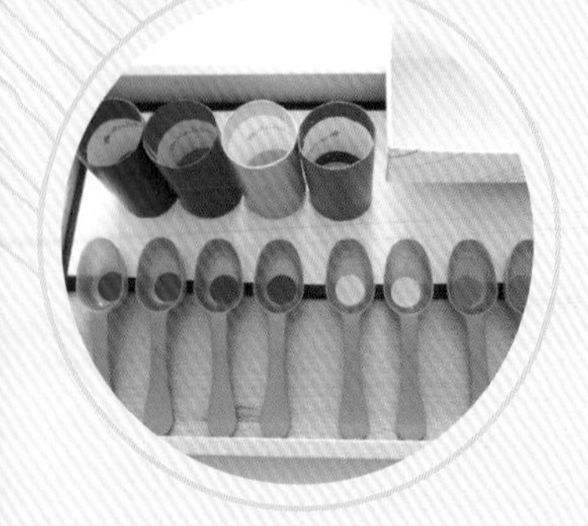

四色湯匙筒

建議年齡 18 個月以上

遊戲目標 訓練色彩表達&辨識・體驗分類

這是在湯匙上貼顏色貼紙後，讓孩子放進同色衛生紙筒中的遊戲。示範時反覆說明湯匙和衛生紙筒的顏色，有助於加深孩子的認知。如果孩子放錯顏色，可以用：「紅色湯匙放到黃色裡面了喔！」的方式，指著衛生紙筒說出顏色後，再次詢問孩子：「紅色在哪裡呢？」

準備物品

- 衛生紙筒 數個
  一開始可以先準備 3 個，再慢慢增加數量。
- 湯匙 8 根
- 彩色紙 4 色
- 裝湯匙的盒子 1 個
- 圓形貼紙 8 張（一色 2 張）
  請準備和彩色紙一樣顏色的貼紙，或剪下色紙使用。
- 紙板 1 塊
  長寬約 30×10 公分。
- 美工刀
- 絕緣膠帶
- 熱熔膠

1 準備紙板。

Tip 因為之後會再增加顏色，請先準備長一點的紙板。

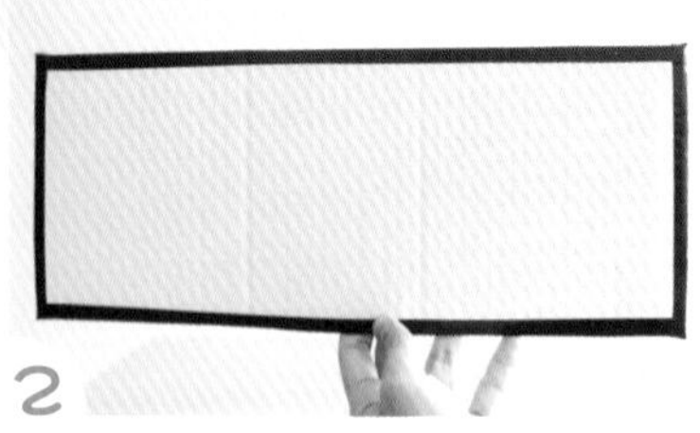

2 在紙板邊緣黏上絕緣膠帶。

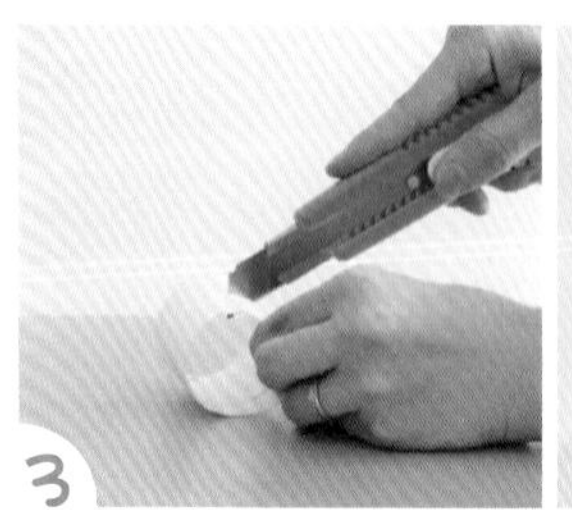

3 將衛生紙筒剪成湯匙柄的長度，再貼上彩色紙。

Tip 讓湯匙放進紙芯後，上方會露在外面。

4 利用熱熔膠將衛生紙筒並排黏到紙板上。

Tip 先從三原色開始，再慢慢增加顏色，因此需先預留位置。

5 在湯匙的凹面處貼上不同顏色的圓形貼紙。

6

讓孩子確認湯匙的顏色。

「湯匙上有圓圓的紅色呢！」
「這是紅色的湯匙！」

7

把湯匙一一放入同樣顏色的衛生紙筒中。

「紅色在哪裡呢？」
「紅色湯匙放到紅色桶子裡。」

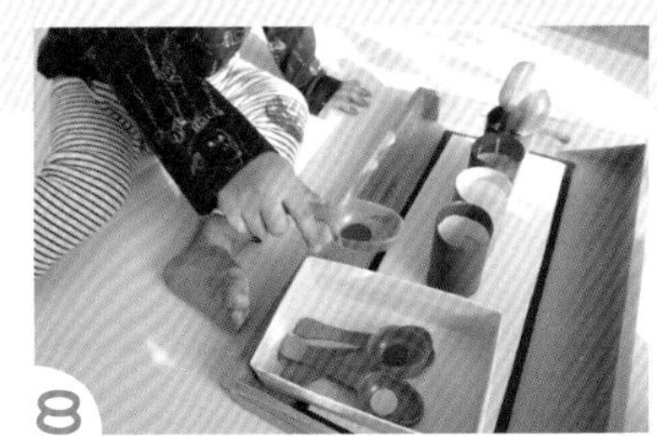

8

結束後整理歸位，把湯匙放回盒子裡。

「來收回盒子裡吧！」
「你都整理好了呢！」

練習

如果 4 個顏色太過困難，先從三原色開始即可。

應用1

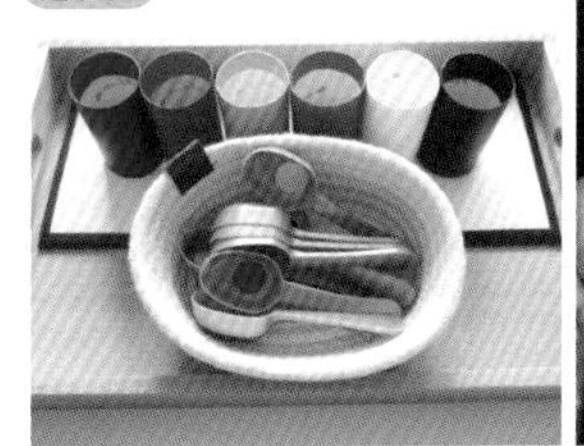

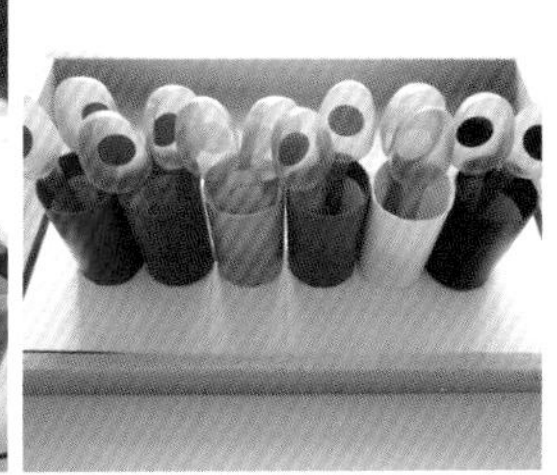

根據孩子的發展狀況，慢慢增加顏色。

「這是黑色湯匙呀！」
（指著貼紙和衛生紙筒）「同樣顏色的呢！」

應用2

尋找和湯匙貼紙一樣顏色的物品。

（指著周遭）「哪裡還有白色？」
「哦！是白色的衛生紙！」

遊戲 Tip

- 把湯匙放進盒子時，盡量翻到背面，不要讓孩子直接看到貼紙。透過「這支湯匙是什麼顏色呢？」、「來猜猜看是什麼色吧！」，刺激孩子的好奇心。

五色絨毛球

建議年齡 18 個月以上
遊戲目標 學習色彩辨識能力・訓練手眼協調

透過五顏六色的髮圈和絨毛球，讓孩子練習分辨色彩。除了髮圈外，也可以利用襪子來玩，一雙襪子剛好配對成一組顏色。利用日常生活中經常接觸的物品來進行遊戲，有助於孩子們拓展思考範圍，更快熟悉基本的日常生活。

準備物品

- 衛生紙筒 5 個
- 貼衛生紙筒的盒子 1 個
- 髮圈 5 個（5 色）
- 絨毛球 15 個左右
  準備和髮圈同樣顏色的絨毛球。
- 籃子 1 個
- 熱熔膠

應用 和髮圈同樣顏色的襪子 5 雙

1 在盒子上方黏 5 個衛生紙筒。

Tip 可以利用「衛生紙筒襪子架（P28）」的材料。

2 在衛生紙筒邊緣擠熱熔膠，黏上髮圈。

Tip 中間紙筒的髮圈黏在上緣，其他黏在上緣側邊。

3 將絨毛球裝在籃子裡，放在旁邊備用。

「籃子裡有圓圓的球呢！」
「有紅色，也有黃色的。」

4 讓孩子配對顏色，放入紙筒中。

「這是黃色的球喔！」
「有看到黃色的桶子嗎？」

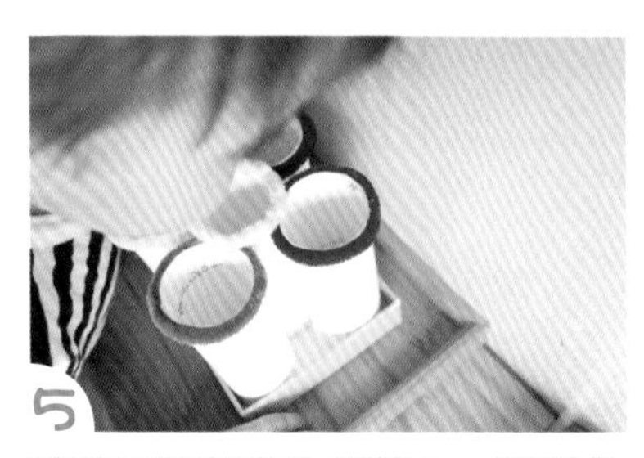

5 讓孩子觀看衛生紙筒內，體驗物體恆存概念。

「咦？球球去哪裡了？」
「原來在紙筒裡面呀！」

應用

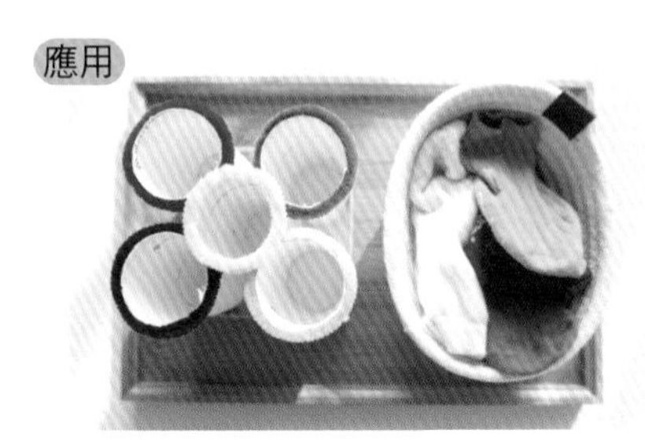

改以襪子進行顏色配對的遊戲。

顏色套圈圈

建議年齡　18 個月以上

遊戲目標　學習色彩辨識能力・提升手指控制能力

　　這個遊戲是在軟木隔熱墊上插大頭針，再讓孩子套入同樣顏色的塑膠圈。在蒙特梭利遊戲中，常常使用到有彩色塑料頭的大頭針。沿著形狀的邊緣插入大頭針，可以做出不同的圖案，或是可以穿洞做穿線遊戲等，有助於幫助孩子的小肌肉和專注力發展。

準備物品

- **軟木隔熱墊**
  也可以用紙板、紙箱等大頭針插得進去的物品代替。
- **大頭針 8 個**
  每個顏色各 2 個。
- **塑膠圈 8 個**
  請準備和大頭針一樣的顏色。
- **裝圈圈的碗 1 個**
- **熱熔膠**

遊戲 Tip

- 取出黃色的塑膠圈時，說：「黃色」，接著掛到黃色大頭針上，一邊示範，一邊反覆說明顏色。
- 可以針對塑膠圈做不同的探索，例如像戒指般掛到手指上、貼在眼睛上當眼鏡等。

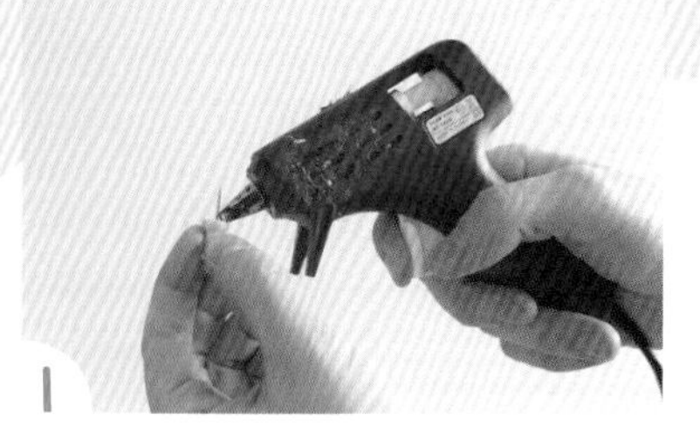

1 把熱熔膠擠在大頭針的尖銳處。

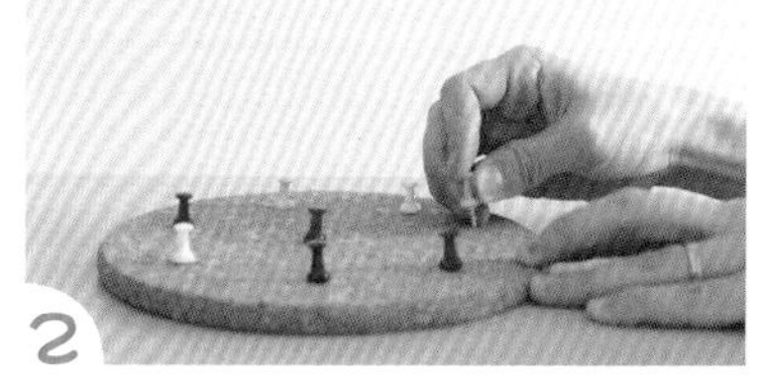

2 接著插到軟木隔熱墊上。

Tip 也可以把針取下，只留大頭針上方的塑料頭，再用黏貼的。

3 讓孩子探索軟木隔熱墊。

「是一個圓圓的盤子！」
「好多凸出來的顏色喔。」

4 將塑膠圈一個一個套到同樣顏色的大頭針上。

「放進洞洞裡了。」
「都是藍色的呢！」

5 邊指邊說顏色。

「白色在哪裡呢？」
「你指的這個是白色哦！」

6 取出塑膠圈，將同色的集中放。

「你在分類顏色呀！」
「讓紅色的都在一起吧！」

平面＆立體積木

建議年齡 18 個月以上

遊戲目標 訓練形狀辨識能力・探索平面和立體圖形

將立體的積木放進箱子中，圓柱配圓形，三角錐配三角形，正方體配正方形。這個遊戲對孩子來說難度比較高，假若孩子已經認識圓形、三角形和正方形，但無法正確配對出立體形狀，可以讓孩子用手沿著積木底面邊緣摸，充分探索後再進行。

準備物品

- 含蓋紙箱 1 個
- 造型積木 6 個
  圓柱、三角錐、正方體等，每種形狀各準備 2 個。
- 裝積木的籃子 1 個
- 美工刀
- 鉛筆或原子筆
- 絕緣膠帶

遊戲 Tip

- 先用孩子的手沿著紙箱的圓形洞口邊緣，一邊摸一邊說：「圓形」，接著再摸圓柱底的邊緣，一邊說：「圓形」，然後再放入箱子內。

1

將立體積木放到紙箱蓋子上，沿著邊緣畫線再用美工刀割洞。

Tip 割好的洞不能比積木小。

2

將洞的邊緣以絕緣膠帶貼起來。

Tip 放積木時可能會弄裂紙箱，用絕緣膠帶貼起來比較牢固。

3

讓孩子用手探索紙箱的洞。

「喔？箱子上有洞耶！」

「手手放進正方形的洞裡了！」

4

讓孩子探索立體積木。

「這是什麼形狀呢？」

（指著底面邊緣）「是尖尖的三角形呀！」

5

讓孩子依照形狀配對，把積木放進洞裡。

「拿了圓形的積木呀！」

「放進圓形的洞裡面了。」

6

整理箱子。

「箱子裡面有什麼呢？」

「有正方形，也有三角形呢！」

冰棒棍圖案拼圖

建議年齡 18 個月以上

遊戲目標 提升形狀辨識能力・訓練認識圖形&推論能力

這個遊戲將各種彩色形狀分開再組合，材料簡單又方便製作。透過這個遊戲可以讓孩子體驗部分和整體的概念，也能提升對形狀的視覺辨別能力。先以書裡的圖案、形狀、顏色來進行，等熟悉以後，再製作成一樣顏色、不同形狀的冰棒棍，提升難度。

準備物品

- 冰棒棍 12 根
  請準備相同的顏色。
- 裝冰棒棍的桶子 1 個
- 彩色紙 6 色
  可以用彩色貼紙，用膠水黏色紙，或用奇異筆畫。
- 剪刀 ● 美工刀

遊戲 Tip

- 取出第一支冰棒棍，放在地上，再取下一支。如果兩支上面的形狀一樣就合在一起。如果不一樣，先放在旁邊，再繼續拿下一支。全部配對完成以後，逐一指著形狀告訴孩子名稱。

1 用彩色紙剪成簡單的 6 個形狀。

Tip 圓形、三角形、方形、愛心、星星等基本圖形都可以，形狀的寬度為冰棒棍的兩倍寬。

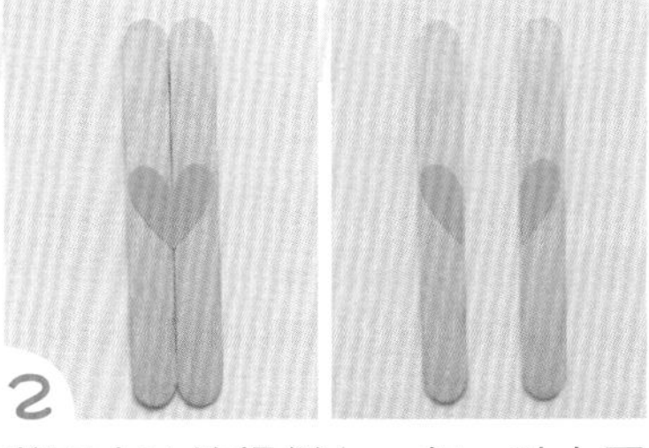

2 將兩支冰棒棍併在一起，貼上圖形後，再用美工刀從中間割開。

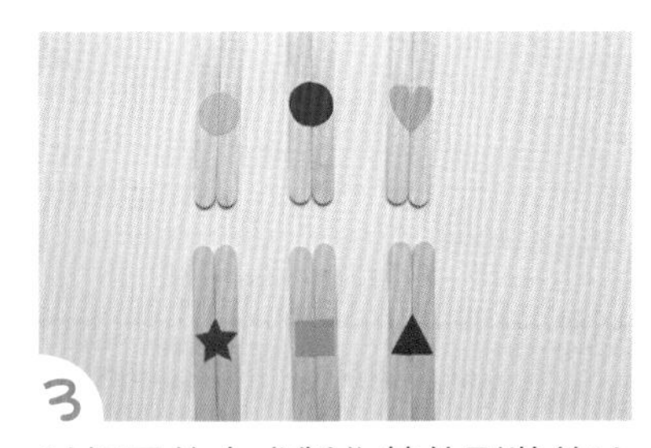

3 以相同的方式製作其他形狀的冰棒棍。

Tip 一開始先做 4 種不同形狀就好，等熟悉後再陸續增加。

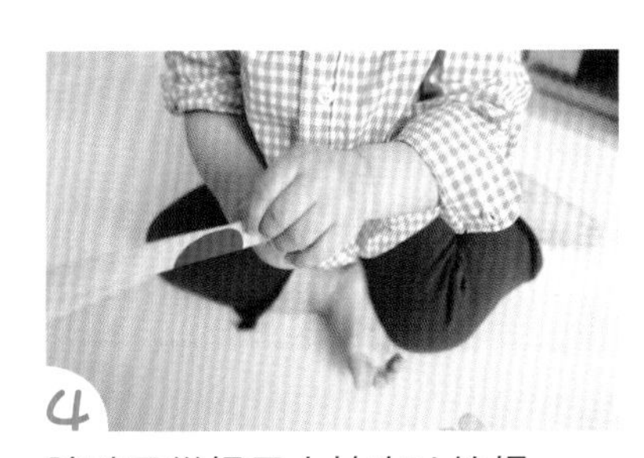

4 讓孩子從桶子中抽出冰棒棍。

「拿一支看看吧！」

「上面這是什麼形狀？」

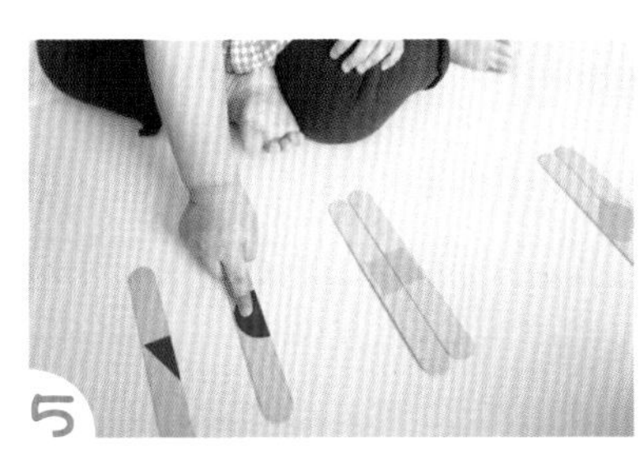

5 引導孩子尋找同色的冰棒棍。

「喔，在這裡呀！」

「同樣都是藍色，上面也有圓圓的東西。」

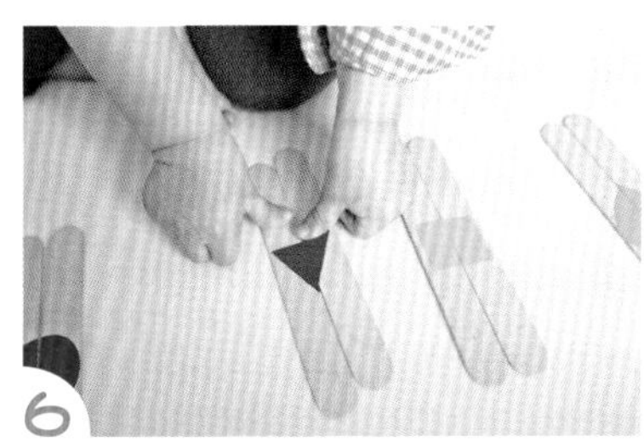

6 將兩支冰棒棍對齊併在一起，完成圖形。

「紅色尖尖的地方對齊了。」

「哇！變成一個三角形！」

配對圖樣瓶蓋

建議年齡 18 個月以上

遊戲目標 增進顏色與圖形辨識能力·訓練手和手臂的力量

這個遊戲可以透過配對各種顏色和形狀，提升辨別能力。如果孩子在繪本上看到圓形、星星、愛心等形狀，也可以拿同形狀的瓶蓋和繪本配對。透過日常生活中的碗盤、玩具、家具等物品，來找出各種不同的形狀吧。

準備物品

- 紙板 1 塊
  請準備長寬約 25×15 公分大小的紙板。
- 牛奶瓶蓋 8 個
  寶特瓶的瓶蓋太小，建議準備牛奶或優酪乳的瓶蓋，清洗乾淨後使用。
- 彩色紙 8 色
- 裝瓶蓋的籃子 1 個
- 剪刀 ● 魔鬼氈 ● 熱熔膠

遊戲 Tip

- 多向孩子介紹幾次不同的顏色，有助於讓孩子自然認識色彩。

1 用同色的彩色紙，剪出一大一小的同樣圖案，共製作 8 組（共 16 張）。

Tip 大的長寬約 5 公分，小的要能貼到瓶蓋的內側。

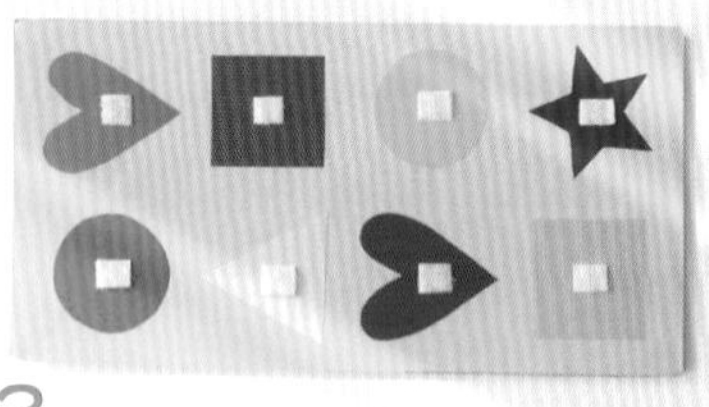

2 將大的圖案貼到紙板上，接著在上方貼魔鬼氈較軟的那一面（毛面）。

3 在瓶蓋內側貼上小的圖案，外側貼魔鬼氈較刺的那面（勾面）。

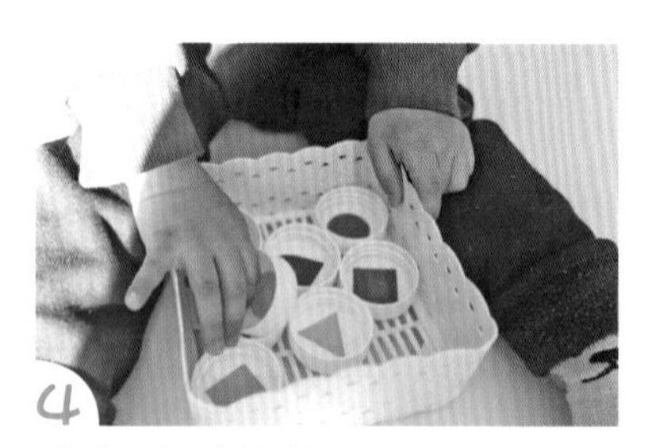

4 讓孩子探索瓶蓋。

「上面有好多圖案哦！」
（指著瓶蓋）「找找藍色星星在哪裡？」

5 引導孩子在紙板上尋找一樣的圖案後貼上。

「貼到一樣的圖案上面吧！」
（指著紙板和瓶蓋）「藍色星星、藍色星星，是一樣的！」

6 取下瓶蓋，收回籃子內。

「全部貼完了，接著把它們撕下來看看吧？」
「蓋子原本在哪裡呢？」

配對觸感瓶蓋

建議年齡 18 個月以上

遊戲目標 訓練視覺＆觸覺辨識能力・提升手腕柔軟度・練習手眼協調

牛奶瓶的蓋子通常比較大而軟，大人可以輕鬆轉開，用剪刀也剪得下來，很適合拿來運用。在瓶蓋和瓶口分別黏上顏色、形狀、觸感相同的材料，進行配對的遊戲，可以幫助孩子刺激感官。可以自行替換材料，進行各種變化。

準備物品

- 木板 1 塊
  請準備長寬約 20×10 公分的木板，也可以用厚紙板。
- 牛奶瓶蓋和瓶口 4 組
  請將牛奶瓶的瓶蓋連同瓶口一起裁下。
- 不同的物品 4 種
  請選擇可以貼到瓶蓋內側，不同形狀、顏色、觸感的物品。
- 裝瓶蓋的籃子 1 個
- 剪刀
- 熱熔膠

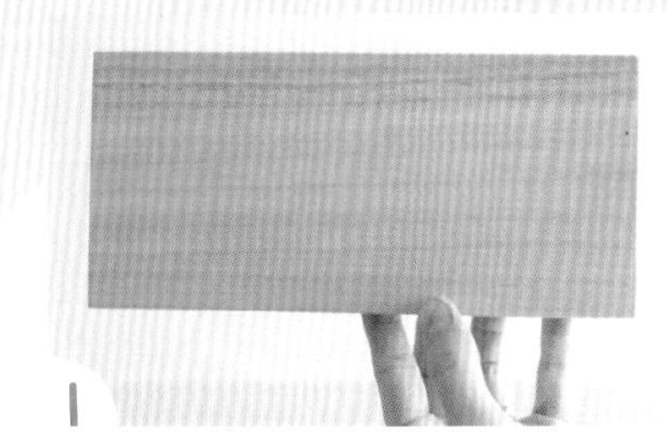

1 準備木板。

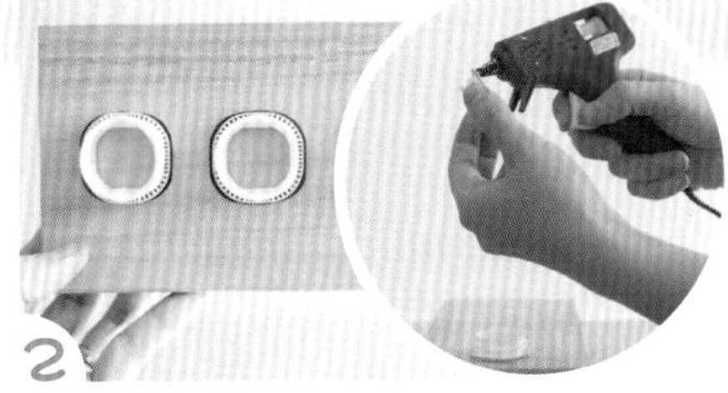

2 用熱熔膠將瓶蓋的瓶口黏到木板或紙板上。

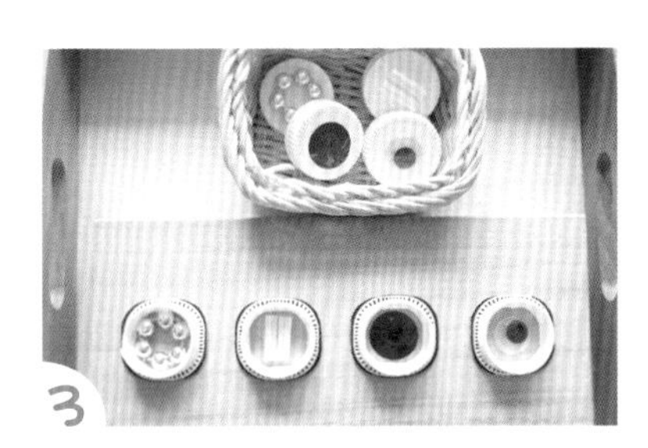

3 在瓶口裡和瓶蓋外側黏上一樣的材料。

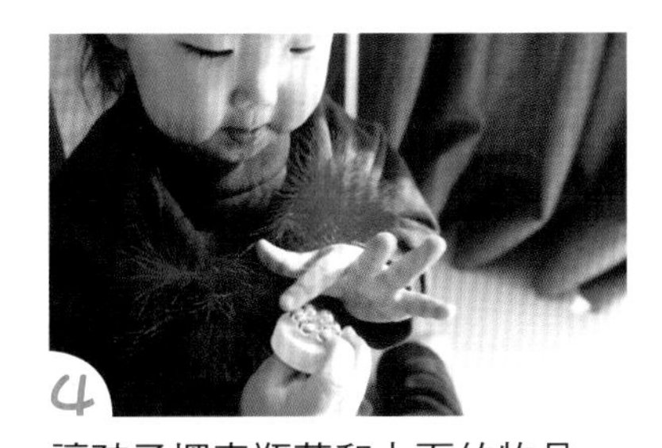

4 讓孩子探索瓶蓋和上面的物品。

「用手摸有什麼感覺？」
「是圓圓的珠珠呢！」

5 讓孩子配對，並蓋上瓶蓋。

「珠珠在哪裡呢？」
（指著珠珠）「一樣的呢，轉一轉關起來吧！」

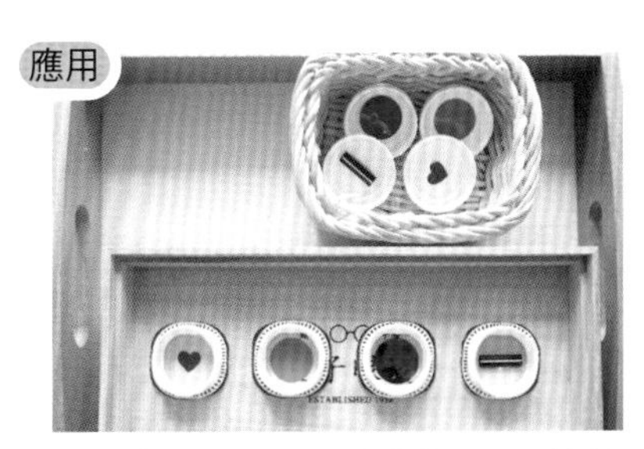

應用

在木板另一面也貼上瓶口和其他材料，用同樣的方式進行遊戲。

Tip 可以改成配對相同顏色，或者是相同圖案的遊戲。

找出大小相同的洞

建議年齡　18 個月以上
遊戲目標　學習分類大小．訓練手眼協調

洞口的大小差異，很難用言語說明白，不如讓孩子親自感受。在這個遊戲中，洞的數量和比例並不重要。就算是很多大的洞，只有一個小洞也無妨，只要可以讓孩子區分大和小的洞，並找出適合物品大小的洞即可。

1 將雞蛋盒翻面過來，用錐子鑽數個洞。

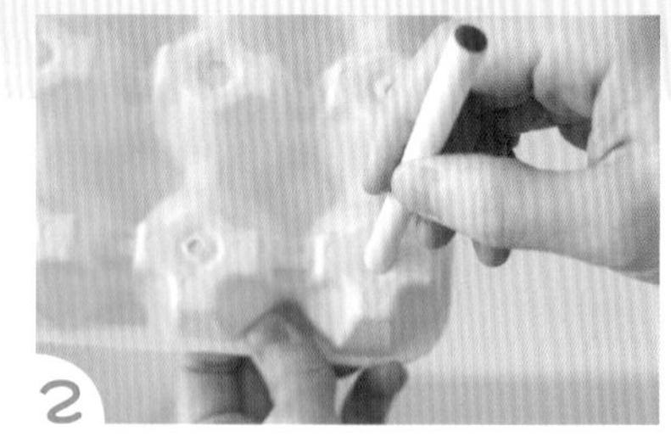

2 插入原子筆轉動，做出大小不同的洞口。

Tip 洞要能放入準備好的彈珠、絨毛球。

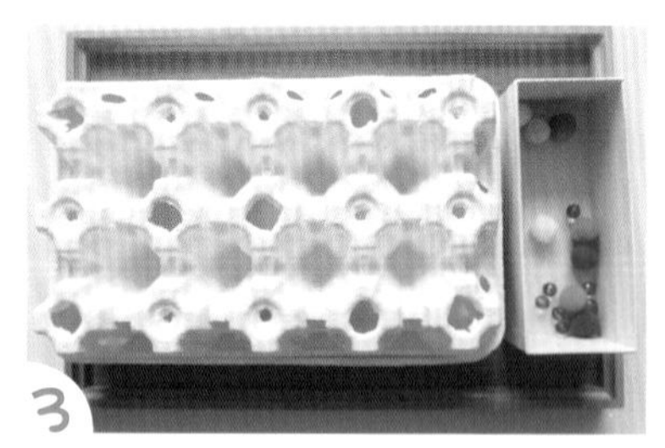

3 準備鑽好洞的雞蛋盒和裝東西的容器。

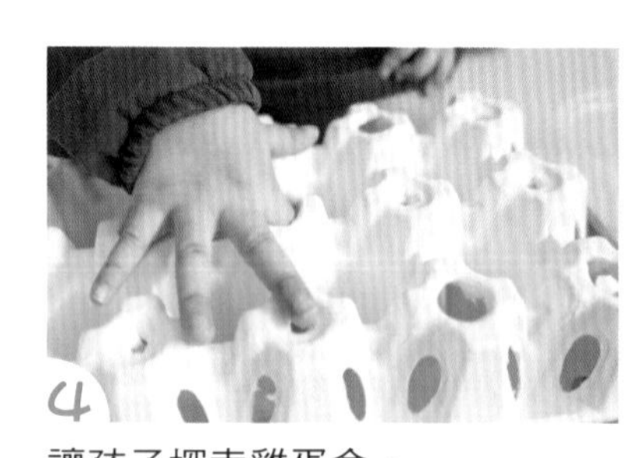

4 讓孩子探索雞蛋盒。

「有好多洞哦！」
「手指頭放進去了！」

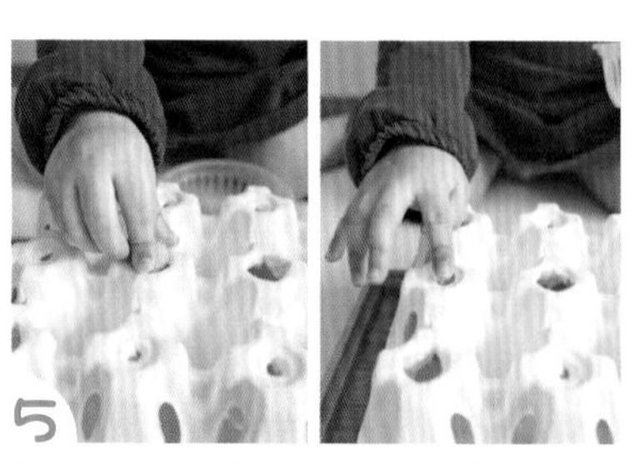

5 讓孩子依照洞口大小，放入絨毛球或彈珠。

（指著雞蛋盒）「哪一個洞比較大呢？」
「在大的洞裡放了絨毛球呀！」

6 打開雞蛋盒確認物品，接著放回容器歸位。

「原來藏在這裡呀！」
「把它們都收起來吧！」

準備物品

- 雞蛋盒 1 個
- 絨毛球、彈珠各 10 個
  絨毛球和彈珠的大小差距大一點比較好。
- 裝絨毛球和彈珠的容器 1 個
- 錐子　● 原子筆

遊戲 Tip

- 請指著大、小的東西，反覆向孩子說明：「大」、「小」。透過眼睛觀察、用手摸等感官體驗，幫助孩子記憶單字。
- 等孩子可以熟練分類大和小後，再進階區分大、中、小。

俄羅斯娃娃比大小

建議年齡　18 個月以上

遊戲目標　訓練語彙能力&大小辨識能力・練習數數

　　俄羅斯娃娃很適合用來學習大小的概念。拿起小的娃娃放在手心，小聲說「這是小的哦！」，再舉大的娃娃大聲說「這個是大的！」，利用視覺和聽覺表現大小差異。由小到大慢慢增加音量也是一種方式。透過比對不同大小的物品，提升孩子對大小的辨別能力。

準備物品

- 俄羅斯娃娃
  請準備 4～5 層的俄羅斯娃娃。

應用　紙板 1～2 塊、鉛筆或原子筆、剪刀

遊戲 Tip

- 搖晃娃娃並聽聲音，讓孩子透過聽覺，了解裡面還有其他東西。
- 可以透過各種提問，幫助孩子體驗大小，如：「用手指比最大的娃娃吧？」、「要不要拿小的呢？」、「從大到小排排看」等。
- 也可以用大人和小孩的湯匙、爸爸和孩子的衣服、大書和小書等，透過各種尺寸不同的相同物品來比較。

1 讓孩子探索俄羅斯娃娃。

「一起打開吧？」
「一手抓頭、一手抓身體。」

2 拿出裡面的娃娃，將外側的娃娃立在地上。

「打開裡面還有小娃娃！」
「把大的娃娃關起來，讓它站起來吧！」

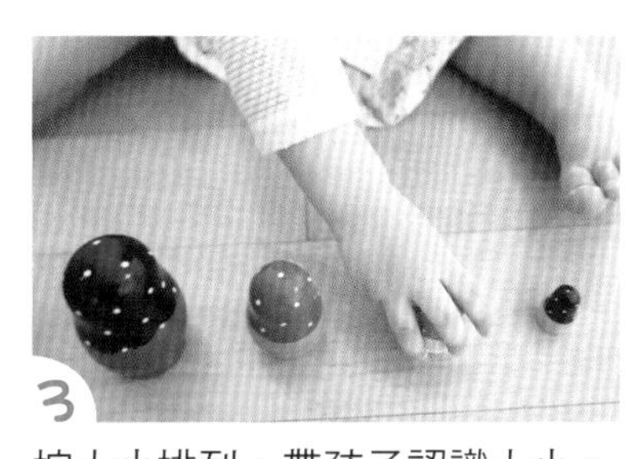

3 按大小排列，帶孩子認識大小。

（逐一指著娃娃）「這是小的娃娃，這是大的娃娃。」
「有一、二、三、四、五個。」

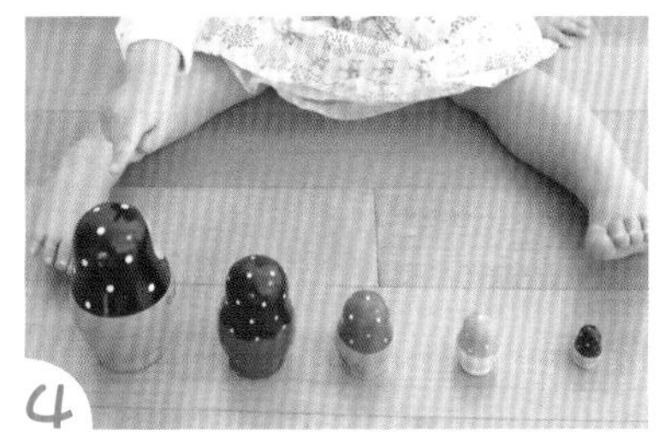

4 詢問孩子相關問題，並帶著孩子的手一起指。

「最大的是哪一個呢？」
「把最小的給媽媽吧？」

5 讓孩子將小的娃娃依序放回大的娃娃裡。

「把小的放進大的裡面吧！」
「全部都進去了呢！」

應用

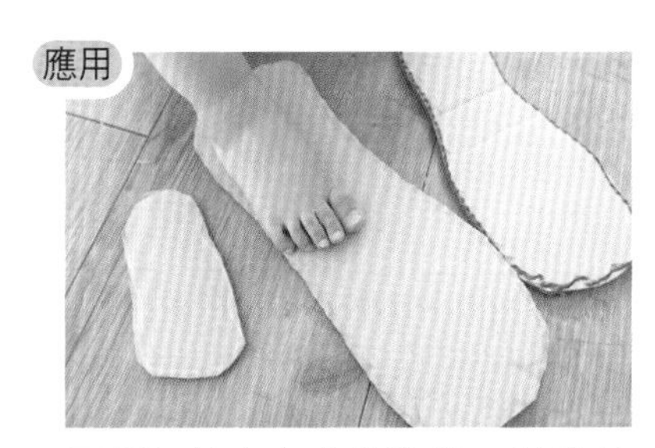

用紙板剪出家人的腳掌，並比較大小。

長高高比賽

建議年齡 18 個月以上

遊戲目標 訓練高度辨識能力・體驗數與順序概念

蒙特梭利有一種叫「紅棒」的教具，從 10 公分到 100 公分，每次增加 10 公分，除了高度不同之外，寬度和顏色都是一樣的，很適合用來幫孩子建立高度概念。利用衛生紙筒，也能製作類似的教具。當孩子能夠正確區分「長、短」後，就能再進階分出「短、有點長、很長」。

準備物品

- 衛生紙筒 3 個
- 裝衛生紙筒的籃子 1 個
- 熱熔膠
- 美工刀

應用 積木 數個

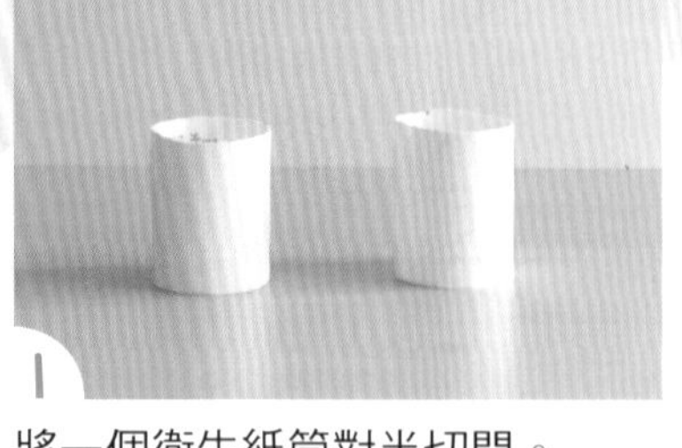

1 將一個衛生紙筒對半切開。

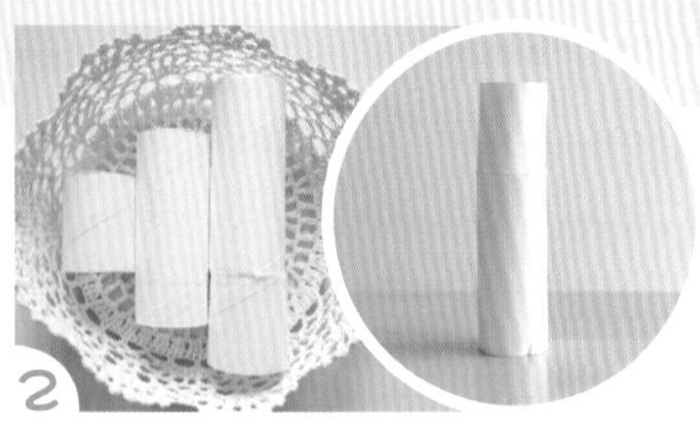

2 取其中一半的衛生紙筒，貼到另一個衛生紙筒上，做成三個長度不同的衛生紙筒。

Tip 以原本的衛生紙筒高度為基準，比例分別為 0.5：1：1.5。

3 讓孩子探索衛生紙筒。

「長長的呢。」
「中間有洞耶！」

4 讓孩子把衛生紙筒立起來。

（指著短的）「這個很短。」
（指著中長的）「這個有點長。」
（指著長的）「這個最長。」

5 利用長度相關的問題持續與孩子對話。

「把短的放到頭上。」
「把最長的給媽媽。」

應用 把積木堆成和衛生紙筒一樣的高度，進行比較。

（指著最長的）「長的要疊很多積木才夠高。」
（指短的）「短的兩個就夠了。」

遊戲 Tip

- 說到「長」的時候，可以將聲音拉長，用手比出長長的樣子。說到「短」的時候，聲音短促，並且將雙手靠近，比出短的樣子。

長度比一比

建議年齡　18 個月以上

遊戲目標　學習辨識長度・練習依照基準分類與比較物品

在洗好澡時說：「用長的毛巾擦」，或是吃飯時對孩子說：「媽媽用長湯匙，你用短湯匙」，像這樣在日常生活中讓孩子熟悉長度的分別。當孩子能夠正確表達長度相關用語後，就能進行長度比較的遊戲。不需要特別買很貴的教具，用家中物品也可以達到同樣的效果。

準備物品

- 不同的物品 3 種，各 2 個（不同長度）
  請準備毛巾、湯匙、積木等物品，每一種準備 2 個，一個長一個短。建議準備一條和孩子身高相近的毛巾。
- 裝東西的籃子 1 個

1 在籃子內放入長短不同的物品。

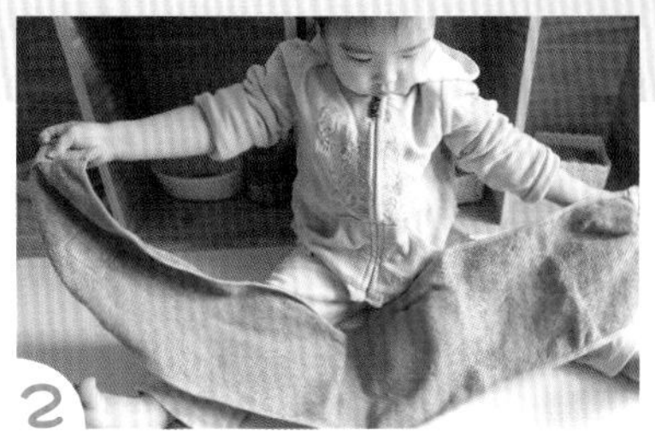

2 讓孩子探索籃子內的物品。

「拿了什麼呢？」
「是一條好長～的毛巾。」

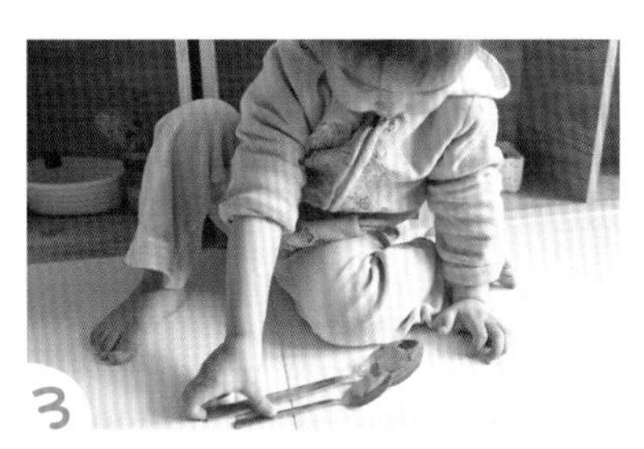

3 帶孩子認識長跟短的差別。

（指著長湯匙）「這是誰吃飯用的湯匙？」
（逐一指著物品）「這個長、這個短。」

4 引導孩子依長度分類物品。

「把短湯匙放到短毛巾上。」
「長長的積木要放到哪裡呢？」

5 讓孩子用身體表達長度。

（指著物品）「毛巾有多長呢？」
「跟兩隻手張開一樣長呀！」

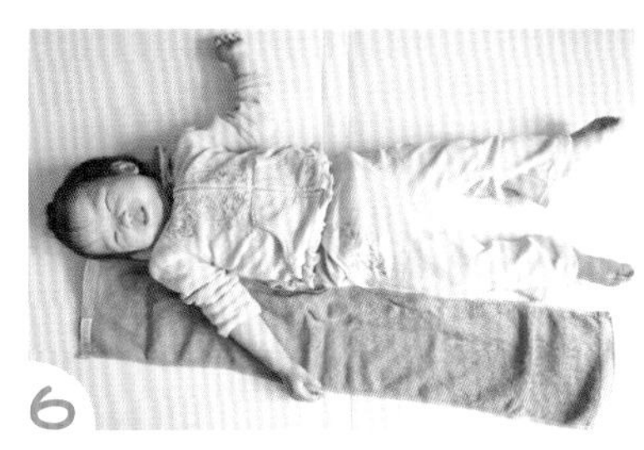

6 也可以用身體測量長度。

「哇，你躺在長毛巾旁邊呢！」
「你長得好高，跟毛巾的長度一樣耶！」

塑膠袋觸感猜謎

建議年齡 18 個月以上
遊戲目標 探索物品・認識名稱與訓練語言表達

隨著孩子愈長愈大，記得的事情愈來愈多，也逐漸能辨認物品的共同點和差異點。這個遊戲是用手觸摸塑膠袋裡的水果，並用各種單字表達、猜測。不必準備特殊物品就能玩，在累積探索經驗的同時，也能促進孩子的語言發展。

準備物品

- 黑色塑膠袋 1 個
- 水果 3 種
  如蘋果、香蕉、小番茄等皆可。蘋果和梨子的大小和外型接近，較不容易區分，不要一起使用。請準備孩子認識的水果，方便孩子透過觸摸來辨識。

遊戲 Tip

- 孩子摸索塑膠袋時，請就大小、形狀、材質等簡單提問。「硬嗎？」、「冰嗎？」、「圓圓的嗎？」、「大還小呢？」等，透過提問，讓孩子感受並學習還沒辦法表達的單字。

1 在塑膠袋中放入一種水果，將封口稍微扭轉。

Tip 要把手伸進去摸，所以不要封緊。

2 把袋子拿給孩子看。

（搖晃袋子）「有什麼聲音呢？」
「這裡面有水果喔！」

3 讓孩子伸手進去探索。

「把手伸進去吧！」
（摸水果時）「硬嗎？」

4 打開袋子確認物品。

「這是什麼？我們來看看吧！」
「哇，圓圓的是蘋果呢！」

5 用同樣的方式探索其他水果。

「這是黃黃長長的香蕉。」
（拿到孩子鼻子前）「聞聞看香蕉的味道。」

6 用袋子包覆探索。

「好小喔！」
「小小圓圓的。」

重量比大小

建議年齡　18 個月以上

遊戲目標　辨識重與輕・比較兩個物品・體驗數量和重量的關聯

我之前和孩子去逛超市，孩子說要幫忙提重袋子，結果弄得滿臉通紅。那一天，或許是孩子第一次感受到「重」。「重量」這個單字對孩子來說還太難，但他們的身體已經能夠感受到重量。這個遊戲可以讓孩子透過重量不同的寶特瓶，學習用相關詞彙表達。

準備物品

- 寶特瓶 2 個
- 米 適量

應用 豆子或其他物品 適量

一個寶特瓶裝滿米，另一個什麼都不裝。

「有兩個瓶子呢！」
「裡面有什麼呢？」

讓孩子體驗重量。

（指著裝滿米的寶特瓶）「這裡有好多米。」
「哇，好重呢！」

讓孩子體驗輕的感覺。

（指著空瓶）「這裡沒有米呢！」
「空瓶子好輕，一下子就拿起來了。」

幫孩子建立「越多越重」的概念。

（指著裝滿米的寶特瓶）「有多少米呢？」
（張開雙臂）「裝很多、很重。」

提出一些重量相關的問題，讓孩子回答。

「要不要滾滾看重的瓶子呢？」
「拿拿看輕的瓶子吧！」

應用

可以裝其他的物品來進行遊戲。

「哪一個重呢？」
「沒有豆子的比較輕。」

驚奇觸感棍

建議年齡 18 個月以上

遊戲目標 體驗不同的觸感・配對相同觸感・提升辨識能力

孩子會隨著越長越大，開始好奇地探索周遭的物品，體驗各種不同的觸感。這個遊戲可以透過配對相同觸感的東西，幫孩子提升對觸感的辨識能力與敏感度。

準備物品

- 紙板 1 塊
  請準備長寬約 20 公分的紙板。
- 冰棒棍 6 根
- 不同觸感的物品 6 種
  準備吸管、立體眼珠、石頭、砂紙等觸感差異大的物品。
- 熱熔膠
- 鉛筆或原子筆
- 裝冰棒棍的桶子 1 個

遊戲 Tip

- 將冰棒棍放入桶子時，請將有貼東西的部分朝下，避免孩子看到，可以提升期待感。

1 在紙板上畫出 6 個冰棒棍的邊框，間距要相同。

Tip 紙板上方空間要貼材料，所以盡量畫在下方。

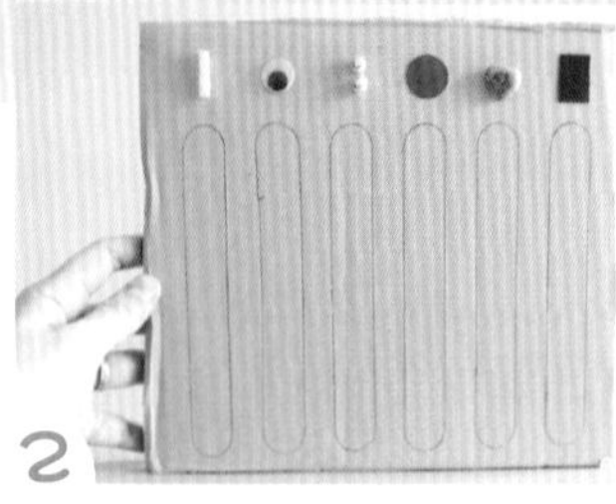

2 在每個邊框上方各貼一個材料。

Tip 吸管、砂紙等較大的材料請先剪小。

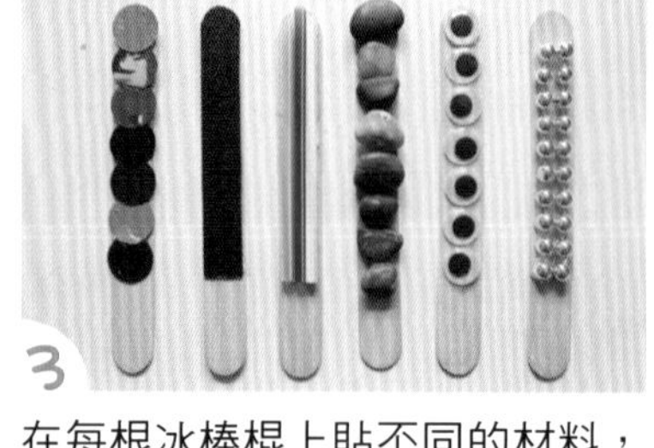

3 在每根冰棒棍上貼不同的材料，保留一端 4 公分不貼，當成抓握的把手。

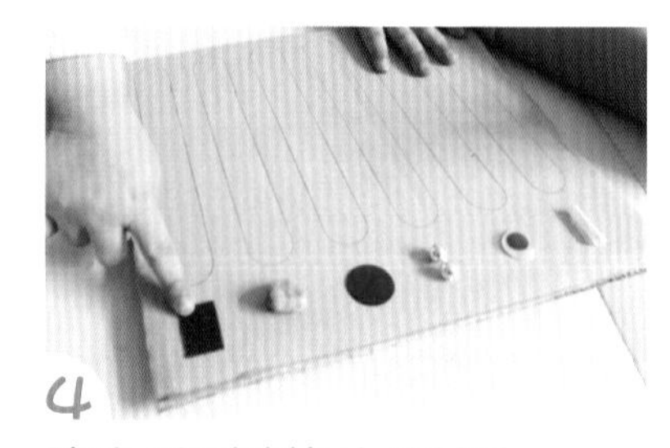

4 讓孩子探索紙板上的材料。

「你在摸黑色方塊呢！」
「這是什麼感覺？粗粗的嗎？」

5 讓孩子從桶子內抽出冰棒棍，並探索材料。

「來抽一支看看吧！」
「上面有圓圓的珠珠呢！」

6 將相同的材料配對。

（摸著紙板上的材料）「這個軟軟的，這個也軟軟的。」
「摸起來一樣的放一起吧！」

認識粗細觸感

建議年齡　18 個月以上

遊戲目標　感受柔軟與粗糙・訓練觸覺辨識&判斷能力

每個孩子喜歡和不喜歡的觸感都不同，像我們家孩子就很討厭摸到鐵絲菜瓜布。這個遊戲可以讓孩子自然接觸到各種不同的觸感，幫助他們了解自我，認知「我不喜歡粗的感覺」或是「我喜歡細的感覺」。

1 以彩色紙黏貼紙板。

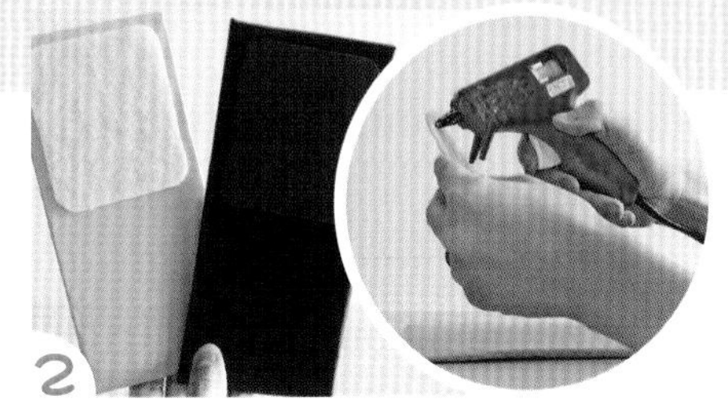

2 將菜瓜布和砂紙剪成紙板一半大小後，用熱熔膠貼到紙板上。

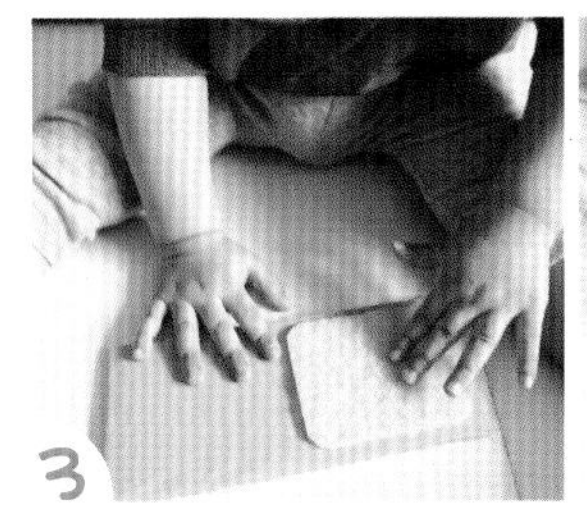

3 一邊讓孩子感受粗糙和柔軟，一邊透過言語說明。

（摸菜瓜布和砂紙）「這邊粗粗的、刺刺的！」
（摸貼紙）「這裡細細的、滑滑的。」

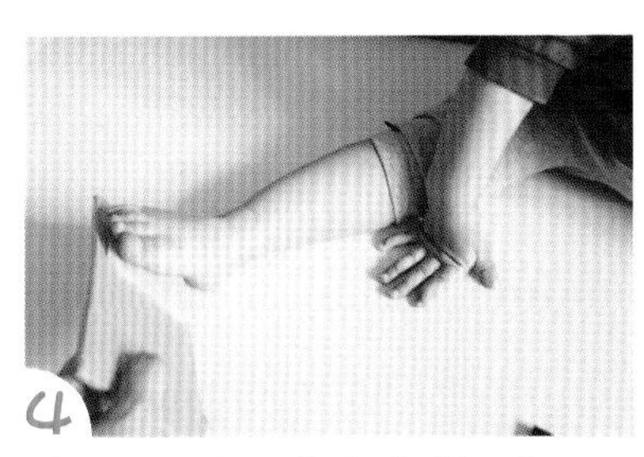

4 讓孩子用各種方式感受觸感。

「用腳摸摸看吧？」
（以熟悉的物品比喻）「像地毯一樣毛毛的！」

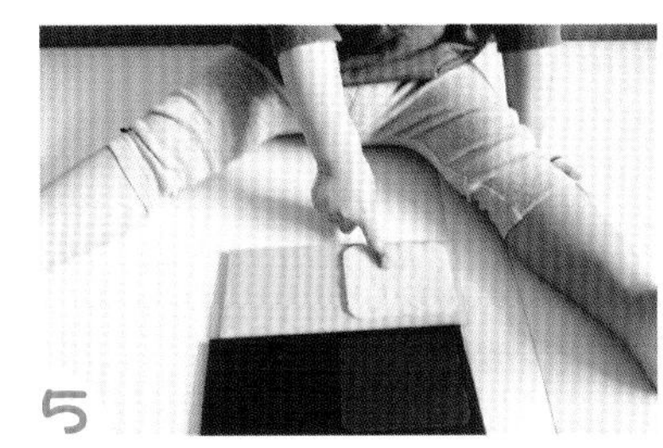

5 以觸感相關的問題和孩子互動。

「哪一邊比較粗呢？」
「蓋住細的那一面！」

準備物品

- 紙板 2 塊
  準備長寬約 20×10 公分的紙板。
- 彩色紙 2 色
  請準備和砂紙、菜瓜布一樣的顏色。利用同樣顏色不同觸感的單一性質差異，幫助孩子專注感受觸感的不同。
- 砂紙　● 剪刀　● 熱熔膠
- 菜瓜布
  請準備和砂紙不同的顏色。

遊戲 Tip

- 一邊說「這裡很粗糙」、「這邊很柔軟」，一邊讓孩子感受兩面的不同。
- 帶孩子一同在生活周遭尋找粗糙、柔軟的物品。

觸覺板體驗

建議年齡 24 個月以上

遊戲目標 感受柔軟與粗糙的差異・訓練觸覺辨識能力

這個遊戲和蒙特梭利教具中，一款分為五種粗細度的「觸覺板」是一樣的。考量孩子的發展狀況，建議先從三種觸感開始。準備教具時為了讓孩子更專注體驗，建議觸覺以外的顏色、大小、形狀等特性都保持一致，利用「孤立化」來凸顯單一性質的差異。

準備物品

- 木板或紙板
  請選擇可用白膠或熱熔膠黏貼物品的材質。
- 黑色砂紙
  砂紙號數愈低愈粗糙，請準備較適中的 300 號。
- 黑色圖畫紙 ● 黑色不織布
- 裝觸覺板的籃子 1 個
- 尺 ● 美工刀

遊戲 Tip

- 帶孩子一邊以手碰觸覺板，一邊說：「粗」、「細」。重複兩次後，讓孩子將同樣觸感的放在一起。
- 可以將觸覺板靠近眼前，或摩擦聽聲音等，利用不同方式探索。

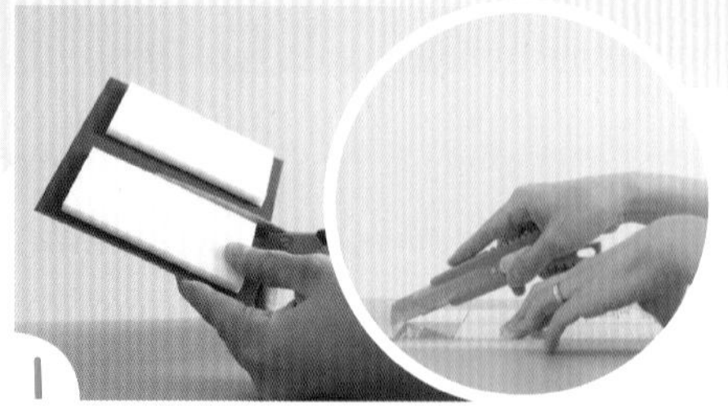

1 將黑色圖畫紙裁成長寬約 5×10 公分的大小，在上面貼兩塊木板，接著沿著木板邊緣剪下。

2 將黑色不織布和砂紙以相同的方式，製作成兩塊觸覺板。

Tip 每一塊觸覺板的大小都要完全相同。

3 帶孩子體驗觸覺板。

「籃子裡有黑色板子耶！」
「摸摸看吧？」

4 抓著孩子的手一起摸，感受不同的觸感。

「有什麼感覺呢？」
「粗粗的吧！」

5 以各種描述方式來區分觸感。

「像娃娃一樣軟軟的。」
「像爸爸的鬍子一樣粗粗的！」

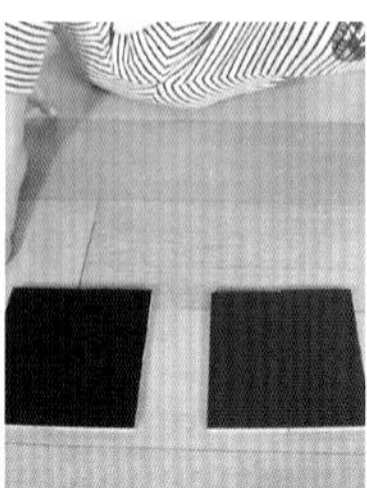

6 將同樣的觸感集中在一起。

「還有粗粗的嗎？」
（逐一指著）「粗的、粗的，這兩個一樣。」

猜猜我有什麼

建議年齡　24 個月以上

遊戲目標　透過觸感推測物品．增進親子關係

和孩子一起玩配對的遊戲，可以提升孩子對物品的辨別和表達能力，也能增進孩子對大人的依賴感。過程中透過有趣生動的方式，描述物品的形狀、觸感、用途等，一邊激發孩子的好奇心，一邊培養推理的能力。

1 在兩個袋子內裝入同樣的物品。

2 讓孩子挑選其中一個袋子，另一個自己拿著。

「袋子有兩個。」
「你想要哪一個呢？」

3 先讓孩子打開挑選的袋子，看看裡面的物品。

「手手放進袋子裡就能打開。」
「裡面有什麼呢？」

4 接著再將手伸進自己的袋子，一邊摸一邊描述物品，讓孩子猜是哪個後，取出。

「這個東西小小的、軟軟的。」
（取出物品）「是小鴨子呀！」

5 用生動的口吻描述物品，有助於提升孩子的好奇心和想像力。

「軟軟的、暖暖的，是什麼？」
（一起拿出手套）「我們都拿了手套呀！」

6 逐一說明物品的名稱，並放回袋子內。

「一起放回去吧！」
「放了湯匙啊！」

準備物品

- 小袋子 2 個
- 5 種形狀不同的物品 各 2 個
  請準備用手摸能明顯感受到外型差異的物品，例如湯匙、拼圖、手套、娃娃、積木等，準備孩子熟悉的物品，孩子才猜得出來。

遊戲 Tip

- 請一邊摸著袋子裡的東西，一邊露出驚訝或是認真思考的表情，例如張大眼睛說：「哇！這是什麼！」，用生動的表現來吸引孩子的注意力。
- 可以延伸為孩子先取出物品，媽媽再取出相同物品的遊戲方式。

色彩拼圖

建議年齡　24 個月以上

遊戲目標　練習辨識色彩・控制手部力量

我們家孩子有段時間很熱衷於分類顏色，總是心滿意足和我分享成果。這個遊戲，就是為了看到孩子發光的臉龐而誕生。透過色彩拼圖幫助孩子提升顏色的辨識能力，也能讓孩子更有成就感。即使孩子還無法正確配對色彩，也能透過各種形狀進行創意遊戲。

準備物品

- 紙板 6 塊
  準備長寬約 10.5 公分的紙板。
- 色紙 7 張
  請準備一般長寬 15 公分、不同顏色的色紙。如步驟 2 裁切成八等分時，對角線的長度約 10.5 公分。
- 裝彩色拼圖的盒子 1 個
- 膠水　● 剪刀

遊戲 Tip

- 隨著孩子年紀增長，可以增加紙板數量，提升難度。

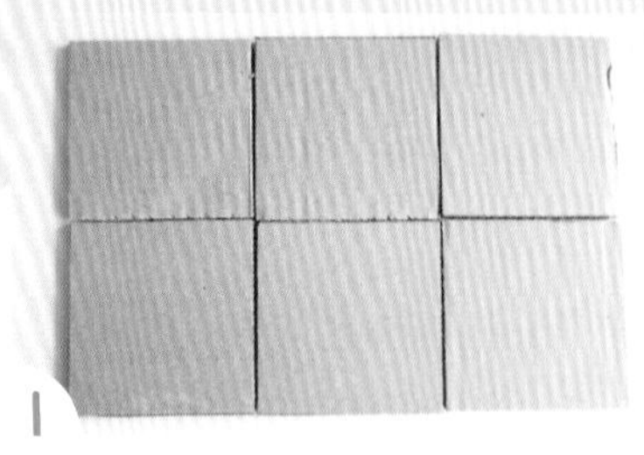

1
將 6 塊紙板排在一起。

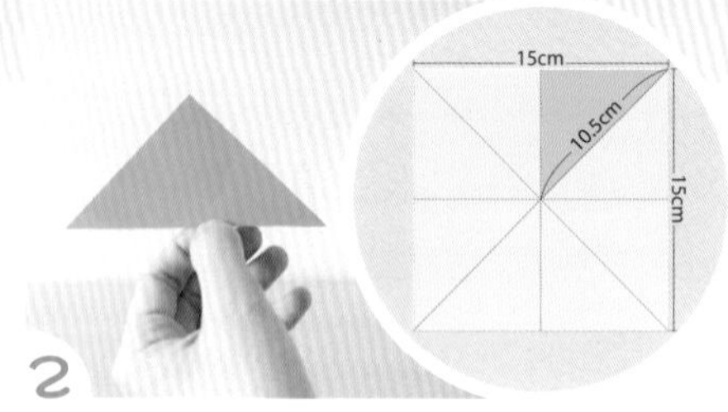

2
色紙沿著長寬中線剪成 4 個正方形，再沿著對角線剪開，做成 8 個三角形。

3
在紙板上黏貼剪好的三角形。
Tip 同樣的顏色要黏在附近。

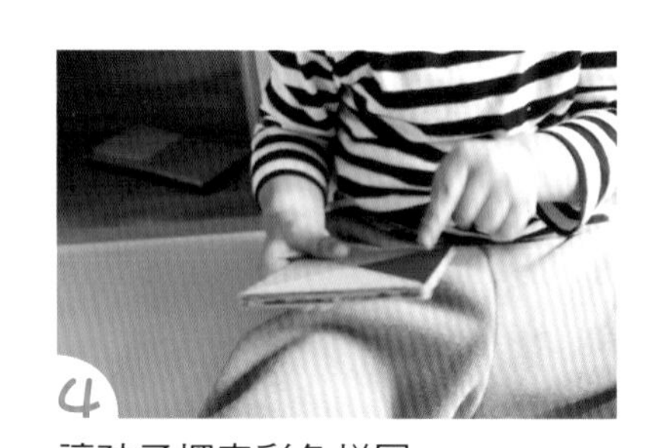

4
讓孩子探索彩色拼圖。
「好多顏色呢！」
「你看紅色在哪裡？」

5
讓孩子拼彩色拼圖。
「來拼拼看吧！」
「兩個黃色拼在一起，變成正方形了。」

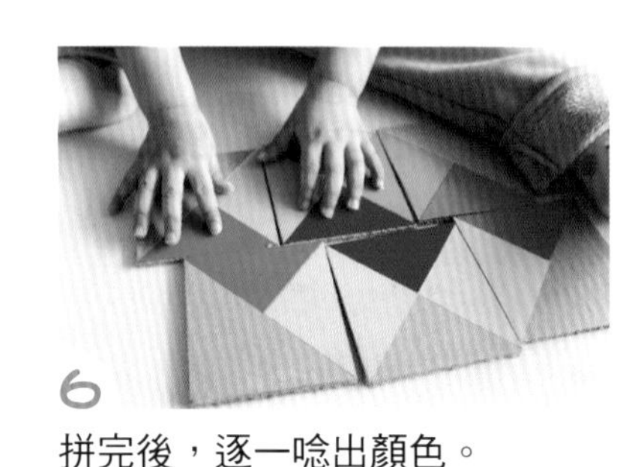

6
拼完後，逐一唸出顏色。
「都拼好了耶！」
（逐一指不同顏色）「紅色、黃色、橘色。」

蒐集圖案貼紙

建議年齡　24 個月以上
遊戲目標　練習辨識形狀・透過貼貼紙訓練小肌肉

這是利用油性簽字筆，在貼紙上畫圓形、三角形、正方形後，將貼紙對照牆壁上的相同圖案後貼上的遊戲。等孩子熟悉基本圖案之後，就可以再增加愛心、星星等更多的圖案。過程中不斷向孩子說形狀的名稱，幫助孩子自然記憶。

準備物品

- 色紙 3 張
  顏色一不一樣都無妨。
- 圓形貼紙 數張
- 剪刀
- 油性簽字筆
- 透明膠帶

應用　廣告傳單或雜誌

遊戲 Tip

- 可以用和形狀相關的方式和孩子互動，幫助孩子記憶圖形，例如：「指出圓形」、「敲敲三角形」、「站在方形前面」、「用鼻子碰圓形」、「在兔子娃娃上貼三角形」等。

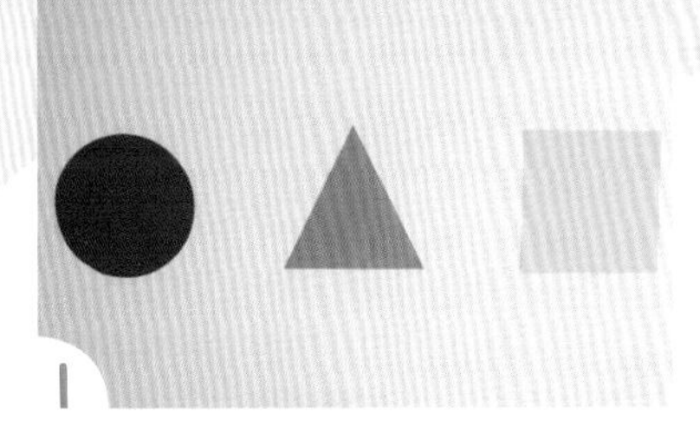

1 用色紙剪下圓形、三角形、正方形，貼在牆壁上。

Tip 要貼在孩子看得見、碰得到的高度。

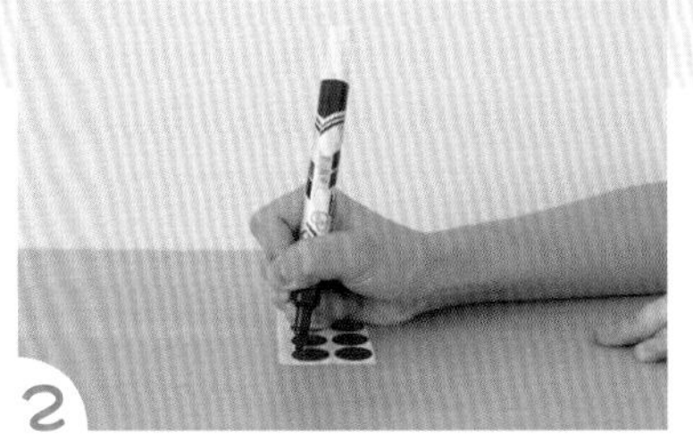

2 在圓形貼紙上用油性簽字筆畫圓形、三角形、正方形。

3 讓孩子探索畫好圖案的貼紙。

「好多顏色喔！」
「喔？上面有畫圖案呢！」

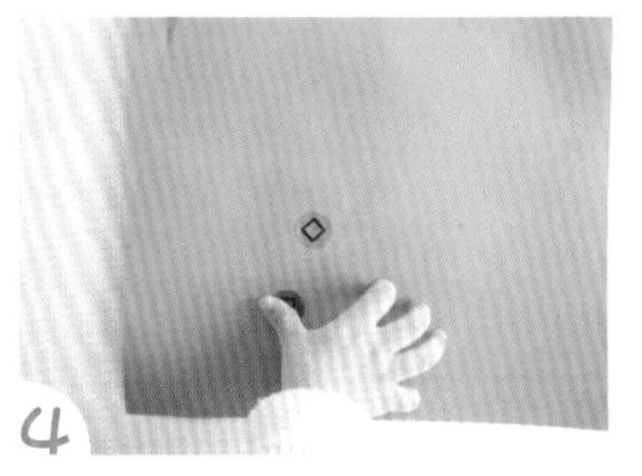

4 引導孩子將貼紙貼到同樣的圖案上面。

（指著牆壁）「方形在哪裡呢？」
（貼貼紙後）「貼到方形上了！」

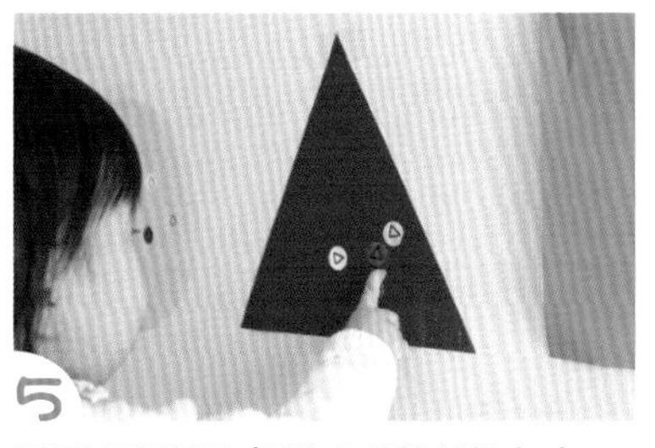

5 讓孩子聽圖案的名稱並指出來。

「三角形在哪裡呢？」
（指著形狀）「對，這個是三角形喔。」

應用

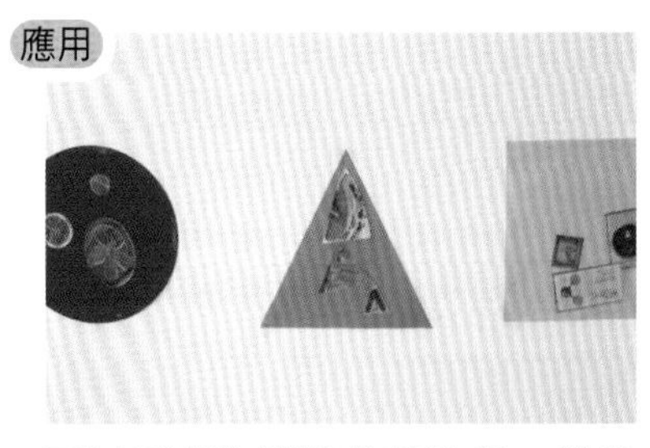

可以用廣告傳單代替貼紙，剪出圓形、三角形、正方形。

Tip 如果孩子不太會用剪刀，請媽媽先剪好再讓孩子使用。

找出動物的顏色

建議年齡 30 個月以上
遊戲目標 訓練視覺辨識能力・培養觀察力・認識顏色組合

在蒙特梭利教育中，彩色紙板是能夠幫助視覺辨識，培養觀察力和美感的重要道具，只要有色紙就能簡單做出來。在這個遊戲中，第一階段先以三原色進行，第二階段再進階到無彩度色彩，第三階段則是增加色彩的濃度。也可以進階成顏色配對、找同色物品等遊戲。

準備物品

- 動物模型 6 個
- 牛奶盒 1～2 個
  請先洗乾淨並晾乾。
- 色紙 數張
  請準備和動物玩具相同的顏色。
- 籃子 2 個
  用來放置動物玩具和彩色紙板。
- 剪刀 ● 膠水

應用 六格馬芬模具
絨毛球數個
請準備動物模型的顏色。

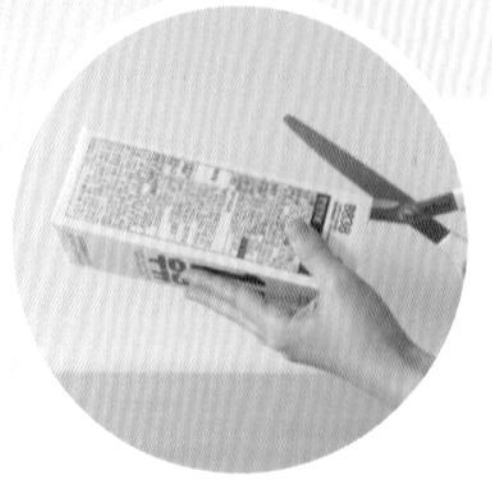

1
剪下牛奶盒，在內側白色上貼色紙，製作成彩色紙板。

Tip 色紙要比牛奶盒短 2 公分左右，讓兩側留白。

2
讓孩子觀察動物模型的顏色，在旁邊放同樣顏色的彩色紙板。

「這是什麼色呢？」
「蝴蝶上有紅色和灰色呢！」

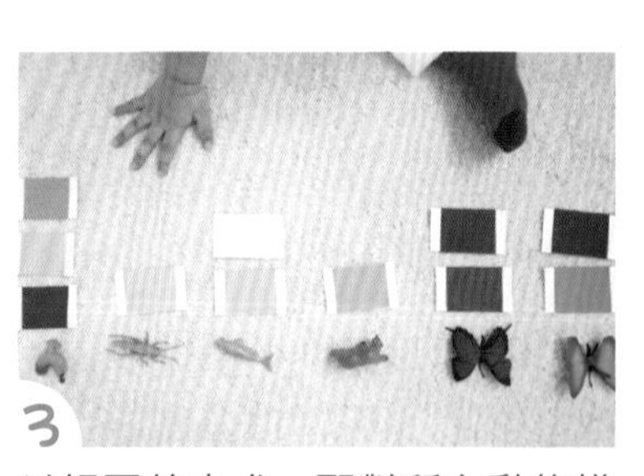

3
以相同的方式，配對所有動物模型的顏色。

「有沒有一樣的顏色？」
「原來是這個顏色呀！」

4
讓孩子數彩色紙板，了解多與少的概念。

「每個動物的顏色數量不同。」
「顏色最少的是哪一個呢？」

應用1

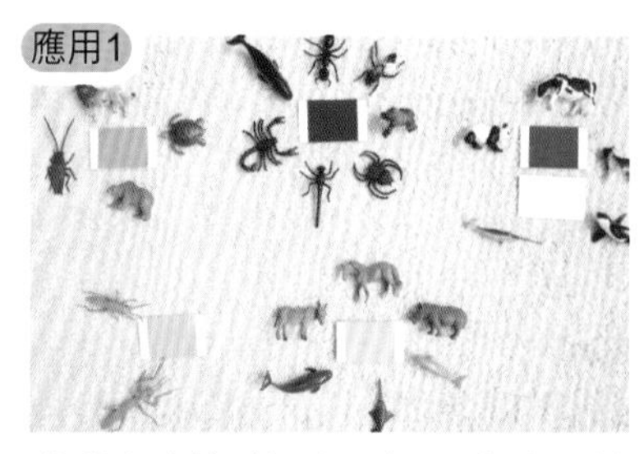

將彩色紙板放到地上，讓孩子蒐集同樣顏色的動物。

應用2

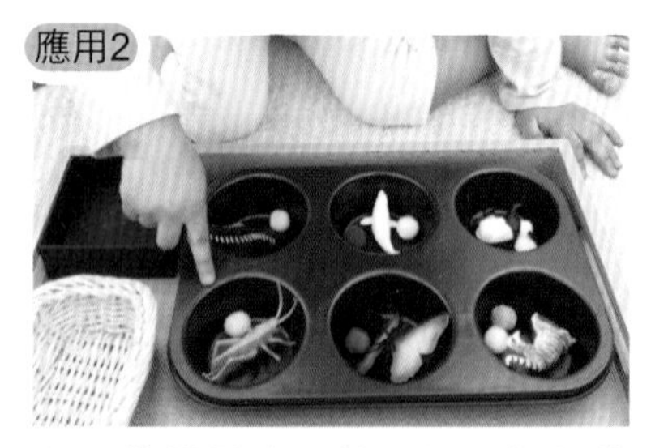

在馬芬模具中，放入相同顏色的絨毛球和動物。

Tip 說明時搭配簡單的小故事，例如：藍色的蝴蝶想要吃藍色的球球，幫助孩子理解遊戲規則。

買東西家家酒

建議年齡 30 個月以上

遊戲目標 認識形狀與分類・透過角色扮演遊戲建構社會性

透過用玩具錢購物的遊戲，可以幫助孩子認知每個東西都有價格，要付錢才能買的概念。這個年紀的孩子還不懂貨幣，可以利用孩子熟悉的方形或圓形來充當錢幣。讓孩子自己挑選想買的東西，並且拿袋子裡的錢結帳，藉此了解錢的價值，也能夠提升語言表達能力。

準備物品

- 紙箱 1 個
- 果醬瓶蓋 7 個
- 物品照片 7 張
  可以從廣告傳單、雜誌或報紙上剪下來。
- 玩具錢 約 10 個
  請準備瓶蓋、信用卡、圓形或方形的物品等，一種 4～5 個。
- 小袋子 1 個
  用來裝玩具錢的錢包。
- 膠帶
- 濕紙巾盒蓋 1 個
- 油性簽字筆
- 熱熔膠
- 美工刀
- 膠水

遊戲 Tip

- 再準備一個購物袋放買好的物品，更有真實感。

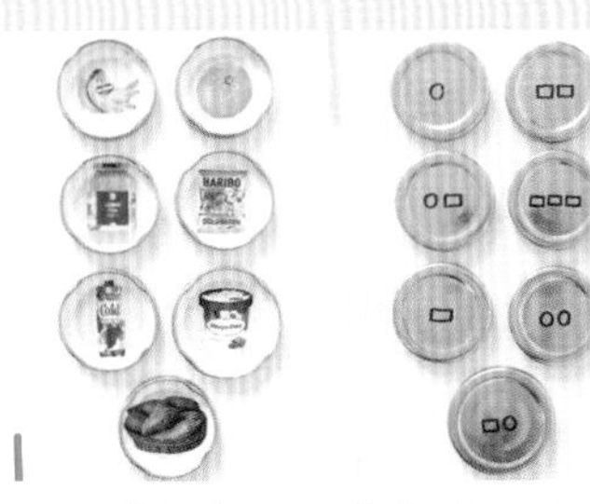

1

在果醬瓶蓋內側貼上物品照片，上方畫圓形和方形。

Tip 先貼一層膠帶再畫，之後可以改畫不同的圖形或數量。

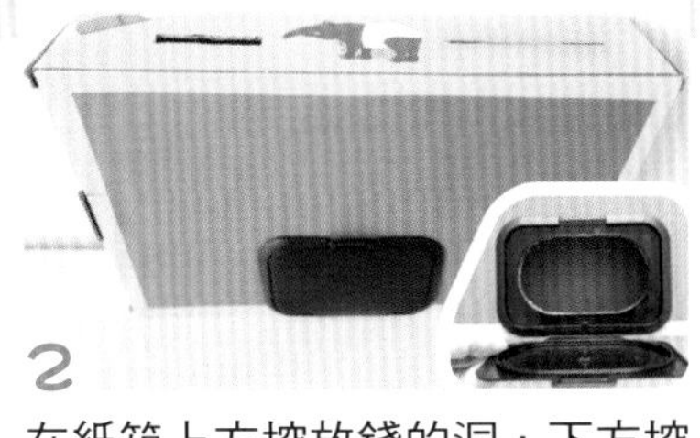

2

在紙箱上方挖放錢的洞，下方挖洞並黏上濕紙巾盒蓋。

Tip 打開濕紙巾盒蓋，就可以取出裡面的玩具錢。

3

讓孩子拿著錢包，自己挑選想買的東西。

「歡迎光臨。」
「今天想買什麼呢？」

4

讓孩子翻轉瓶蓋，確認價格。

（孩子挑選後）「買冰淇淋要多少錢呢？」
「要付兩個圓形才可以哦。」

5

讓孩子打開錢包拿錢。

「請打開錢包拿錢喔！」
「包包裡面有方形的錢，也有圓形的錢。」

6

引導孩子將正確的形狀和數量投入紙箱內。

「要放幾個圓形呢？」
「謝謝光臨！」

03 訓練邏輯思考的 數學領域

在感官領域中，孩子體驗了長短、形狀、重量等概念，接著在數學領域，要透過移動物品、數數、堆積等遊戲來熟悉數字。在一對一的活動中建立數字概念後，就能開始認識數字的形狀。接著，要將數字和數量配對，也認識數字的順序。透過吸引孩子的物品進行遊戲，建立孩子對數字的信心，並培養日常生活中的數學邏輯思考與理解能力。

☑ 準備剛好且足夠的數量

專注在數量遊戲時，如果最後發現物品超過或是不足，孩子會沒有正確收尾的感覺，得不到成功的滿足感。拿出教具前，請務必確認數量，讓孩子在過程中學習到正確的數字觀念和成就感。

☑ 請和孩子一起體驗過程

在數學領域的遊戲中，比起結果的答案，如何得知的過程更為重要。相較於其他領域的遊戲，數學領域更像是在學習，單純記憶數字、背誦沒有意義，必須透過反覆進行遊戲，確實了解數字和數量的概念。

☑ 準備孩子感興趣的物品

教導孩子抽象的數字概念時，必須準備能更吸引孩子、讓孩子集中注意力的物品。請準備方便一手拿取的物品，且最好有不同顏色、形狀、大小，引導孩子積極參與。千萬別忘了選擇孩子喜歡的東西，幫助孩子以更輕鬆、有趣的方式接受數學。

☑ 用有趣的故事或歌曲提升參與感

請以講故事的方式取代生硬的示範說明，提高孩子的參與意願。舉例來說，P146 的數數遊戲，比起說：「要不要貼貼看瓢蟲的點？」更好的方式是將瓢蟲擬人化，如：「翅膀掉了好冷喔，我不知道翅膀長怎麼樣，有人可以幫我數數看嗎？」另外，也可以將歌詞改為數字來數。

冰塊盒積木

建議年齡 12 個月以上

遊戲目標 體驗一對一對應・認識數量概念

一對一的對應原則，指的是兩組物品相互配對的概念，數量剛剛好，例如戴手套就是一個指套對一隻手指。這個遊戲使用製作副食品時常用的冰塊盒和方塊積木配對。等孩子了解一對一的概念後，就能理解數字越大量越多，並且開始學習數數。

準備物品

- 冰塊盒 1 個
  請準備 10 格左右的冰塊盒。
- 積木 數個
  請準備和冰塊盒大小相近的積木，避免太大放不進去，或太小，變成一格可以放很多個。
- 裝積木的盒子

應用1 烘焙杯 4 個、玩具小鴨 4 個

應用2 六格馬芬模具 1 個、小積木 6 個

遊戲 Tip

- 指著冰塊盒，讓孩子看裡面的分格，接著逐一放入積木後，讓孩子看已經沒有空格的狀態。

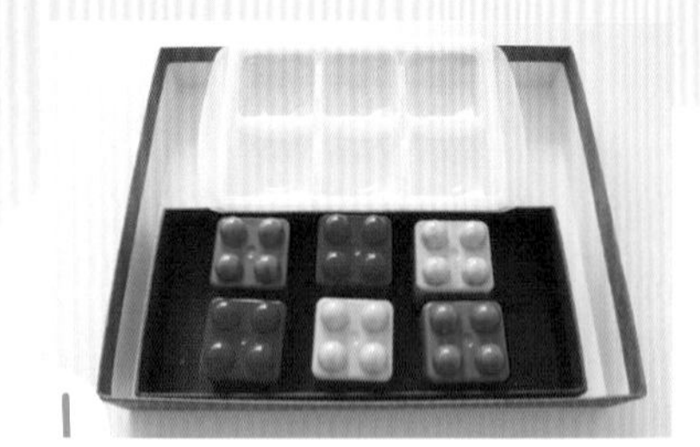

1 準備冰塊盒和積木。

2 讓孩子探索積木方塊。

「這是你最喜歡的積木哦！」
「你在疊積木啊。」

3 引導孩子逐一將積木放入冰塊盒中，體驗一對一的原則。

「把積木放進格子裡吧。」
「藍色積木進去了！」

4 將積木全部放入冰塊盒後，再取出整理。

「把積木放回原本的地方吧！」
「全部收回盒子裡了呀！」

應用1 將玩具小鴨放入烘焙杯中。

應用2 將積木放入馬芬模具中。

衛生紙筒丟桌球

建議年齡　12 個月以上

遊戲目標　體驗一對一對應・訓練手眼協調・獨立

在一對一的配對遊戲中，準備正確的數量非常重要。假設有 5 個紙筒和 4 顆桌球，就會想要再去找一顆球出來。相反地，如果球有 5 顆，但紙筒只有 4 個，看著落單的球也很讓人困惑。紙筒和桌球的數量一定要相同，才能學習到正確的概念，同時感受成就感。

準備物品

- 黏紙筒的紙盒 1 個
- 衛生紙筒 2 個
  可根據紙盒大小調整衛生紙筒和桌球的數量。
- 桌球 5 顆
- 裝桌球的籃子 1 個
- 美工刀
- 熱熔膠

遊戲 Tip

- 先比一下衛生紙筒的邊緣，讓孩子了解裡面有洞，接著將桌球放進去。全部放入後，再讓孩子看已經沒有空洞的狀態。

1 將衛生紙筒裁成低於 2 公分的圈，共 5 個。

Tip 衛生紙筒的高度如果和桌球太相近，會很難取出桌球。

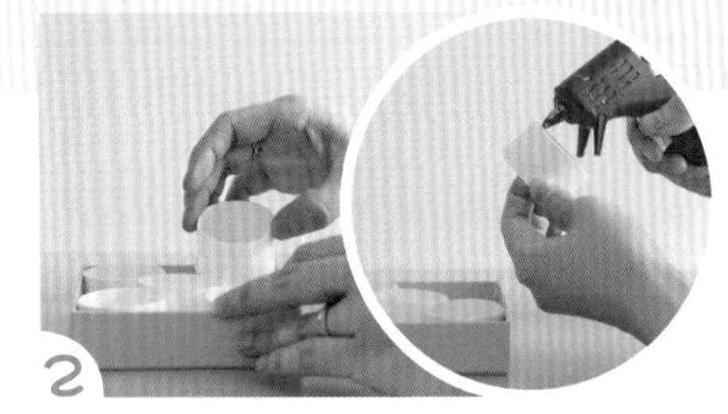

2 在衛生紙筒的邊緣黏熱熔膠，貼到紙盒上。

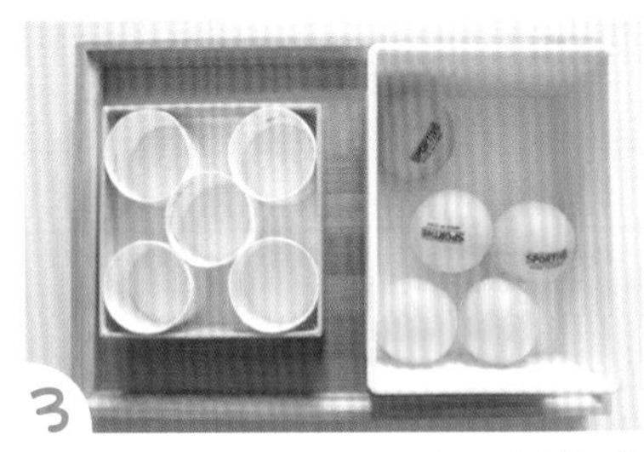

3 準備好桌球籃和貼好衛生紙筒的紙盒。

4 讓孩子自由探索桌球。

「是圓圓的球呀！」
「你在敲球球嗎？」

5 引導孩子將桌球放入紙筒內，一個對一個配對。

「把球拿起來啦！」
「一格放一顆球吧。」

6 全部放好後，讓孩子數數看。

（逐一指球）「一、二、三、四、五。」
「五顆都放進去了呢！」

絨毛球巧克力盒

建議年齡　12 個月以上

遊戲目標　體驗一對一對應・培養自我修正&獨立能力

如果是以「放」為目標的遊戲，就不必顧慮數量或放置的物品大小。但如果是為了認知「一對一對應」的遊戲，數量和大小就必須準備準確才行。一個格子只能放一個物品，除了讓孩子自然理解一對一概念，也能透過放絨毛球的動作，讓孩子更熟悉數字。

準備物品

- 巧克力盒 1 個
- 絨毛球 6 個
  請準備和巧克力盒空格一樣的數量。
- 裝絨毛球的碗 1 個

應用　黏衛生紙筒的紙板
請參考 P64 的製作方式。
3 公分絨毛球 11 個
數量要和衛生紙筒一樣。

遊戲 Tip

- 先指著巧克力盒的空格，讓孩子知道裡面有分格，接著拿絨毛球放進去。全部放完後，再讓孩子看已經沒有空格的狀態。
- 假如已經玩過一對一對應的遊戲，就可以不用再示範。

1 準備巧克力盒與絨毛球。

2 讓孩子探索絨毛球。

「這是綠色的球。」
「圓圓軟軟的。」

3 引導孩子將絨毛球放入巧克力盒中，一格放一顆。

(指著盒子)「這裡有洞洞。」
「找找看空的洞吧！」

4 絨毛球全部放進格子裡後，再取出整理。

「把球從洞洞裡拿出來吧！」
「來，收到碗裡面。」

應用

等孩子熟悉一對一概念後，可以增加洞的數量提升難度。

「每一格放一顆球喔！」
「沒有空位了呀！」
「全部放好了！」

排列石頭瓶蓋

建議年齡　24 個月以上

遊戲目標　學習數與量的對應・認識數的順序

在感官領域的遊戲中，孩子體驗了長度、形狀、重量的差異，接著也會在數學領域中，更具體認識這些抽象概念。使用日常生活中熟悉的物品製作教具，能夠幫助孩子更容易理解。帶孩子一起來體驗瓶蓋和石頭越來越多，長度就越來越長的數與量概念吧！

準備物品

- 冰棒棍 5 根
- 瓶蓋 15 個
- 石頭 15 個
  請準備能放進瓶蓋中的大小。
- 籃子 2 個
  用來放置貼好瓶蓋的冰棒棍以及石頭。
- 熱熔膠

1 在 5 根冰棒棍上，依序貼 1 ～5 個的瓶蓋。

2 準備貼好瓶蓋的冰棒棍和石頭。

3 引導孩子將貼好瓶蓋的冰棒棍排列好。

（逐一數）「有幾個瓶蓋呢？」
「越來越多呀！」

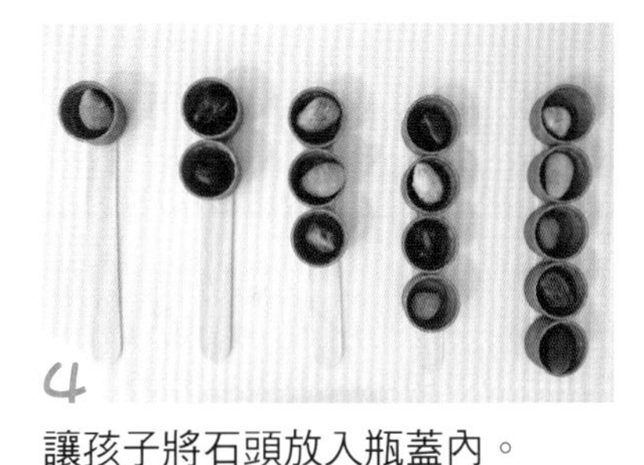

4 讓孩子將石頭放入瓶蓋內。

「把石頭放進去吧。」
「一、二，放了兩個呀！」

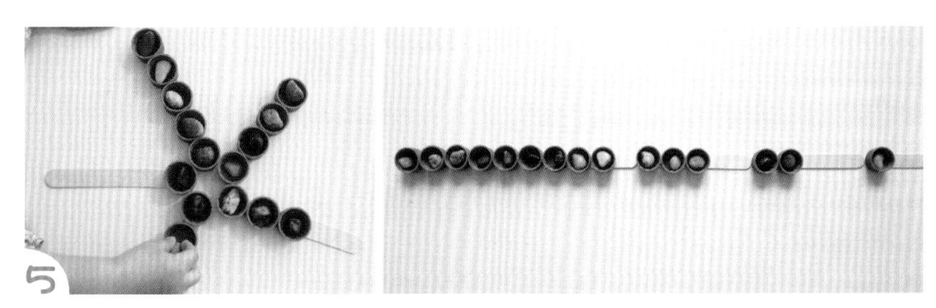

5 帶孩子一起用冰棒棍排列圖案。

（排成圓的）「排成好漂亮的花！」
（排成直列）「變成小火車了！」

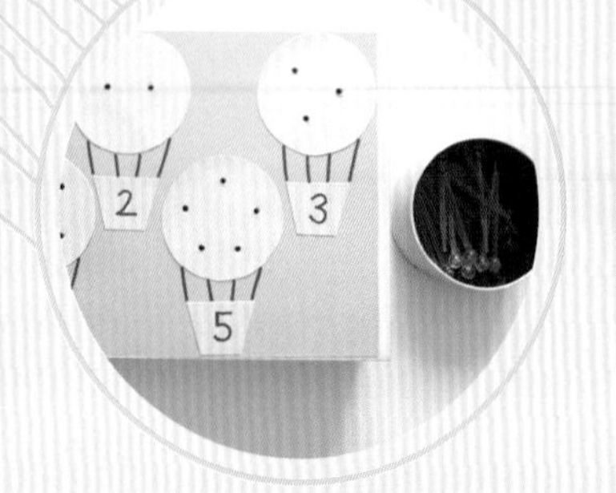

數字熱氣球

建議年齡 24 個月以上
遊戲目標 認識數與量的對應・訓練手眼協調

這個依照數量插牙籤的遊戲，可以幫助孩子訓練手眼協調和專注力，也能熟悉數字。遊戲中一邊玩一邊對孩子說：「數字越大，牙籤越多耶！」讓孩子理解數和量的對應。插牙籤的時候也可以一邊數：「一、二、三」，讓孩子反覆聆聽數字。

準備物品

- 紙盒 1 個
  紙盒的高度要比竹籤高，牙籤才插得進去。
- 色紙 3 色
- 牙籤 15 支
  請先剪掉尖銳處，避免孩子受傷。也可以將棉花棒對半折來替代使用。
- 裝牙籤的籃子 1 個
- 油性簽字筆
- 剪刀
- 膠水
- 錐子

應用 紙 5 張、小東西 15 個

1 在紙盒上用色紙和油性簽字筆，做出 5 個熱氣球。

Tip 下載右上方 QR Code 的檔案，將色紙剪成熱氣球的模樣。

2 在各個熱氣球上，分別以錐子戳 1～5 個洞。

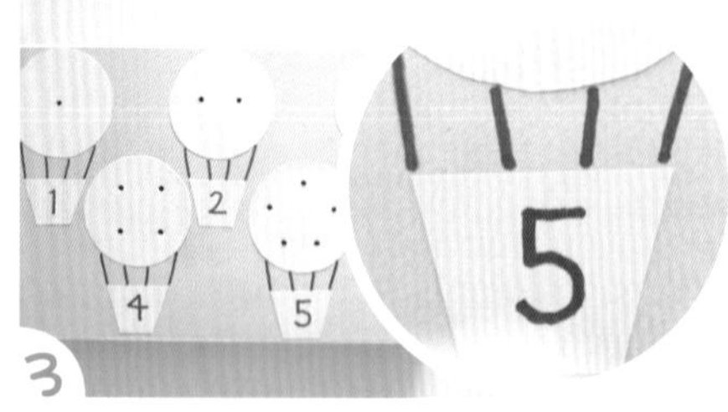

3 接著在熱氣球的籃子上寫出對應的數字。

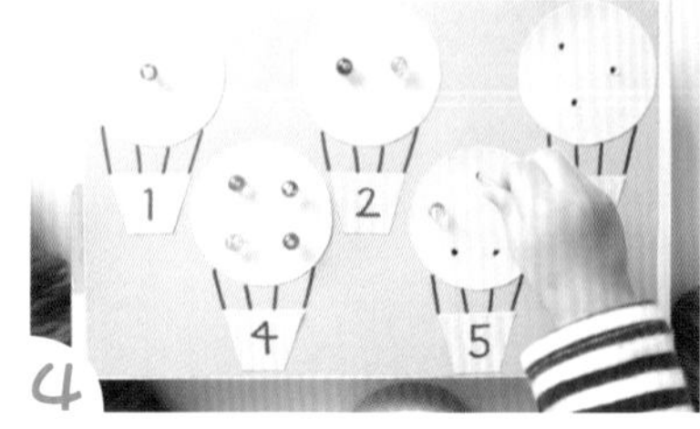

4 讓孩子依照熱氣球上的數字插入牙籤。

「上面寫著數字呢！」
（一邊插牙籤一邊數）「一、二、三。」

應用

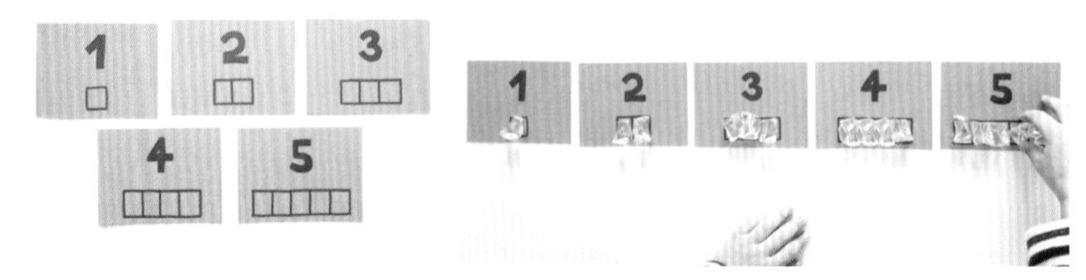

在紙上寫數字，放上相對應的物品數量。

Tip 在數字下方畫對應數量的方格。

自製數字板

建議年齡 24 個月以上
遊戲目標 認識數字的形狀＆名稱

這個遊戲概念取自蒙特梭利教具中的數字板。一開始先用三個數字就好，再慢慢循序增加。介紹數字的過程中，最重要的就是用手跟著描繪數字。這個時期的孩子會透過感官和世界連結，用手描繪數字，能幫助孩子具體記憶數字的形狀。

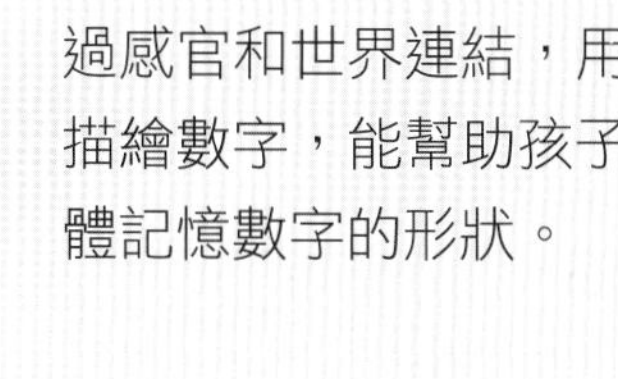

1 在砂紙上先畫出左右相反的數字外框線。

2 沿著框線剪下數字後，用熱熔膠貼到紙板上，做成數字板。

3 讓孩子用手摸數字板上的數字。

「一，這個是一。」
「你要不要寫寫看？」

4 依序擺放數字，並唸出來。

（依序指著）「這是一，這是二，這是三。」

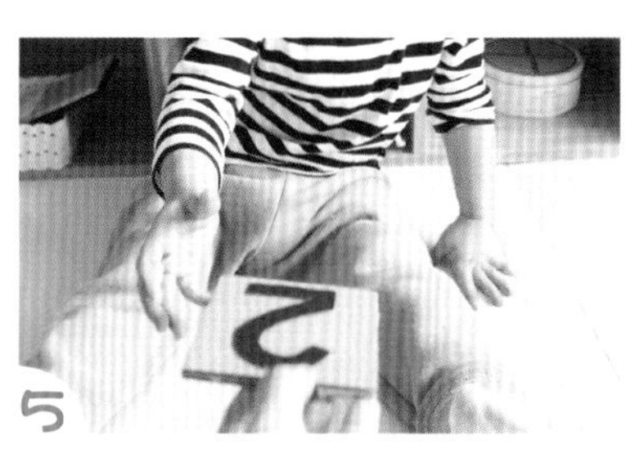

5 讓孩子聽數字並指出來。

「用手掌敲敲看一。」
「把二拿給媽媽好嗎？」

應用 將不織布剪成的數字放到砂紙數字板上配對。

Tip 透過配對可加深對數字形狀的印象，並建構「數」的概念。

準備物品

- 紙板 5 片
  請準備長寬約 10 公分的紙板。
- 砂紙
  砂紙號數愈低愈粗糙，請準備較適中的 300 號。
- 剪刀 ● 鉛筆或原子筆
- 熱熔膠
- 裝卡片的籃子 1 個

應用 不織布
也可以使用色紙，但要另外做加強處理，避免被撕破。

遊戲 Tip

- 一開始拿出數字板時，媽媽可以邊用手指描繪一遍數字，邊唸出數字後，再交給孩子。

尋找數字

建議年齡 24 個月以上

遊戲目標 認識＆辨別數字型態・訓練觀察力

我們的生活中充斥著很多數字，超市的價格標示、家裡的車牌號碼、手錶、時鐘、計算機等，數字無所不在。請準備超市傳單或報紙、雜誌等，和孩子一起合力找出周遭的數字，不僅十分有趣，也能夠培養孩子的觀察力。

準備物品

- 報紙或廣告傳單

應用 有數字的物品 數個

1 準備一份報紙或雜誌。

2 讓孩子從報紙中找出數字。

「這個是報紙。」
「裡面有很多數字哦，我們一起來找找吧！」

3 讓孩子用手指頭表達數字。

「找到數字了呢！這是幾呢？」
「是一呀！比比看一吧！」

4 繼續找數字。

「這次找到四呢！」
「數字被手指頭擋住了。」

應用

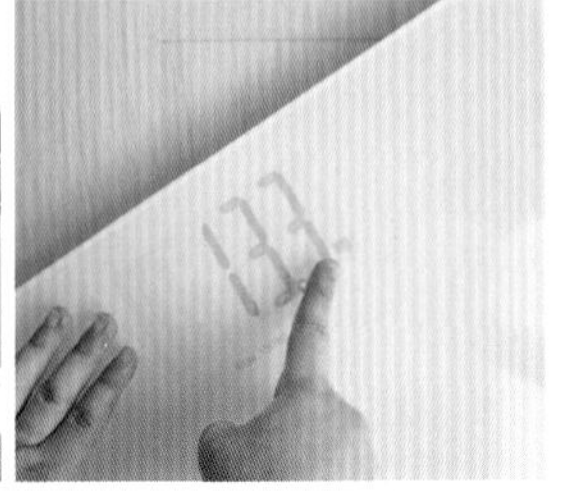

觀察家中的各種物品，找出更多的數字。

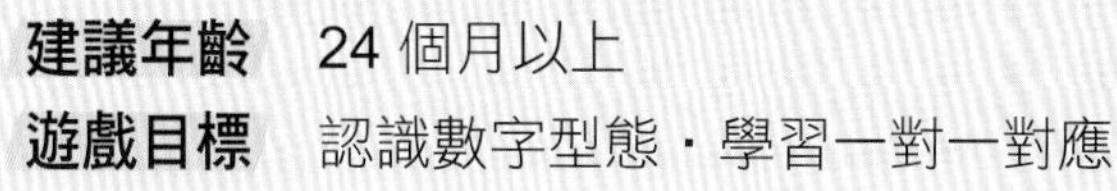

堆數字積木

建議年齡　24 個月以上

遊戲目標　認識數字型態・學習一對一對應

當孩子開始對數字感興趣，已經能夠辨識 1 到 5 的時候，很推薦大家運用玩具積木，簡單製作出這個教具。一開始請先帶孩子熟悉積木上的數字，了解數字的順序後，再堆疊成數字塔，或是連接成數字小火車等，用有趣的方式認識數字。

用白板筆在積木的側面寫上數字 1～5，各寫 2 個。

Tip 寫好後請貼透明膠帶，避免數字被磨掉。

讓孩子探索寫好數字的積木。

「積木上面有寫數字呢！」
「每個數字都有兩個喔。」

帶孩子確認上面的數字。

「上面寫什麼數字呢？」
「這是二哦！」

引導孩子把同樣數字的積木拼在一起。

「上面寫五呢！」
（找到一樣的數字後）「找到五了！」

準備物品

- 積木 10 個
  準備不同顏色的積木。如果同一個數字的積木顏色也相同，難度會比較低。
- 白板筆
  建議用白板筆，油性簽字筆比較不好清除。
- 透明膠帶
- 裝積木的盒子 1 個

應用　箱子 1 個、衛生紙筒 3 個、汽車模型 5 個、貼紙 5 張、美工刀、油性簽字筆、熱熔膠

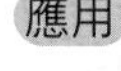

應用

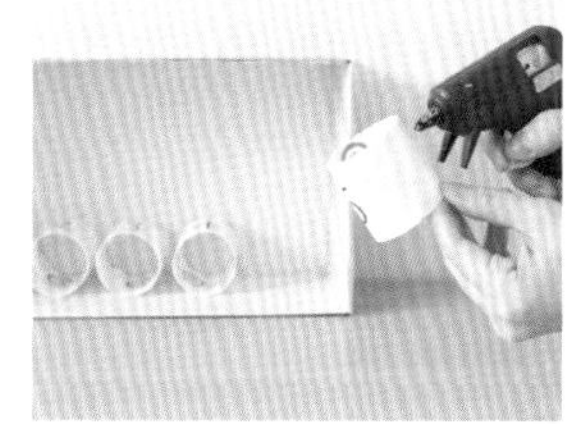

將衛生紙筒對半剪開，上面寫數字 1～5，再依序黏到盒子上，做成停車場。將同樣寫有 1～5 的貼紙貼到車子上。配對衛生紙筒的號碼和車號，玩停車遊戲。

Tip 熟悉後也可以寫其他數字。

數字蓋章遊戲

建議年齡　24 個月以上

遊戲目標　學習對應數量和比較的概念．體驗數字順序

一對一對應的概念，也能著色夠應用在蓋章、貼貼紙、著色塗鴉等各種遊戲中。透過逐一填滿格子，有助於孩子理解數字原理，由左塗到右的順序，也可以間接培養閱讀習慣。不過這個遊戲的重點是數字，即使沒有從左至右也沒關係，只要能記住數和量就好。

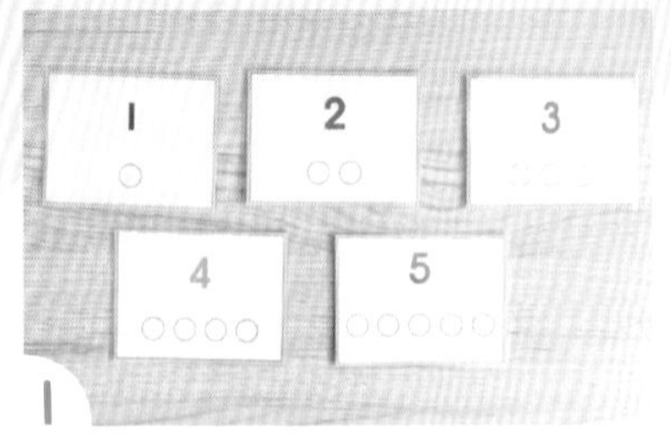

1 在數字下方畫對應數量的圓圈，製作成數字卡。

2 讓孩子探索數字卡。

「這是什麼數字？」
「算算看有幾個圓形吧！」

3 引導孩子用點點畫筆在數字卡的圓圈上蓋章。

「用力壓下去喔！」
（蓋印章時）「一、二、三。」

4 讓孩子算算看有幾個印章，學習記憶數字。

「一、二、三、四、五。」
「數字五就是五個。」

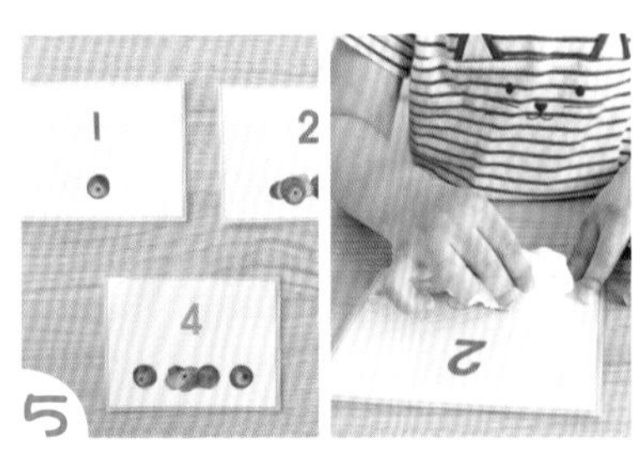

5 全部都蓋好後，再讓孩子用濕紙巾擦乾淨。

「全部都蓋好了呢！」
「一起來清理吧！」

應用　也可以改用貼紙進行遊戲。

「哪一張卡片最多車子呢？」
「數字越多，車子越多呢！」

準備物品

- 點點畫筆 數支
  一種可以用水洗掉、很粗的彩色筆，讓孩子像蓋章般畫畫。也可以用貼紙或其他印章、彩色筆代替，但無法體驗收拾、擦拭的步驟。
- 數字卡 5 張
  請準備 1～5 的卡片，可以依孩子的能力調整數量。下載右上方 QR Code 的檔案，內有 1～10 的卡片圖樣。
- 濕紙巾　● 衛生紙

應用　貼紙 15 張

遊戲 Tip

- 讓孩子先用濕紙巾擦拭一遍，媽媽再用乾衛生紙擦過。

數字對應積木

建議年齡 24 個月以上
遊戲目標 比較數量大小・學習對應數與量

利用裝餅乾的盒子，就能簡單製作出對應數量的教具。建議一開始先用三格的盒子，之後再慢慢增加。不必刻意讓孩子背誦數字，透過數與量搭配，一放一個東西、二放兩個東西、三放三個東西，孩子自然能夠熟悉數字，將具體的量和抽象的數字連結在一起。

準備物品

- 有分隔的盒子 1 個
- 紙 6 張
  需依照分隔的數量準備相對應的紙張。
- 油性簽字筆
- 積木 21 個
  需依照分隔的數量準備相對應的積木。
- 裝積木的籃子 1 個

遊戲 Tip

- 放積木進去之前，先詢問孩子需要幾個，放進去的時候唱名計算，放完之後，再次確認是否放足所需數量，反覆讓孩子熟悉數與量的對應。

1 在紙上寫數字 1～6，分別貼到盒子內。

Tip 在數字下方畫對應數量的圓形，幫助孩子更容易理解要放幾個積木。

2 將積木全部放到籃子內。

3 讓孩子探索貼好數字卡的盒子。

「盒子裡面有洞呢！」
「還有寫數字，一起來唸吧！」

4 一邊唸數字，一邊放入對應數量的積木。

（指著二）「這是多少呢？」
「這裡有一個圈、兩個圈，所以要放兩個！」

5 讓孩子繼續放積木。

（逐一計算）「一、二、三、四、五、六。」
「越來越多了呢！」

6 遊戲結束後，讓孩子將積木收回籃子中。

「一起來整理好嗎？」
「想從幾開始整理呢？」

數字疊疊樂

建議年齡　30 個月以上
遊戲目標　認識順序排列・熟悉數字概念

這是利用衛生紙筒製成數字圈，套入餐巾紙架的遊戲，過程中可以讓孩子具體觀察到「圈圈愈多，堆得愈高，數字也愈大」。看著長度、高度、數字慢慢增加也很有趣，可以反覆練習數與量，並熟悉數數。

1 將衛生紙筒裁成五等分，寫上1～5，做成圈圈。

2 讓孩子探索數字圈。

「圈圈上面有寫數字呢！」
「有二，也有五。」

3 讓孩子依數字順序套入。

「先放哪個數字呢？」
「放了一呀！接下來是二。」

4 讓孩子感受圈圈越多數字越大。

「全部放進去了，好高喔！」
「堆到五之後變好高啊，一的時候很低。」

準備物品

- 衛生紙筒
- 餐巾紙架 1 個
- 裝衛生紙筒的籃子 1 個
- 油性簽字筆
- 美工刀

應用　砂紙數字版
可直接使用 P137 的教具。
動物玩具 15 個

遊戲 Tip

- 一邊拿起寫「1」的衛生紙筒，一邊說「1」，並套到架上。依序套入 5 個紙筒。
- 如果孩子不清楚數字的順序，請提醒接下來的數字。

5 取下圈圈放回籃子，一邊倒數。

（逐一取下）「五、四、三、二、一。」
「圈圈越來越少了。」

應用

先讓孩子依序排列數字後，再按照數字擺放動物玩具。

Tip 如果孩子還無法順暢進行，可以在旁邊輔助提示。

骰子大富翁

建議年齡　30 個月以上

遊戲目標　建立數的概念・認識遊戲規則，訓練社會性

年紀小的孩子習慣自己玩，漸漸長大後才會進入和朋友玩的時期。當我們和他人相處時，需要遵守一定的秩序。這個骰子遊戲可以透過「自己丟骰子」、「算骰子點數」、「依點數移動」、「等待順序」等規則，同時幫孩子訓練社會性和數字概念。

練習

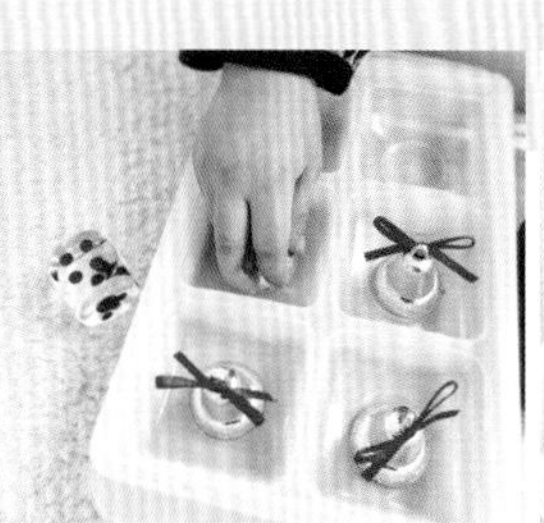

丟骰子，丟到多少，就放多少個東西進冰塊盒中。

「有幾個點呢？一起算算看，一、二、三、四。」
「放四個進去吧！」

準備物品

- 遊戲紙
  可以利用紙板或比較厚的紙繪製，遊戲時比較不會破。
- 骰子 1 個
- 棋子 2 個

應用　六格冰塊盒 1 個、小東西 6 個、裝東西的箱子 1 個

1 製作遊戲紙。

Tip 標示好起點和終點後，在中間畫出路線格。

2 丟骰子，並確認丟出來的數字。

「誰要先丟呢？」
「這是幾點？」

3 依照骰子的點數移動棋子後，換人進行。

（邊移動骰子邊數出來）「小熊走了一、二、三、四、五格！」
「換媽媽丟骰子囉。」

4 輪流丟骰子，直到走到終點。

「一、二、三、四，是四呀！」
「你先到了耶！」

遊戲 Tip

- 在厚的圖畫紙上畫一個正方體的展開圖，寫上 5～10 後，剪下做成骰子，就能帶孩子熟悉比較大的數字。

數字蛋盒與瓶蓋

建議年齡 30 個月以上

遊戲目標 練習辨識數字・體驗一對一對應

這個遊戲使用雞蛋收納盒的隔板當教具，也可以用雞蛋盒，或是直接畫十個圓形。在圓形和瓶蓋上面分別寫上數字 1 到 10，讓孩子進行配對。即使孩子還不清楚數字的意義和概念，也可以透過數字的外型配對，並透過遊戲過程漸漸熟悉數字。

準備物品

- 10 洞的雞蛋收納盒
  使用有隔板的雞蛋收納盒。也可以省略，直接在紙上畫圓。下載右上方 QR Code 的檔案，內有畫好的圓。
- 瓶蓋 10 個
- 裝瓶蓋的籃子 1 個
- 色紙 1 張
- 油性簽字筆

應用 小紙杯（燒酒杯）10 個

遊戲 Tip

- 將瓶蓋倒放，看不到數字可以提升期待感。
- 可以一邊唱數字的歌一邊遊玩。

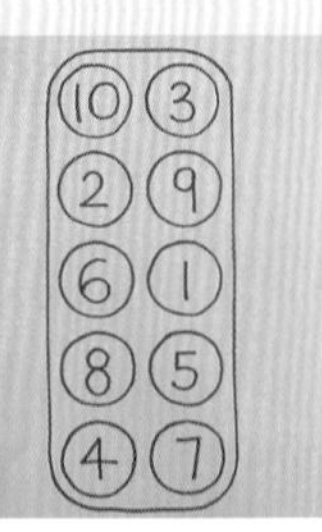

1 把雞蛋收納盒的隔板放到紙上，沿著邊緣畫線，在裡面寫數字後剪下。

2 將雞蛋盒和色紙一起放回盒中。瓶蓋上也寫上數字。

Tip 盒子內可以放衛生紙，避免色紙掉到底部。

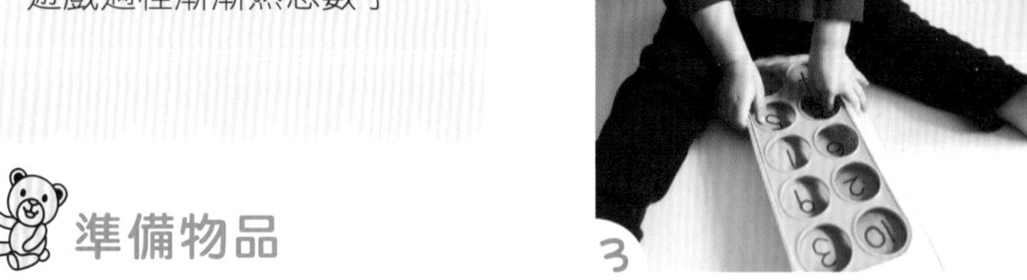

3 讓孩子探索雞蛋盒。

「好多圓形喔！」
「上面有數字呢！」

4 帶孩子確認瓶蓋上的數字。

「瓶蓋都翻過來了。」
「上面寫著什麼數字呢？」

5 將瓶蓋放入同樣數字的洞內。

「九在哪裡呢？」
「在左邊！」

應用

可以用紙杯代替瓶蓋進行遊戲。

Tip 先將紙杯堆疊起來，讓孩子逐一拿起，確認數字。

數字帽小雪人

建議年齡 30 個月以上
遊戲目標 認識數數・學習比較數字的大小

等孩子熟悉數字 1 到 5 以後，就可以稍微增加難度，進一步加強數字概念。遊戲間的對話有助於提升效果，也能夠透過提問幫孩子確認數字的多和少，並進行比較。此外，還能讓孩子熟悉順序的表達方式（第一、第二）和位置前後（一開始、最後）。

準備物品

- 色紙 適量
- 魔鬼氈 適量
- 圓形貼紙 40 張
- 油性簽字筆
- 剪刀
- 膠水
- 籃子 2 個
  用來放雪人和帽子。

應用 20 公分竹叉 3 根、打洞機、熱熔膠

遊戲 Tip

- 貼紙排列整齊，會更方便孩子撕貼。等孩子熟練後，再將貼紙打亂，提升難度。不過要避免數量過多導致孩子混亂，請陪伴孩子一起慢慢練習。

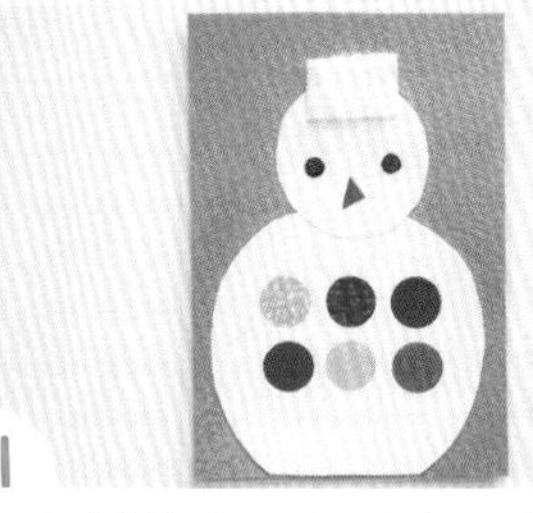

1 用色紙剪出 5 個雪人，身體上分別貼 6～10 張貼紙，接著在頭上貼魔鬼氈較軟的毛面。

Tip 下載右上方 QR Code 的檔案，內有畫好的雪人圖樣。

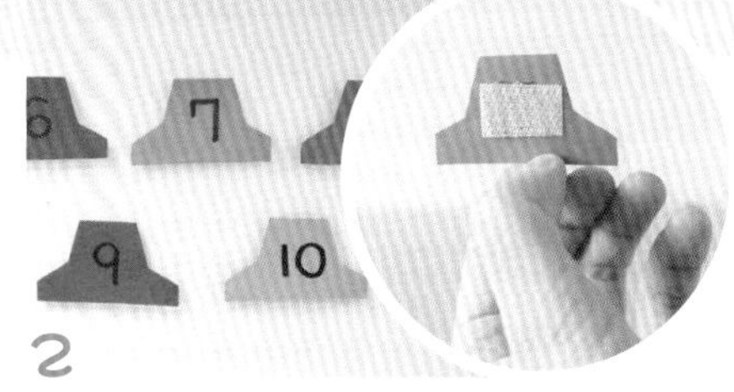

2 將色紙剪成帽子形狀，上面分別寫數字 6～10，在後面貼魔鬼氈較刺的勾面。

3 先讓孩子數雪人身上的貼紙數量，接著貼上帽子。

「有幾個釦子呢？」
（貼上數字 10 的帽子）「總共有十個呢！」

4 全部雪人貼上帽子後，逐一唸出數字。

「帽子都貼好了！」
「哪個雪人的鈕扣最少呢？」

5 讓孩子依照數字排序雪人。

「六號雪人在第一個！」
「十號雪人在最後面。」

應用

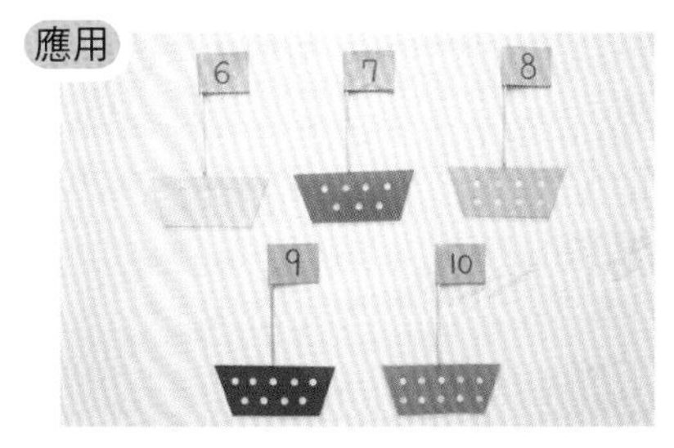

將色紙剪成船，在上面打 6～10 個洞，接著用色紙跟竹叉製作旗子，在上面寫數字 6～10 後，讓孩子依照洞的數量，插上相符的旗子。

瓢蟲的數字翅膀

建議年齡　30 個月以上
遊戲目標　正確數數・培養專注力・比較數字大小

數字變大之後，孩子感受到壓力就會開始失去興趣。因此比起長時間練習數字配對，間隔幾天再玩更能維持孩子的興致。讓孩子多次接觸符合自身程度的遊戲，才能建立正確的數字概念。等孩子先熟悉 1～5 以後，再進展到 6～10 的遊戲。

1
用色紙做出 5 個單邊翅膀的瓢蟲和 5 個翅膀，在瓢蟲沒有翅膀的那面寫數字 6～10，翅膀上貼 6～10 張黑色貼紙。

2
將瓢蟲卡片任意排列。
「瓢蟲身上有數字耶！」
「有的數字大，有的數字小。」

3
讓孩子算翅膀上的黑點，接著和瓢蟲配對。
「一起來算算看吧！」
「這裡有八個點，那麼八的瓢蟲在哪裡？」

4
依數字大小排列瓢蟲。
「點點最少的六號瓢蟲排在第一個呀！」
「十號瓢蟲在最後面呢！」

準備物品

- 色紙 適量
- 黑色貼紙 40 張
- 籃子 2 個
  分別用來放瓢蟲和翅膀。
- 油性簽字筆
- 剪刀
- 膠水

應用　用色紙做的樹 1 個、打洞的樹葉 10 片、打洞機

應用

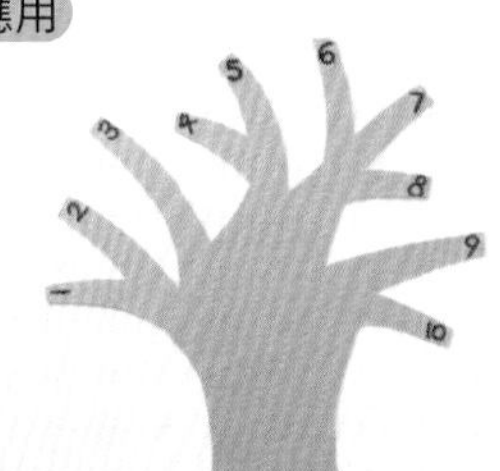

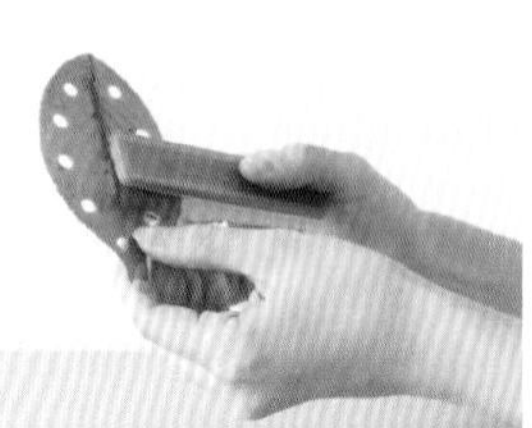

先以色紙製作樹幹和 10 枝樹枝，在樹枝上寫數字 1～10，樹葉上打 1～10 個洞。將樹葉和樹枝上的數字配對。

Tip 樹木也可以用彩色貼紙或不織布做，比較不容易被撕破。

長長的數字拼圖

建議年齡 30 個月以上
遊戲目標 認識數字・了解數字的連續性

透過反覆探索數字的型態，能夠幫孩子辨認出數字的形狀，學會配對數與量，並進一步懂得多寡差異，了解「數字小的在前，數字大的在後」的連續關係。在一次又一次的遊戲中，孩子不需要特別背誦，也能自然記住數字的前後順序。

準備物品

- 紙板 9 片
  請準備長寬約 8x10 公分的紙板。數字會重疊，所以不用準備到 10 張。
- 油性簽字筆
- 色鉛筆
- 裝數字拼圖的籃子

遊戲 Tip

- 我們的生活中有很多物品，例如月曆、電梯按鍵等，都會依序排列。可以指著月曆，對孩子說：「今天是 8 號，明天是幾號呢？」，或者說：「這裡是三樓，往上一層是四樓！」透過對話幫助孩子加強數字概念。

1 在紙板上寫數字，並塗上顏色。

Tip 兩塊紙板寫一個數字，做成拼圖。

2 把數字拼圖放在地上，讓孩子自由探索。

「好多數字卡片喔！」
「照順序排列成火車吧！」

3 讓孩子猜測數字。

「這一半是什麼數字？」
「有點像三，也有點像八。」

4 依照順序拼出數字。

「哪一個數字在第一個？」
「比一大一個的是多少？」

5 完成拼圖後，依序唸出數字。

「一起來唸唸看吧！」
「一、二、三、四⋯⋯」

6 用數字問題與孩子互動。

「最小的數字在哪裡？」
「把最大的數字拿給媽媽。」

排隊的石頭

建議年齡 30 個月以上

遊戲目標 感受數量一致的概念・認識數字

　　這個遊戲是透過在紙上寫數字，並放置同等數量的物品，來幫助孩子熟悉數與量。利用折起來的紙激發孩子的好奇心，讓他們認真投入遊戲當中。也可以改成看到什麼數字就拍幾次手、原地轉圈、用手指比等遊戲方式，或是將小石頭擺在地上，和對應的數字紙條配對。

準備物品

- 小紙張 10 張
- 小石頭 55 個
  可以替換成任何孩子能夠用手抓起的小東西。
- 油性簽字筆
- 籃子 2 個
  各自用來裝數字紙條和石頭。

遊戲 Tip

- 等孩子熟悉數字 1～10 以後，可以跟孩子說明「0」的概念，也就是「什麼都沒有、空空的」的意思。

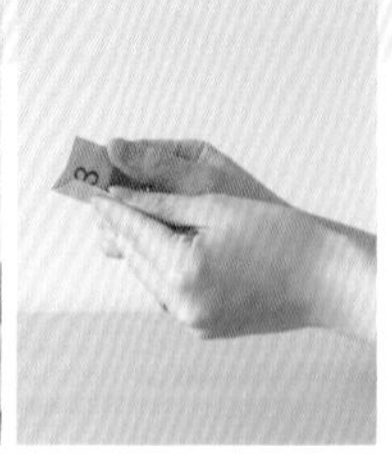

1 在紙上分別寫 1～10 後，對折兩次，放進籃子裡。

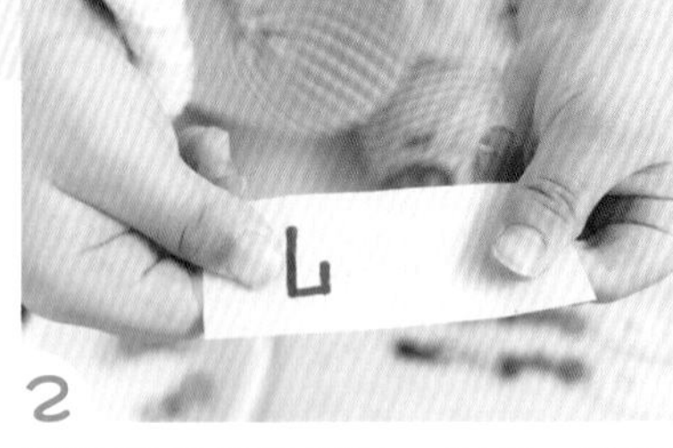

2 讓孩子從籃子裡抽一張紙，確認裡面的數字。

「是多少呢？好期待喔！」
「是七呀！」

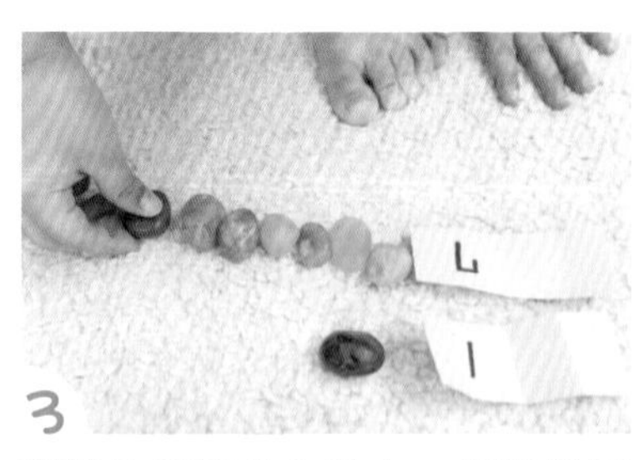

3 將數字紙條放在地上，擺放數量相同的小石頭。

「七的話要排幾個小石頭呢？」
「有七個石頭在排隊！」

4 和媽媽輪流抽紙條、排石頭，增加遊戲樂趣。

「我抽到的數字是多少呢？」
「是十耶！我要開始來排十顆小石頭囉。」

應用

將所有數字紙條打開後，依序排列。

「這裡有好多數字，一起來排排看吧！」
「數字火車完成了！」
「從十開始放，火車就倒過來了。」

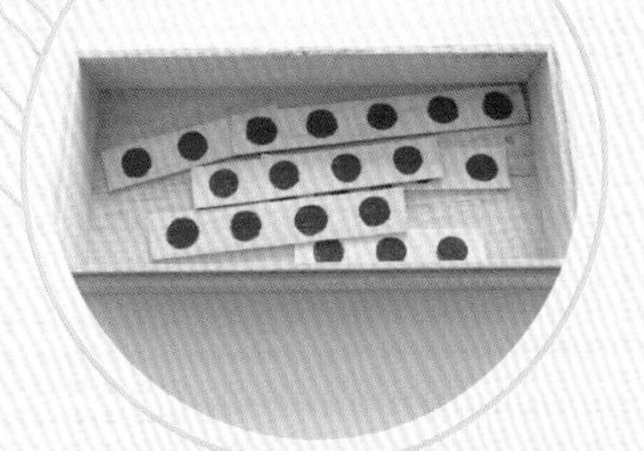

點點冰棒棍

建議年齡 30 個月以上
遊戲目標 認識加減法基礎概念・比較數量大小＆長度

小學一年級的數學中，會教到 1～10 的加法、減法和排列組合。5 可以分為 1 和 4，也可以分為 2 和 3。換句話說，1 和 4 相加，或是 2 和 3 相加，答案也都是 5。雖然加減法對孩子來說還太難，但可以透過數圈圈和比較長度，幫助孩子理解基本的概念。

準備物品

- 冰棒棍 5 支
  先將兩側圓形的地方剪掉，留下長方形。
- 點點畫筆
  用其他彩色筆或奇異筆也可以。
- 剪刀 ● 裝冰棒棍的籃子 1 個

遊戲 Tip

- 蒙特梭利教具的特色之一，就是「性質的孤立化」。除了要讓孩子體驗的性質以外，其他顏色、大小、形狀等要素都保持一致，才能讓孩子聚焦在單一的性質上。在這個遊戲中，只要準備一種顏色的圓點，讓孩子專注在數量的變化就好。

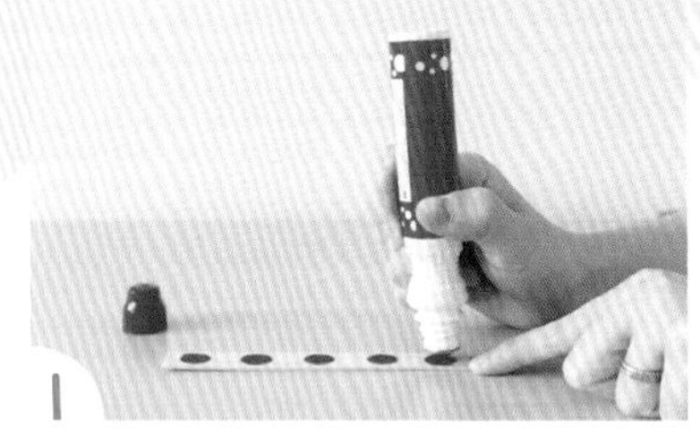

1 用奇異筆或點點畫筆，在冰棒棍上畫等間距的 5 個點。

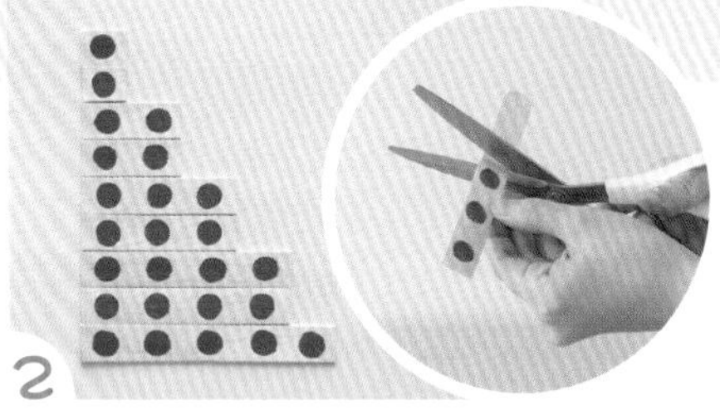

2 其中一支不剪，兩支剪成 1 和 4 的點，另外兩支剪成 2 和 3 個點，變成總共 9 支。

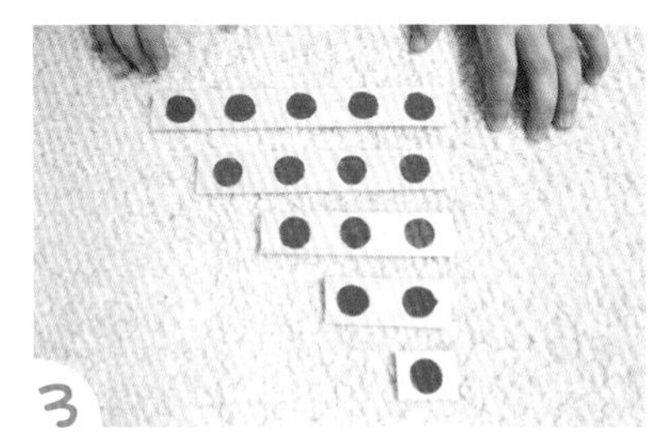

3 依序排列 1 到 5。

「來數數看吧。」
「一、二、三、四、五，點越來越多呢！」

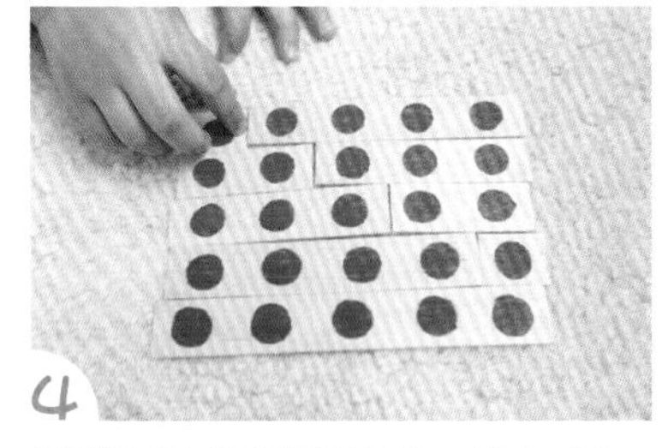

4 將所有冰棒棍配對成一排 5 個。

「來排成五吧！」
「如果想要變成五的話，還要加幾個呢？」

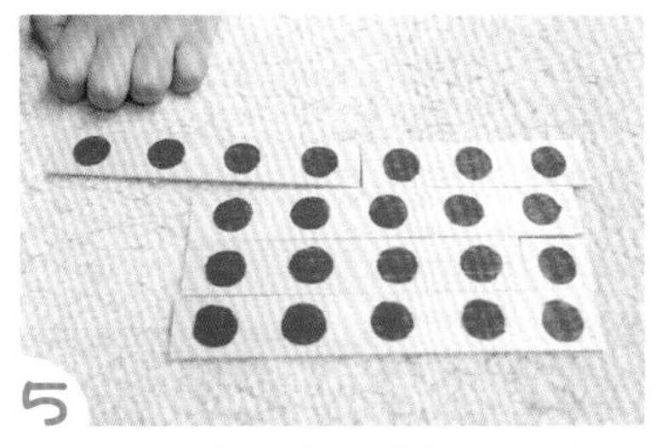

5 讓孩子一邊拼湊一邊糾正自我。

「喔？這一排凸出很多呢！」
「想要變成三，可能要改放其他的喔。」

6 將所有點排成一排，體驗更大的數字。

「好長的點點火車喔。」
「全部加在一起，變好多呢！」

分數拼圖

建議年齡 30 個月以上

遊戲目標 認識整體和部分的概念・間接認識分數

有一天，我們家孩子看到我在切蘋果時驚呼：「變兩個了！」覺得十分有趣。透過這個遊戲，可以理解一個變成多個，也能間接理解「幾分之一」的分數概念。分數的名稱並不重要，只要幫助孩子理解一分為二，並分辨「整體」和「部分」就可以了。

準備物品

- 紙板 1 張
  請準備能剪 5 個圓形的大小。
- 色紙 5 色
- 玩具刀 ● 鉛筆或原子筆
- 圓形的物品 ● 剪刀 ● 膠水
- 裝教具的籃子 1 個

應用 圓形水果 1 個 蘋果或梨子
水果刀、圓盤 5 個

遊戲 Tip

- 讓孩子透過切開和合併，體驗物品的整體和部分。

1 在紙板上用圓形物品描出 5 個圓形輪廓，並剪下。

Tip 下載右頁 QR Code 的檔案，內有畫好分割線的圓形圖樣。

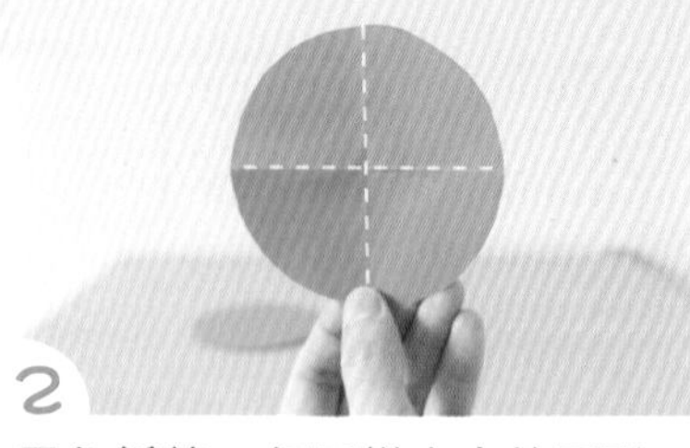

2 用色紙剪 5 個同樣大小的圓形，一張圓形不折，另外四張圓形分別折成兩等分、三等分、四等分、六等分。

3 將色紙貼到紙板上。

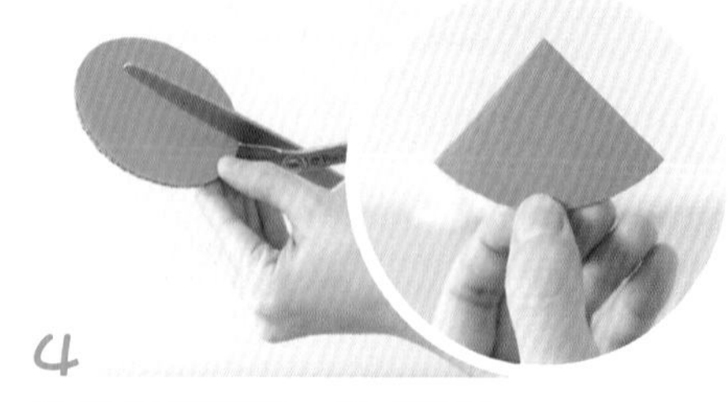

4 沿著折線剪開，做成教具。

5 讓孩子用玩具刀將教具分開，體驗分數的概念。

「你在切圓形呀！」
「一個變成兩個呢！」

6 讓孩子計算總共有幾塊，並探索圖案。

「藍色圓形變成幾個呢？」
「有六塊呀！」

7

把教具合併成圓形，體驗整體和部分的概念。

「一起拼回圓形吧！」
「本來有六個，現在變成一個圓形了！」

8

自由拼成圓形。

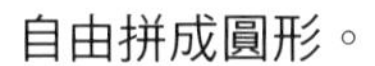

「試試看用不同顏色拼成圓形。」
「這是用大塊和小塊的一起拼成的圓形。」

9

讓孩子自由拼成各種形狀。

「變成貓咪了！」
「蝴蝶飛呀飛！」
「變成小兔子和長長的蛇了！」

應用

先將蘋果或梨子切出五片圓形，接著如同教具一樣，以分數的概念切開，讓孩子體驗分數概念。
再和家人一起分享。

04 聽說讀寫的表達能力
語言領域

孩子從出生那一刻就會開始聆聽周遭的聲音，自然學習語言。蒙特梭利的語言領域遊戲，便是著重於幫助孩子發展「聽、說、讀、寫」的溝通與表達能力。透過三階段學習法（P154），讓孩子聆聽物品的名稱、練習口語表達，同時提升視覺辨識力，並透過分類與配對建立閱讀基礎。除此之外，畫圖形的遊戲也可以間接幫助孩子奠定寫作能力。

☑ 透過真實物品，直覺式理解語言

孩子習慣透過感官探索周遭的環境，因此利用「真實物品→模型→照片→圖片」的順序呈現，效果最佳。如果是平常不容易接觸到的動物，比起卡通版玩具，建議選擇更接近實際模樣的模型，讓孩子自由探索。從真實物品慢慢轉換到圖片的抽象化過程，有助於孩子提升閱讀能力。

☑ 把握語言發展的黃金敏感期

孩子的語言敏感期大約是自出生開始，直到 6 歲左右。每個孩子的發展速度有些許落差，不需要著急，請配合孩子的發展狀況提供適當的刺激。在日常生活中不斷透過言語與孩子互動，描述遊戲過程、發生的事、周遭物品等單字，有助於孩子自然記憶，累積豐富的表達能力。

☑ 依照孩子的發展，階段性調整

請配合孩子的能力準備教具。如果在進階的遊戲中遇到困難，就先回到上一個階段，等孩子更熟悉以後再往下嘗試。不需要趕進度，讓孩子在沒有壓力的環境下，自動自發進行遊戲更重要。務必讓孩子從簡單的教具開始，逐步累積成就感，建立往下一個階段挑戰的自信。

☑ 建構開心、正確的語言習慣

請以正確的口吻說話，讓孩子進行模仿。即使是還沒開始說話的孩子，也會仔細聆聽、吸收聽到的話語。因此對年紀愈小的孩子說話，愈要正確發音，以簡短的句子慢慢說，搭配表情、肢體動作等非語言性表達，也能幫助孩子更容易理解。平常也要仔細聽孩子說話，幫他們培養正確聆聽的態度。

三階段學習法

建議年齡 12 個月以上

遊戲目標 提升語彙能力・認識物品名稱・滿足學習新單字的好奇心

「三階段學習法」是透過看書、玩動物模型、玩教具等各種日常生活的情景來幫助孩子學習新單字。為了避免造成孩子的壓力，一次最多練習 3～4 個單字就好，而且一次只增加 1～2 個新單字。年紀小的孩子，最好搭配真實的物品來記憶，等年紀大一點，再以照片、圖片來輔佐學習。

第 1 階段－聆聽單字（命名）

這個階段要讓孩子聆聽新單字，建立物品與名稱之間的連結。請逐一指著物品，以正確的發音慢慢說：「這是蘋果」或是「蘋果」，接著再次複誦。日常生活中可以透過各種方式表達，但在三階段學習法中，最重要的是簡單明瞭唸出單字。第一天先唸一到兩個單字，熟悉以後再增加到三個。同時也要讓孩子實際摸索物品。

（逐一指著）「這是蘋果，這是橘子，這是香蕉。」
（再次複誦）「蘋果、橘子、香蕉。」

第 2 階段－單字問答（辨識）

這個階段要幫助孩子認識單字。透過第一階段學到的單字進行互動，例如：「請給我香蕉」、「蘋果是哪一個呢？」等，如果孩子拿了不同的水果，可以說：「拿了蘋果呀，（指著香蕉）這是香蕉」再次說明名稱。如果孩子還不會說單字，請先不要進行下一階段。

「橘子在哪裡呢？」
（指著橘子）「酸酸甜甜的橘子在這裡！」

第 3 階段－說說單字（發音）

這個階段要讓孩子以口語表達單字，但前提是孩子已經能夠順暢進行第二階段，而且可以自然說出單字。如果問孩子：「這是什麼？」或是將物品藏起來詢問：「哪個東西不見了？」時，孩子能夠自己回答就可以了。即使發音不正確也沒關係，孩子會對自己的回答感到滿足，進而接受其他的新挑戰。

聽名稱辨認物品

建議年齡 18 個月以上
遊戲目標 認識物品名稱・提升語彙能力・訓練小肌肉

蒙特梭利的「三階段學習法」，第一階段是向孩子介紹名稱，第二階段以相關提問與孩子互動，第三階段則是讓孩子說出記得的名稱。這個遊戲屬於第二階段，透過反覆指物品、壓、拿、貼、整理、拍等動作，加深孩子對名稱的記憶。

準備物品

- 透明壁貼
- 絕緣膠帶
- 黏在壁貼上的各種物品
  要讓孩子記住名稱的模型、絨毛球、拼圖等。
- 裝物品的盒子 1 個

1 將透明壁貼剪成需要的大小，撕下後面的膠膜。

2 將有黏性的那一面朝外，以膠帶固定四個邊角。

3 讓孩子將各種物品黏上。
「一個一個黏上去吧！」
「用力壓就黏上去了！」

4 給孩子指示，讓他們貼上物品。
「要貼看看番茄嗎？」
（孩子貼上去後）「貼好了！」

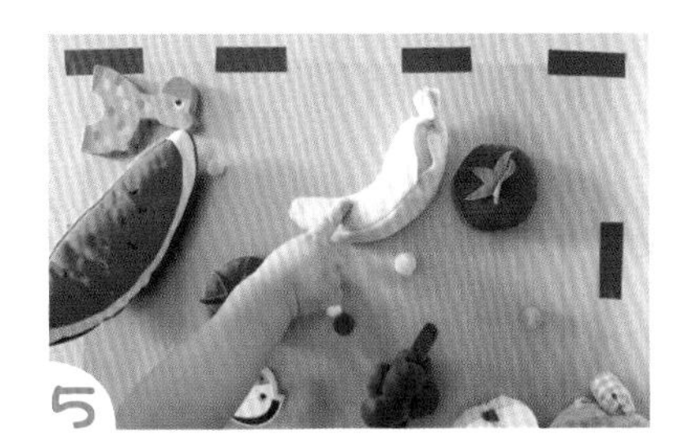

5 請孩子指出你說的物品。
「香蕉在哪裡呢？」
（孩子指出後）「哇，香蕉在這裡呀！」

6 說出物品名稱，讓孩子取下。
「讓大象回家吧！」
「大象拿下來了！」

初階分類遊戲

建議年齡　12 個月以上
遊戲目標　體驗分類概念・訓練數學＆語言認知

透過將同種類物品放在一起的過程，能夠培養孩子的視覺辨識能力，並進階分辨出文字的型態，幫助建構閱讀與寫作基礎。一開始分類時，必須準備顏色、外型差異大的物品，才不會讓孩子感到混亂。等越來越熟練後，就能夠挑戰相似度較高的物品。

1 讓孩子探索水果模型。
「這是什麼呢？」
「有紅色的番茄，也有綠色的蘋果。」

2 在分成兩格的分隔盤上分類。
（指著番茄那格）「只有番茄。」
（指著蘋果那格）「蘋果、蘋果，都是一樣的。」

3 延伸加入周遭的物品。
（拿番茄玩具過來）「番茄要放在哪裡呢？」
「一樣的放在一起了。」

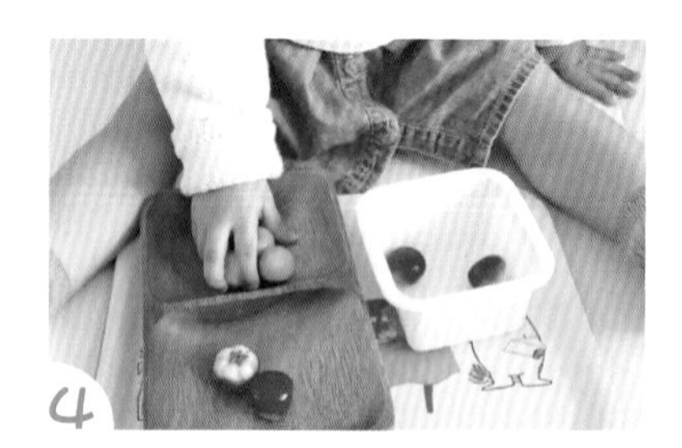

4 將物品收回盒子中整理。
「放回原本的位置吧！」
「蘋果們回去了，番茄們也回去了。」

準備物品

- 水果模型 2 種（各 4 個）
  也可以用真的水果或玩具代替。
- 裝水果模型的盒子 1 個
- 雙格分隔盤 1 個
- 和水果模型同色的物品 1～2 個

應用　另一種水果模型 4 個、三格分隔盤 1 個

應用

進階為分類三種物品。
（指著盤子的格子）「一樣的都在一起呢！」
（分別指不同格子）「番茄和蘋果長得不一樣呢！」

遊戲 Tip

- 媽媽先在盤子上每一格放一樣物品，示範分類的方式。

進階分類遊戲

建議年齡　18 個月以上

遊戲目標　了解分類的概念・訓練數學＆語言認知

等孩子熟悉三種物品的分類後，就可以進階到四項物品。如果試過後發現對孩子還太難，請不要勉強，先回到初階的三項分類。春天時摘取盛開的花朵、秋天時撿拾掉落的果實，這個遊戲可以結合季節性物品，讓孩子一邊探索大自然一邊分類。

準備物品

- **果實 4 種（各 4 顆）**
  可以使用栗子、紅棗、核桃、堅果等，先洗淨晾乾後，讓孩子自由探索。
- **裝果實的盒子 1 個**
- **四格分隔盤 1 個**

遊戲 Tip

- 拿一顆果實放到盤子裡，並向孩子介紹名稱。接著再拿一顆果實，如果拿到相同的就說：「這是一樣的」，如果不一樣就說：「這個不一樣」，然後放到另一格，直到所有物品分類完畢。

1 讓孩子探索秋天的果實。

「上面有紋路呢！」
（聞味道）「有味道嗎？」

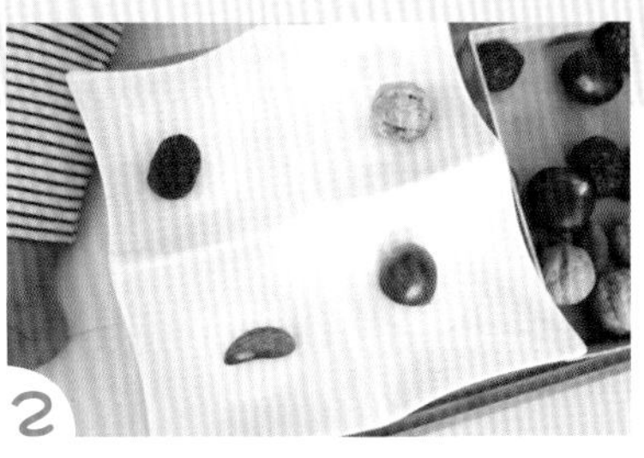

2 逐一放入四格分隔盤內。

「這是核桃。放在這裡。」
「把一樣的放在一起吧！」

3 將盒子內的果實分類到四格中。

（孩子拿起栗子）「栗子要放哪裡呢？」
「喔？這裡有一樣的栗子。」

4 重複分類的過程，將所有物品放入盤中。

「核桃和核桃一起，栗子和栗子一起。」
「一樣的都聚在一起了。」

5 體驗無的概念和成就感。

（看著空盒子）「都沒有了。」
「全部都放好了。」

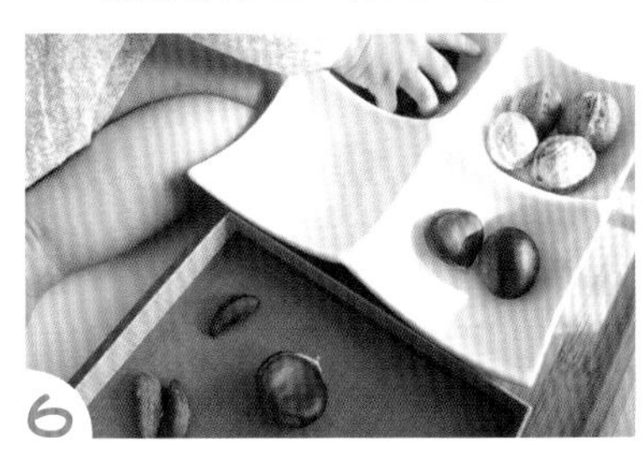

6 把盤內的果實放回盒中整理。

「放回原本的位置吧！」
「慢慢放喔！」

大小配對

建議年齡 12 個月以上
遊戲目標 提升視覺辨識能力・體驗大小差異

請準備一大一小的動物模型，讓孩子進行配對。將大、小動物分別擺放，讓孩子能夠一眼看出差異，可以用媽媽和小朋友來比喻大和小的抽象概念，幫助理解。此外，遊戲時透過「爸爸，我肚子餓」、「媽媽我們一起玩」等角色扮演，也有助於刺激孩子的想像力。

準備物品

- 動物模型 5 組
  同樣的模型請準備一大一小。
- 盒子 2 個
  分別用來裝大和小的模型。

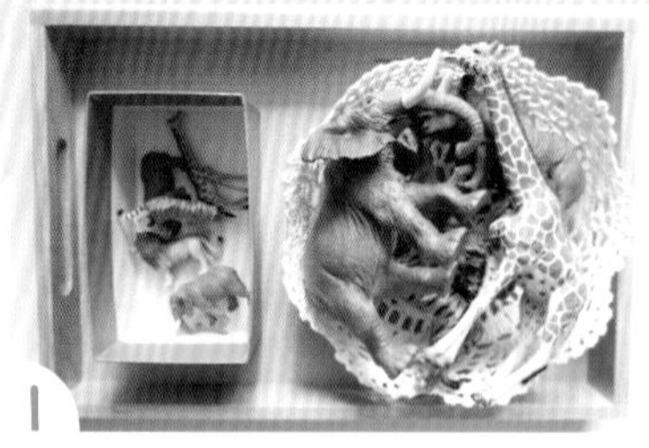

1 將動物模型依照尺寸大小分別放入盒中。

2 讓孩子探索動物盒。

「這邊是動物爸爸和媽媽。」
「這邊是動物寶寶。」

3 讓孩子取出大動物和小動物比較差異。

「這是老虎媽媽和老虎寶寶。」
「牠們兩個在聊天呢！」

4 將相同的動物排列在一起。

「大象爸爸和寶寶長一樣耶！」
（分別指著）「大象、大象，這是一樣的。」

5 重複同樣的過程，將所有動物配對完成。

「寶寶們都找到爸爸媽媽了。」
（指著每一對）「都是一樣的。」

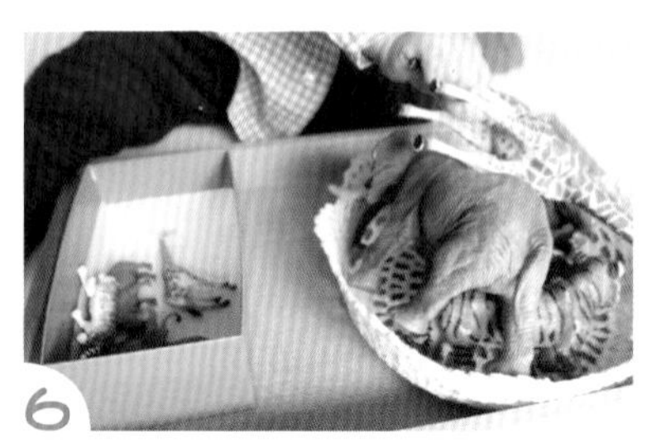

6 放回盒子裡整理。

「放回原本的位置吧！」
「媽媽和媽媽一起，寶寶和寶寶一起。」

配對①：相同物品

建議年齡 18 個月以上

遊戲目標 提升視覺辨識能力・訓練基礎語言發展

有一天，孩子的朋友帶娃娃到家裡玩，發現兩個人有隻一模一樣的狗娃娃。孩子將自己和朋友的娃娃擺在一起，了解到「一樣」的概念。能夠發現相同，代表也能找出不同之處。配對遊戲的第一階段，就是探索具體物品，區別出共通點和差異點後進行配對。

準備物品

- 手指娃娃 3～4 種（各 2 個）
  建議準備方便孩子單手移動、配對的小娃娃。
- 裝娃娃的籃子 1 個

遊戲 Tip

- 每種娃娃各取出一種，並向孩子介紹名稱。接著逐一分類，先拿一個娃娃，如果拿到相同的就說：「這是一樣的」後放在一起；如果不一樣就說：「不一樣」後放回去。反覆進行，直到分類完畢。

1 準備四組手指玩偶。

Tip 一開始可以先從兩組玩偶開始就好。

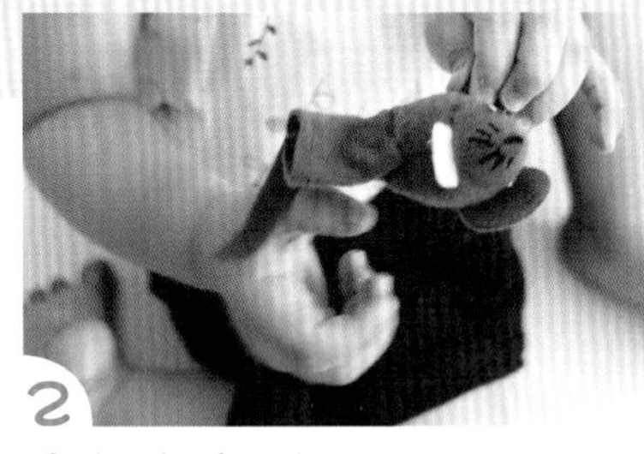

2 讓孩子探索玩偶。

「拿了老鼠呀！」
「耳朵圓圓的。」

3 每種玩偶各取出其中一隻。

「烏龜出來了。」
「老鼠也出來了呢！」

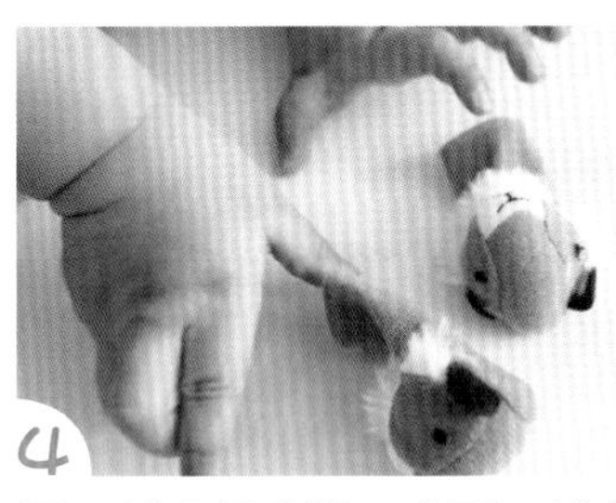

4 逐一幫玩偶分類，拿到一樣的就配對在一起。

「獅子旁邊有獅子。」
（逐一指著）「獅子、獅子，這是一樣的。」

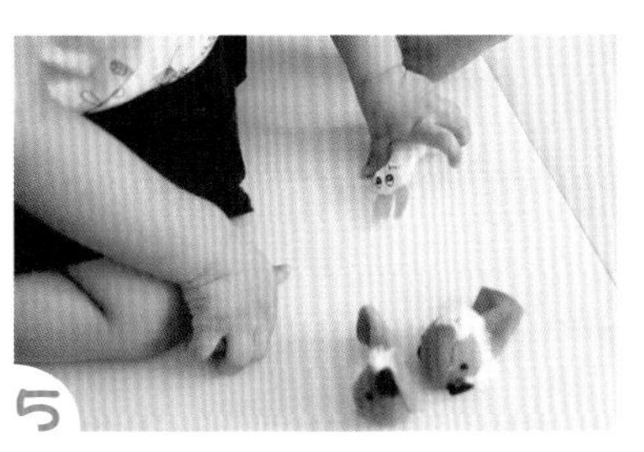

5 如果拿到不一樣的就先放回去。

「這不是兔子，長得不一樣。」

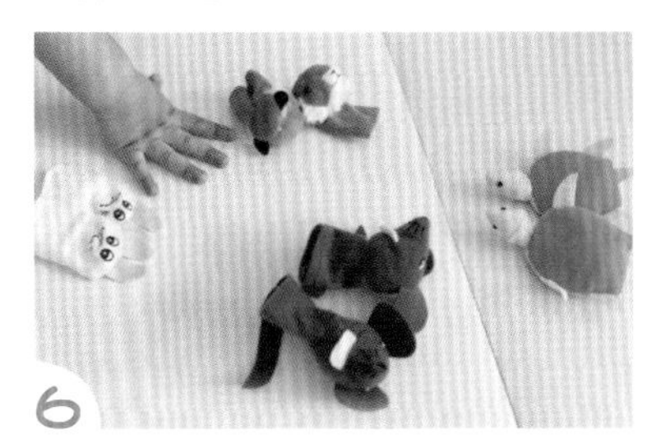

6 反覆進行到所有物品分類完畢。

「每個動物都找到朋友了。」
（指著每一對）「都是一樣的。」

配對②：物品和圖片

建議年齡　18 個月以上

遊戲目標　提升視覺辨識能力・比較＆配對物品和圖片

＊可掃描右圖 QR Code，下載交通工具、動物、水果等圖形，自製卡片。

配對遊戲的第二階段，要進展到物品和圖片的分類。文字是一種符號，但對還不識字的孩子來說，等於是單純的圖畫。將物品和圖片配對、圖片和符號配對，能夠透過抽象化的過程來提升視覺辨識能力，也間接培養讀、寫的基礎。

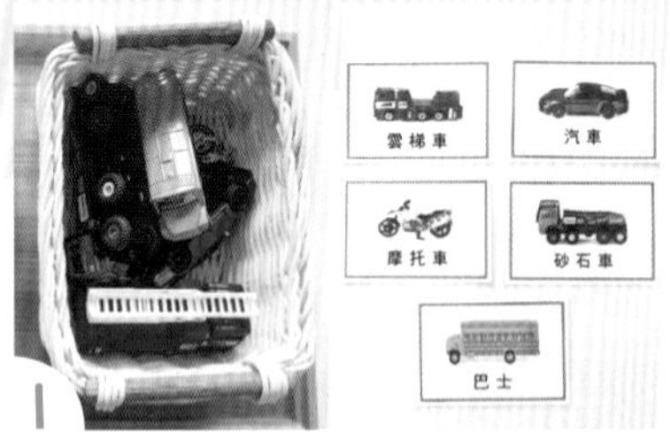

將交通工具的模型放到籃子內，在地板上排列卡片。

Tip 一開始可以先放 3～4 種，之後再慢慢增加。

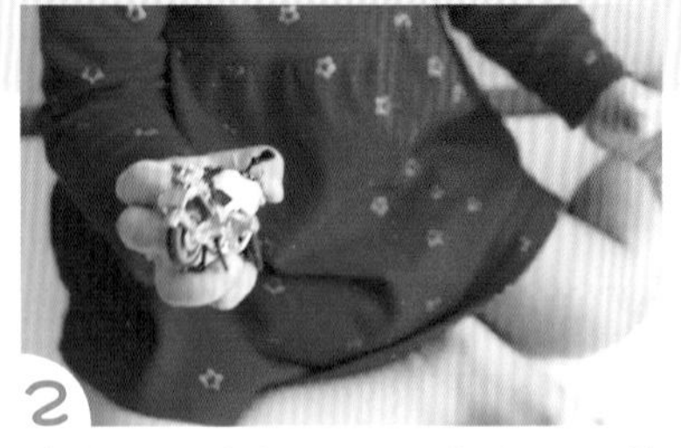

讓孩子探索籃子裡面的交通工具模型。

「你拿了機車呀！」
「來找找看機車的圖片吧！」

和相同的卡片配對。

（指著摩托車卡片）「摩托車、摩托車，兩個是一樣的。」
（比對卡車卡片）「這兩個不一樣。」

重複同樣的過程，直到所有模型配對完畢。

「卡片上都停好車了！」
「全部都是一樣的。」

準備物品

- 交通工具模型 4～5 個
  汽車、機車、公車、卡車、雲梯車等，以外型明顯不同的為主。
- 交通工具卡 4～5 張
  盡量準備和模型一樣的卡片，等孩子熟悉辨識以後，再進階到配對有點差異的東西。
- 籃子 2 個
  分別用來裝模型和卡片。

應用　各種物品模型、卡片

遊戲 Tip

- 將卡片全部排開，拿出一個模型，和卡片逐一比對，一邊說：「一樣」、「不一樣」。若配對成功，就將模型放到卡片上方。

應用

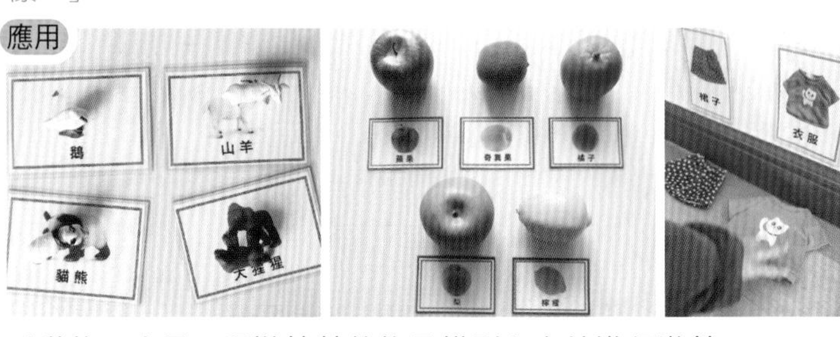

以動物、水果、服裝等其他物品模型和卡片進行遊戲。

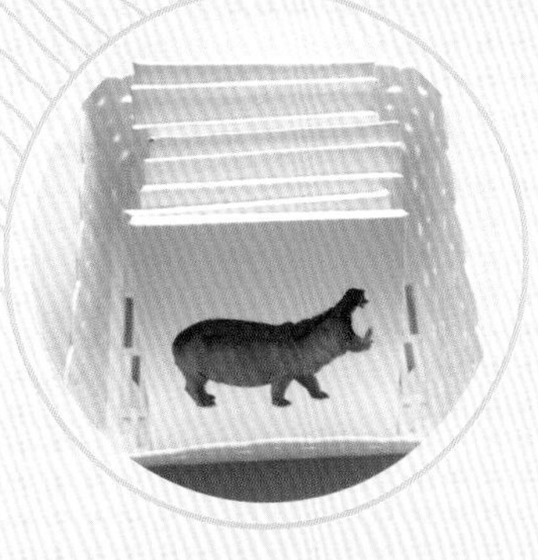

配對③：圖對圖

建議年齡 18 個月以上

遊戲目標 提升視覺辨識能力・比較＆配對圖片

＊可掃描右圖 QR Code，下載動物圖片。

配對遊戲的第三個階段，是配對圖片和圖片。在前面階段的遊戲中，孩子已經學會將具體物品平面化，因此這個遊戲對他們來說不會太困難。孩子熟悉卡片的圖案後，也可以換成其他圖案。如果有實際的模型，也可以一起比較，複習前面的概念。

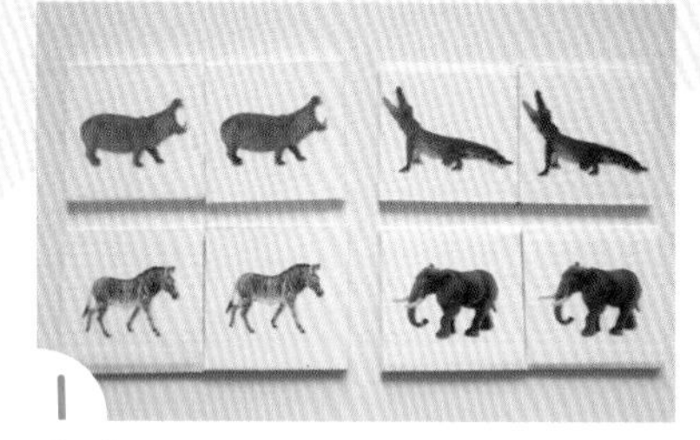

1 準備 4 組動物卡片。

Tip 也可以將紙板裁成長寬約 10 公分後，貼上動物的圖片。

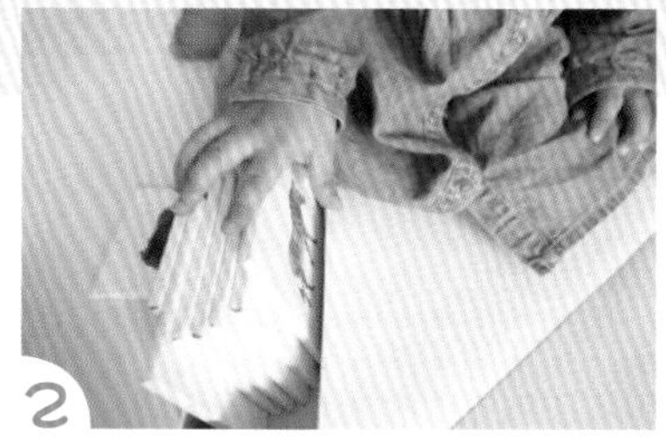

2 從盒子中取出動物卡片。

「盒子裡面有卡片。」
「是什麼動物呢？」

3 如果拿到一樣的卡片，就放在旁邊配對。

（指著卡片）「鱷魚、鱷魚，兩個一樣。」
「成功配對了！」

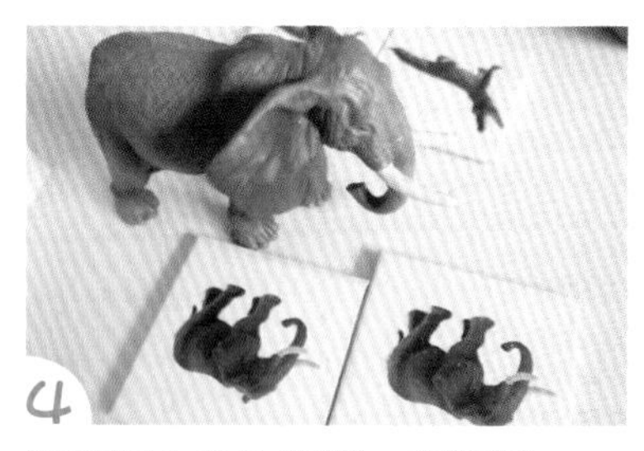

4 延伸加入動物模型一起配對。

「大象有朋友呢！」
「大象鼻子很長，尖尖的牙齒是白色的。」

準備物品

- 動物卡片 4 種（各 2 張）
- 裝卡片的盒子 1 個
- 和卡片一樣的物品模型
  用來複習上一階段的概念，可以省略。

應用 紙板 1 塊、濕紙巾盒蓋 6 個、不同的圖片 6 種（各 2 張）、魔鬼氈、熱熔膠

遊戲 Tip

- 先取出一張卡片，接著再取一張，如果兩張一樣，說出：「一樣」後放在一起；如果不一樣就說：「不一樣」，再放回去。反覆進行到所有卡片配對完畢。

應用

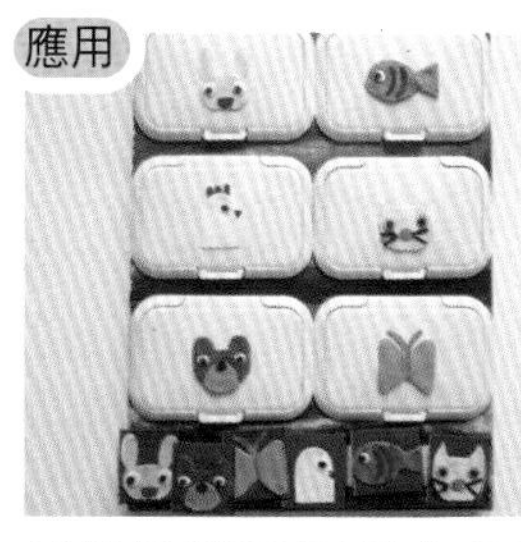

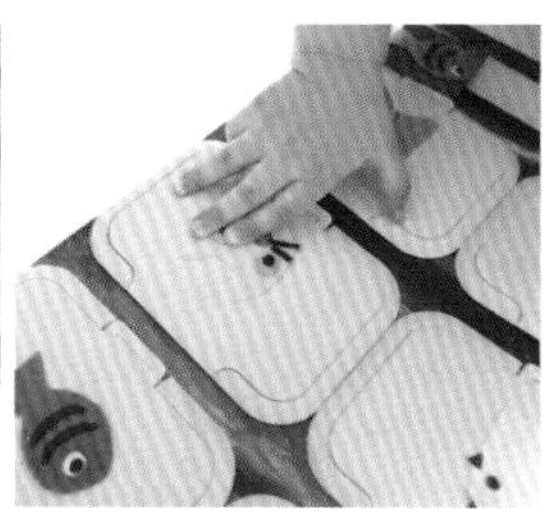

以熱熔膠將濕紙巾蓋黏到紙板上。在蓋子裡面貼上魔鬼氈較軟的那一面。同樣的圖片準備兩個，一個貼在濕紙巾蓋上方，另一個後方黏魔鬼氈較刺的那一面。讓孩子打開蓋子後配對，把一樣的圖片黏到裡面。

配對花朵瓶蓋

建議年齡 18 個月以上
遊戲目標 提升視覺辨識能力・訓練手眼協調

孩子大約 20 個月的時候，會開始沉迷於找圖案的遊戲，透過尋找的過程，訓練他們的視覺辨別能力。找圖案就等同於進行圖片與圖片的配對，只要利用空的瓶蓋就能簡單做出教具，非常方便，抓取瓶蓋時也能夠加強到手眼的協調。

1 在牛奶瓶蓋內貼貼紙，5 種圖案每種各貼兩張。

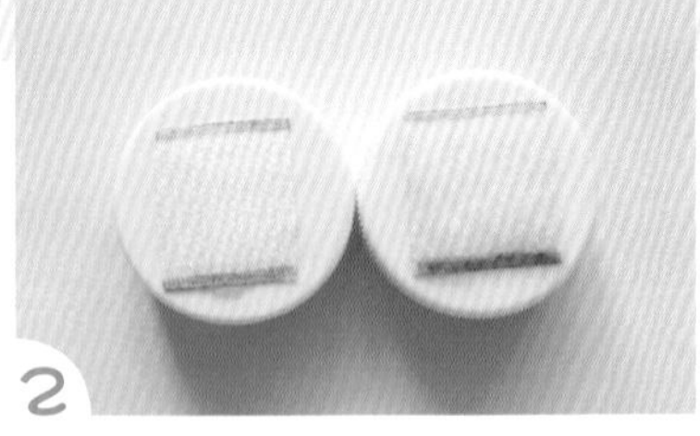

2 在同樣花朵的瓶蓋後面，分別貼上魔鬼氈的不同面（之後才可以互黏）。

3 讓孩子探索裝瓶蓋的袋子。

「袋子裡面有什麼？」
（搖晃袋子）「這是什麼聲音？」

4 逐一取出所有瓶蓋，配對同樣的花朵。

「一樣的花都在一起呢！」
「全部都一樣。」

準備物品

- 牛奶瓶蓋 10 個
  寶特瓶蓋過小，請準備牛奶或優酪乳等比較大的瓶蓋，洗乾淨後晾乾。
- 花朵貼紙 5 種（各 2 張）
- 裝瓶蓋的袋子 1 個
- 魔鬼氈

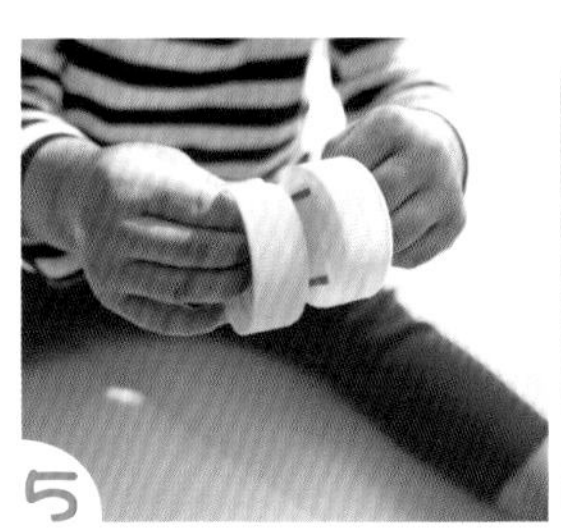

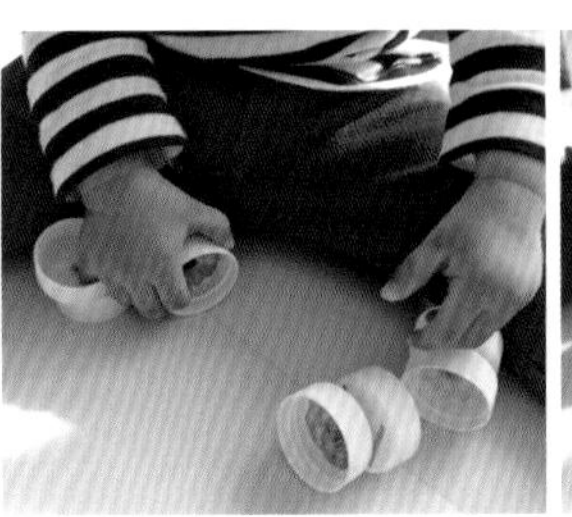

5 將同樣的花朵瓶蓋貼在一起，或以其他方式玩。

「一樣的都黏在一起了！」
「就像車子的輪子呢！」
「一、二，把兩個疊在一起。」

遊戲 Tip

- 先取出一個瓶蓋，再接著取出一個瓶蓋，如果相同就說：「一樣」後放一起；如果不一樣，就說：「不一樣」後放回去。重複同樣步驟，直到所有瓶蓋配對完畢。

配對④：剪影

建議年齡 18 個月以上

遊戲目標 提升視覺辨識能力．訓練觀察力和反應

＊可掃描右圖 QR Code，下載動物剪影圖片。

孩子在接觸各種物品後，會透過感官自然記憶物品的顏色、外型、觸覺等，並隨著經驗慢慢能夠細分出差別。配對遊戲的第四階段，是影子的配對。沒有其他特徵，只能透過外型判斷，因此難度比圖片配對還要高。先讓孩子透過陽光探索影子，熟悉以後再進行遊戲。

準備物品

- 動物照片 6 張
  請挑選形狀明顯不同的貼紙。
- 白紙 12 張
  請準備長寬約 10 公分的紙張。
- 黑色圖畫紙 2～3 張
- 裝卡片的籃子 1 個
- 原子筆　● 剪刀　● 膠水

應用 透明免洗湯匙 10 個、裝湯匙的杯子 1 個、油性簽字筆

遊戲 Tip

- 先取出一張卡片，接著再取出一張。如果兩張相同，就說：「一樣」後放在一起；如果不一樣，就說：「不一樣」後放回去。重複同樣步驟，直到所有卡片配對完畢。

1 準備動物輪廓的圖，在黑色圖畫紙上照描後剪下，做出剪影。

Tip 將兩張黑色圖畫紙疊在一起剪，就能一次完成兩張。

2 將剪下來的動物剪影貼到紙上，做成 12 張剪影卡。

3 讓孩子取出卡片後，猜測是什麼動物。

（取出卡片）「這是什麼動物？」
「鼻子上好像有尖尖的角。」

4 引導孩子配對剪影卡。

「長頸鹿和長頸鹿，是一樣的。」
「長頸鹿影子找到朋友了。」

應用

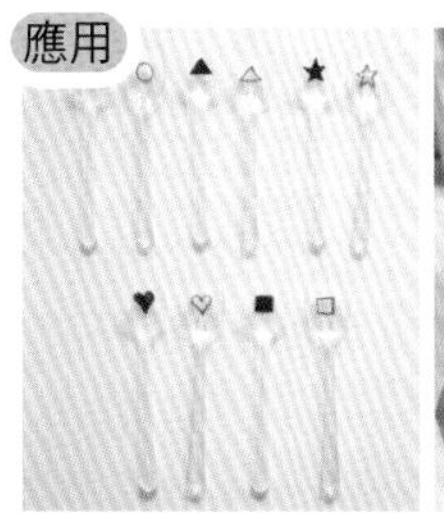

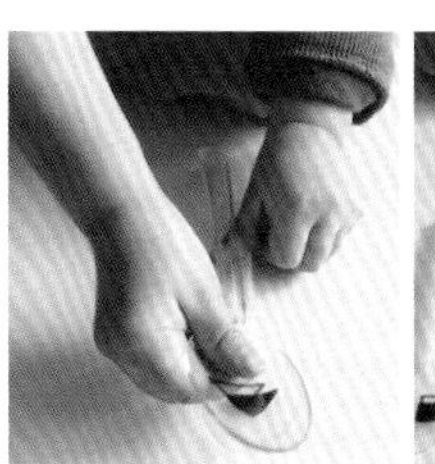
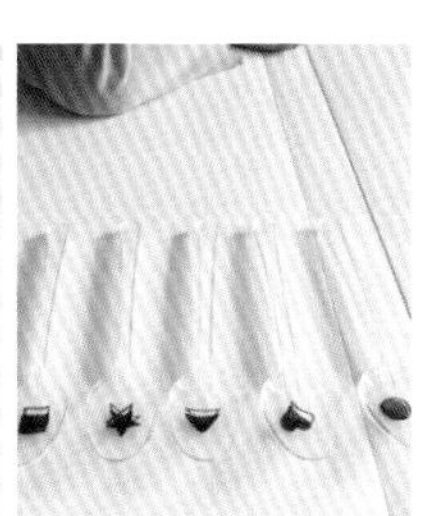

在透明湯匙上畫圖案，將同圖案的湯匙疊起來。

Tip 其中一個圖案只畫輪廓線，另一個完全塗滿。

配對⑤：輪廓

建議年齡　18 個月以上

遊戲目標　提升視覺辨識能力，間接培養閱讀和寫作基礎

＊可掃描右圖 QR Code，下載動物輪廓線圖片。

這是配對遊戲的最後一個階段。最初以實際物品配對，接著進階到圖片、剪影，這個階段則是要用中空的輪廓線來進行配對。對孩子來說，配對輪廓線和配對物品相比，差異很大，難度也高出很多。等孩子熟悉之後，就可以開始進行文字和數字的配對。

準備物品

- 動物圖片 6 張
  選擇形狀明顯不同的動物。可以重複利用 P163 的圖片。
- 紙張 12 張
  請準備長寬約 10 公分的紙張。
- 裝卡片的籃子 1 個　● 原子筆

應用　紙板 1 片、不同物品 5～6 種（使用湯匙、襪子、娃娃等熟悉的生活用品）。

遊戲 Tip

- 先取出一張卡片，接著再取出一張。如果兩張相同，就說：「是一樣的」後放在一起；如果不一樣，就說：「不一樣」後放回去。重複同樣步驟，直到所有卡片配對完畢。

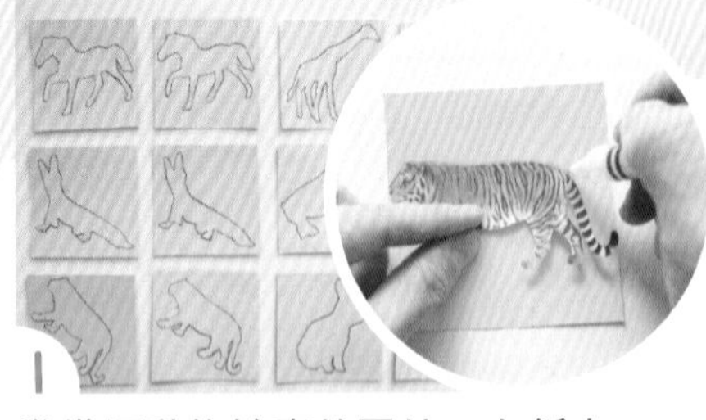

1 準備好動物輪廓的圖片，在紙上照描出輪廓線。每個動物畫 2 張，總共 12 張。

Tip 輪廓線愈細，難度愈高。

2 讓孩子從籃子中取出卡片。

「籃子裡面有卡片呢。」
「找找看一樣的吧！」

3 讓孩子對照輪廓線配對。

「這是什麼動物？」
「找到一樣的馬了呀！」

4 重複同樣的過程，直到所有卡片配對完畢。

「卡片都放好了呀！」
（逐一指著）「都是一樣的。」

5 以動物名稱提問，讓孩子回答。

「耳朵長長的兔子在哪裡呢？」
「哇，在那裡呀！」

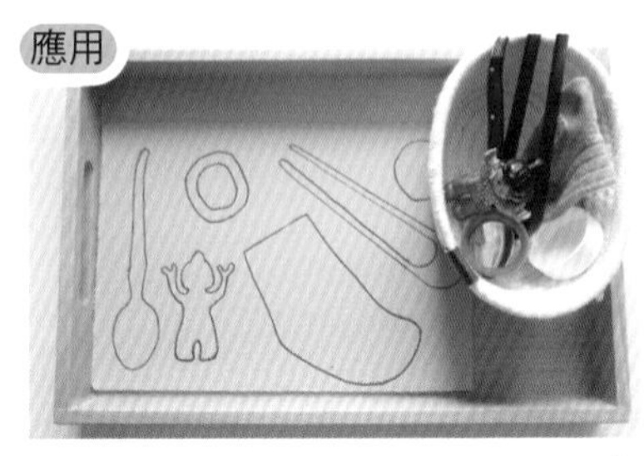

應用 畫出日常用品的輪廓線後，和真實物品進行配對。

Tip 輪廓的大小粗細盡量相同，比較容易辨別。

動物聲音配對

建議年齡 18 個月以上
遊戲目標 體驗各種聲音‧提升聽覺辨識能力

孩子們對各種不同的聲音很感興趣。生活中家人對話、唸故事書的聲音，有助於他們理解語言表達。動物叫聲、風吹雨打等周遭聲響，則能夠提升聽覺的辨別力。這個遊戲是讓孩子聽動物的聲音，並猜測是什麼動物。注意一次只播放一種動物的聲音，才不會混淆。

準備物品

- 動物模型 7～8 種
- 裝動物的籃子 1 個
- 手機或電腦
  用來播動物叫聲的音檔，也可以用 CD 播放。
- 動物聲音檔
  掃描右上 QR 碼，即可線上播放或下載動物叫聲的音檔。

遊戲 Tip

- 巴哈的古典樂〈口哨與小狗〉前段裡有狗吠聲，可以和孩子一起欣賞。
- 也可以帶孩子聆聽海浪聲、鳥鳴聲、雨聲等大自然的聲音，或是汽車、時鐘等日常中的聲音。

1 播放動物的叫聲。
「這是哪一種動物呢？」
「按下按鈕，就會有聲音。」

2 讓孩子聽動物的聲音。
「噓！注意聽喔！」
（貼近耳朵）「是什麼聲音呢？」

3 讓孩子找出對應的動物模型。
「你聽到哪種動物的聲音？」
「是馬耶！找找看馬在哪裡。」

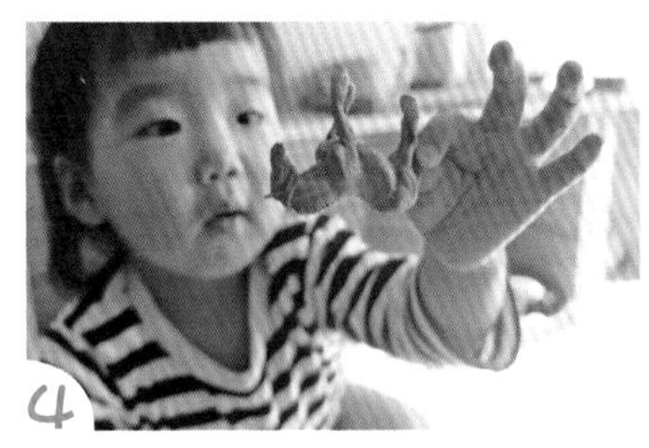

4 讓孩子模仿動物的聲音，練習口語表達。
「狗狗的叫聲是『汪汪』！」
（和孩子一起模仿）「汪汪！」

5 用同樣方式找出所有動物模型。
（放入模型羊）「咩～」
「動物們都聚在一起了。」

6 將動物放回籃子整理。
「一起來帶動物回家吧！」
「小豬拜拜！」

跟著指示動作

建議年齡　18 個月以上

遊戲目標　提升圖片理解＆表達能力・認識物品名稱

孩子認識圖畫後，就會開始看故事書裡的場景，也會指出自己知道的人物。觀察孩子的動作並畫下來，做成指示卡片。盡量畫簡單一點，讓孩子看圖就知道要做什麼動作，也可以加上特定物品，增加孩子的記憶點。

在紙上畫孩子平常會做的動作。

讓孩子探索卡片。

「卡片裡面的小朋友正在做什麼呢？」

「在梳頭髮呀！」

讓孩子從籃子中找需要的物品。

（指著籃子）「梳子在哪裡呢？」

「長長的梳子在這裡！」

讓孩子按照卡片上的指示動作。

「你也在梳頭髮呀！」

「和卡片裡的小朋友一樣。」

用同樣的方式進行遊戲。

「圖上有什麼呢？」

「你也跟他一樣戴了帽子呢！」

將卡片和物品配對。

準備物品

- 畫好指示內容的卡片 5～6 張
- 各種物品
  準備符合卡片指示所需的物品。
- 籃子 2 個
  分別用來裝卡片和物品。

遊戲 Tip

- 卡片上的圖和實際上的顏色、外型差異愈大，難度愈高。
- 可以畫各種不同的動作，如躺著、雙手張開、比大拇指、雙手托腮等。

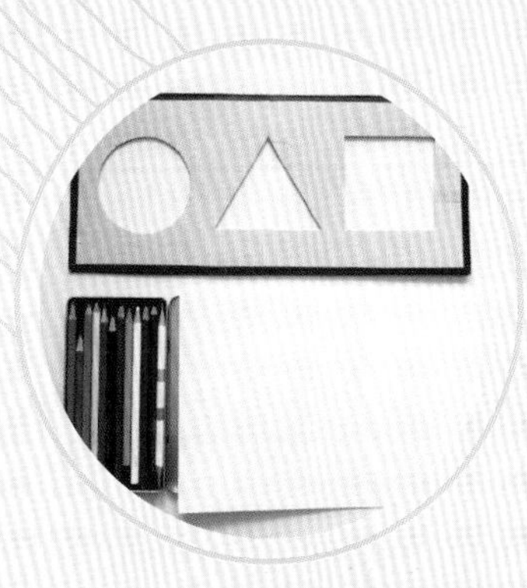

跟著圖案畫

建議年齡 24 個月以上

遊戲目標 奠定運筆＆寫作基礎・訓練手眼協調

在日常領域和感官領域的遊戲中，孩子可以訓練到肌肉的控制和手眼協調，為將來書寫做準備，等孩子能夠流暢用筆畫出物品時，就可以開始寫字了。利用簡單的模型板，讓孩子練習畫圖形、塗顏色、畫線等，如果孩子自己畫有點困難，請抓著他的手一起練習。

準備物品

- 模型板
  直接利用 P96 製作的形狀拼圖即可。
- 紙張 數張
- 色鉛筆
  使用鉛筆型的色鉛筆較佳，為了避免孩子刺到受傷，請先將筆尖削鈍。

1 讓孩子探索模型板。

「有圓形、三角形、方形。」
「你用圓形看媽媽呀！」

2 用手沿著圖案畫線，熟悉圖形。

「用手畫畫看吧！」
（一邊畫一邊算筆畫）「一、二、三、四。」

3 將圖形板墊在紙上，用色鉛筆沿著輪廓畫。

「要畫哪一個呢？」
（一邊畫一邊算筆畫）「一、二、三。」

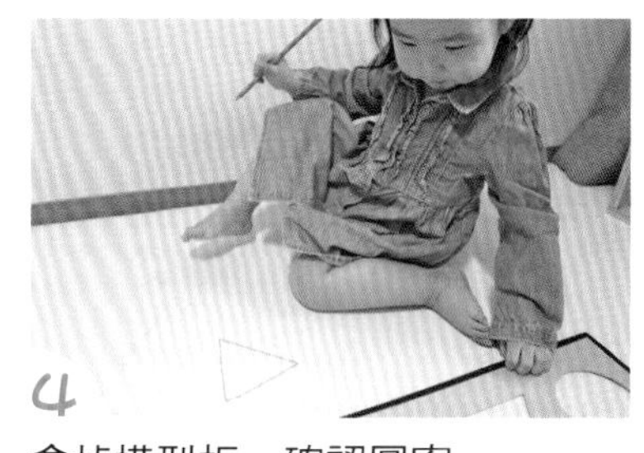

4 拿掉模型板，確認圖案。

「哇！有三角形呢！」
「你畫了一個三角形。」

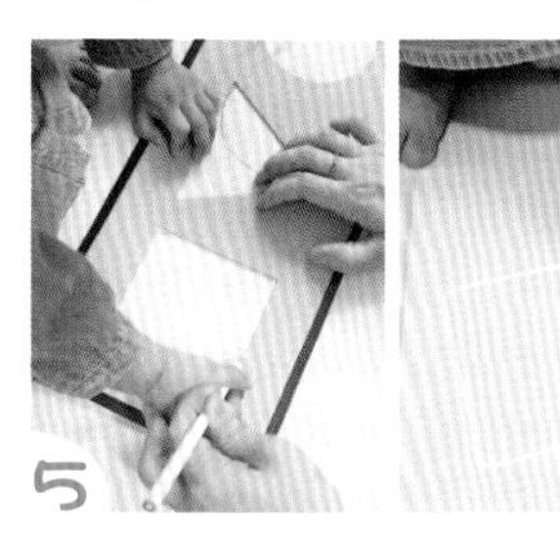

5 也可以抓著孩子的手一起畫。

「和媽媽一起畫方形吧！」
「有四個尖角的方形來了。」

6 將圖案上色，訓練運筆能力。

「你在塗圓形呀！」
「畫了好多顏色喔！」

相反詞圖卡

建議年齡　30 個月以上

遊戲目標　建立相反概念・訓練語彙＆表達能力

＊可掃描右圖 QR Code，下載有相反意義的圖卡。

讓孩子看同一件物品的不同狀態，可以透過視覺感受差異性。請用話語具體描述出不同的地方，例如：「這隻兔子在箱子裡，那隻在外面」，加強孩子的語言表達豐富度。另外，可以將孩子的照片做成卡片，增加趣味性。

準備物品

- 相反詞圖卡 5 組
  分別為「有／沒有、左邊／右邊、坐下／站著、上面／下面、裡面／外面」等的照片。
- 裝卡片的籃子 1 個

遊戲 Tip

- 請強調相反的詞彙，可以透過加大音量、縮小音量、拉高或降低、拉長或縮短等方式表達。
- 平時盡量讓孩子接觸各種物品，並進行探索、比較和表達。透過周遭的生活用品，例如大籃子、小籃子、長袖、短袖等，也可以讓孩子熟悉相反詞彙。

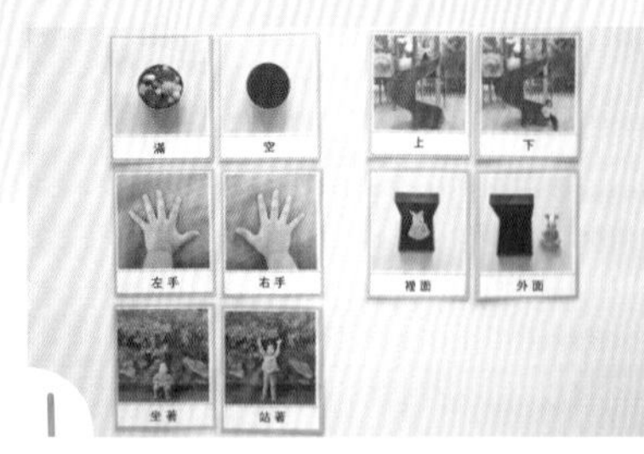

製作相反詞圖卡。

Tip 把照片貼在厚紙板上會更牢固，比較不容易撕破。

逐一取出卡片配對。

「你在溜滑梯下面呢！」
「上和下是一對的。」

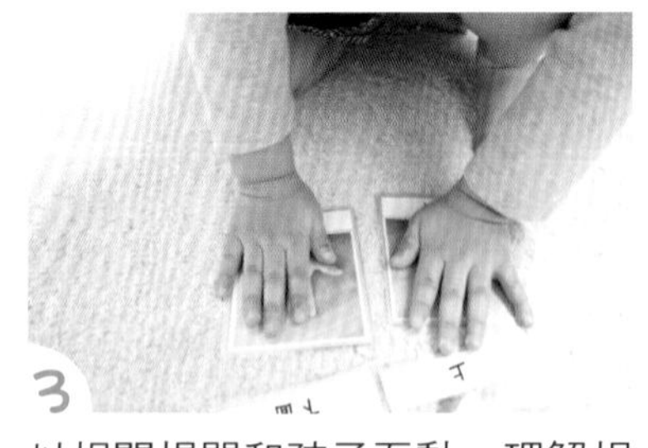

以相關提問和孩子互動，理解相反詞彙。

（指著卡片）「右邊是哪邊呢？」
「你用右手壓著右邊卡片呀！」

運用肢體表達相反詞的意思。

「手指著上面。」
「往上面看是電燈，往下面看是地板。」

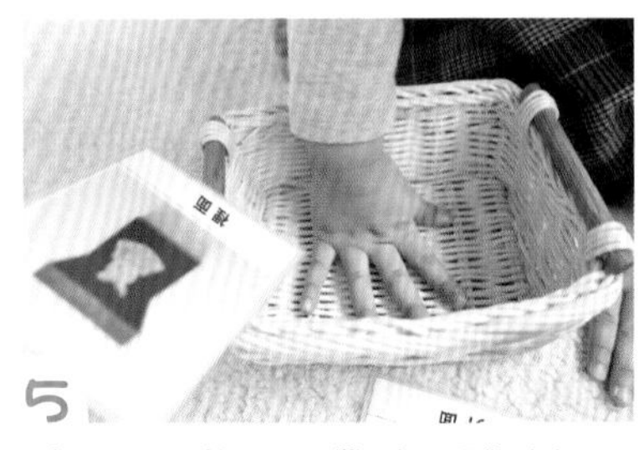

透過四周物品，帶孩子體驗相反詞彙。

「手放在籃子裡面。」
「你的手和兔子一樣在裡面。」

請以話語描述出孩子的動作。

「跑到書桌下了呀！」
「還可以到哪裡下面呢？」

幫商品上架

建議年齡 30 個月以上

遊戲目標 理解關聯性・認識分類概念

＊可掃描右圖 QR Code，下載不同主題的房子與商品圖片。

年紀小的孩子剛開始玩分類遊戲時，最好使用真實的物品，讓他們直接觸摸物品，感受大小、顏色、形狀、材質等的共同和差異點。等熟悉後就可以改用圖片進行，透過各階段的分類遊戲，幫助他們不斷提升感官和邏輯思考能力。

準備物品

- 色紙 數張
- 不同主題的照片 各 4 張
  包包、鞋子、衣服等，可以從廣告傳單或雜誌裡剪下來。
- 裝照片的籃子 1 個
- 剪刀
- 膠水
- 油性簽字筆

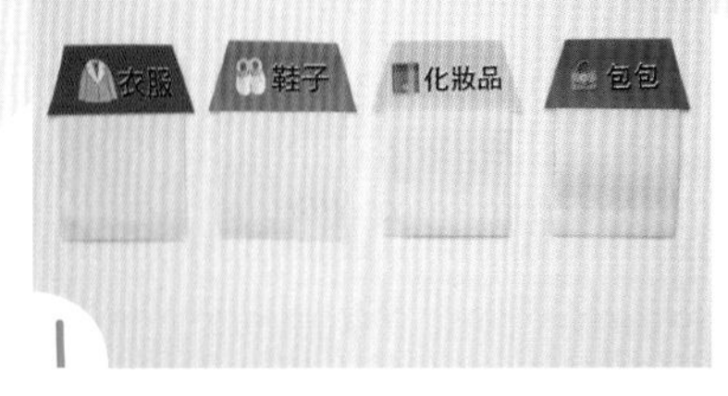

1 用色紙剪出房子的形狀後，寫上主題並貼照片。

Tip 孩子還看不懂字，請在旁邊貼上照片輔助。

2 剪下廣告傳單上與各主題相關的商品照片，貼到色紙上。

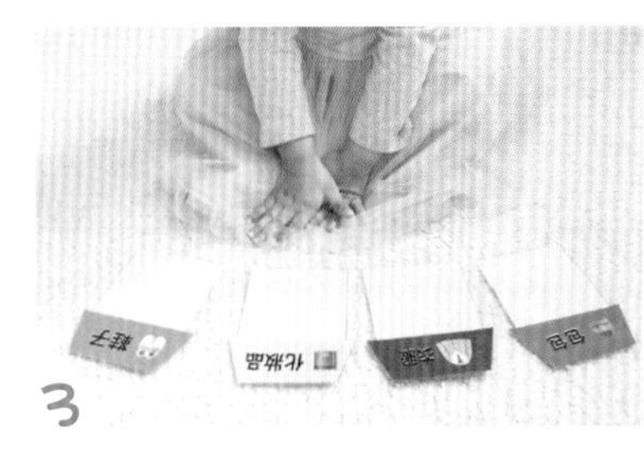

3 把不同主題的房子排出來，當成店家。

「把他們排成一排吧！」
「有鞋子店，也有包包店呢！」

4 取出籃子中的商品照片，貼到房子上。

「是鞋子耶！」
「放到鞋店裡了。」

5 持續將照片分類到各店家。

「哪裡會賣乳液呢？」
「放到化妝品店了呀！」

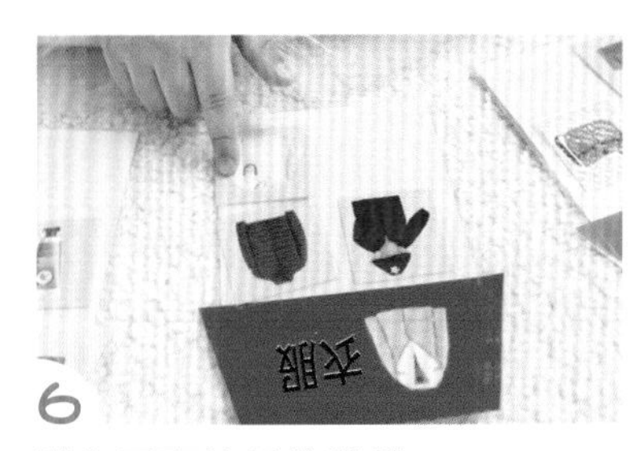

6 進行買賣物品的遊戲。

「想買什麼衣服呢？」
「你喜歡白色的襯衫呀！」

配對圈圈瓶蓋

建議年齡 30 個月以上

遊戲目標 透過視覺辨識規則，理解相同形狀的形式

文字是由不同的發音組成，句子則是由主詞、受詞、動詞等組合而來，語言有一定的規則，了解規則和秩序性，有助於孩子往後的語言發展。透過反覆規律出現的形狀、聲音、數字、顏色等，有助於讓孩子學習推測接下來會出現的東西，促進語言發展。

準備物品

- 長條紙張 1 張
- 油性簽字筆
- 色鉛筆
- 瓶蓋 數個
  請準備兩種不同顏色，方便表現出圖案。
- 裝瓶蓋的籃子 1 個

應用 各種圖案的卡片和物品

遊戲 Tip

- 一開始請先準備一張紙條和對應的瓶蓋數量，熟悉以後再增加張數，並將所有瓶蓋放入籃子裡，增加難度。

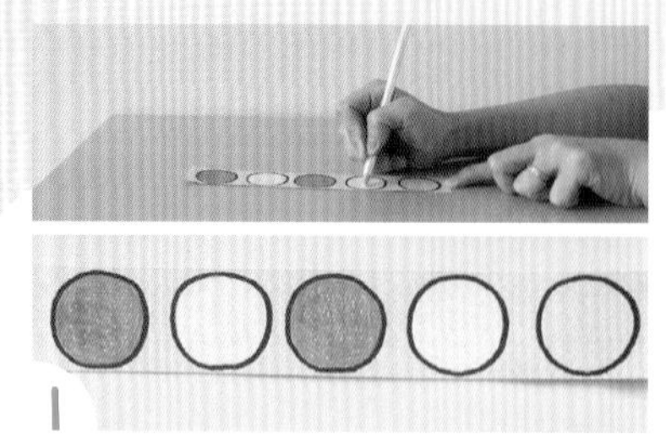

1 在紙上放瓶蓋，描出 5 個圈圈後，塗成瓶蓋的顏色。

Tip 最右邊的圈圈不上色。

2 讓孩子探索紙條。

「看到什麼顏色呢？」
「有綠色，也有白色。」

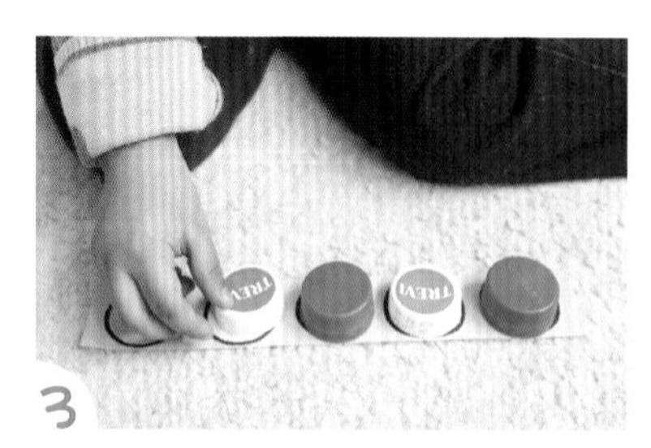

3 引導孩子依照紙上圈圈的顏色放上瓶蓋。

「放上一樣顏色的瓶蓋吧！」
「綠色旁邊是白色。」

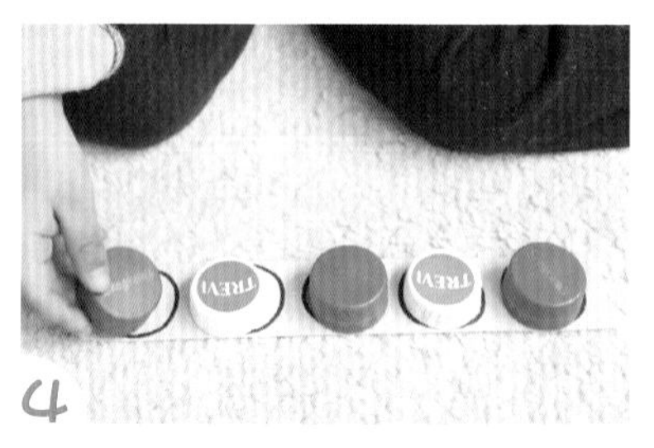

4 讓孩子自己放最後一個。

「綠色、白色、綠色、白色」
「下一個是什麼呢？」

應用

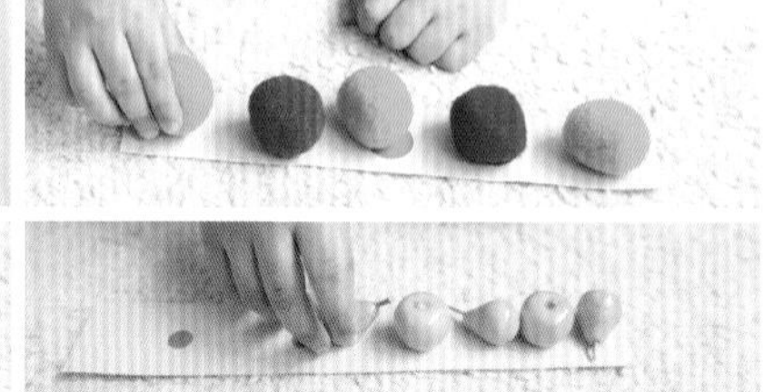

可以延伸為各種圖樣。

Tip 可以進階挑戰在中間空下兩格，讓孩子推測答案。

猜猜誰不見了

建議年齡　30 個月以上

遊戲目標　培養專注力＆觀察力・訓練自制力

閉上眼睛等待，其實比想像中還要困難，必須克制住想張開眼睛確認的心情。生活中能自由做想做的事情固然很好，但有時候也會有必須受到限制的情況。這個遊戲有助於培養孩子的自制力，幫助他們學習掌控自己的情緒和行為。

1

在托盤上放物品，讓孩子先觀察，並說明規則。

「盤子上有好多東西喔。」
「仔細看有什麼，媽媽等一下會把一個藏起來。」

2

讓孩子閉上眼睛等待後，將一樣物品藏起來。

「閉上眼睛等一下。」
「等一下要看哪一個不見喔！」

3

張開眼睛後猜猜哪個不見了。

「現在張開眼睛吧！是什麼不見了呢？」
「想想看本來有什麼。」

4

公布答案，拿出藏起來的物品。

「答對了！就是眼鏡。」
「想到是眼鏡了呀！」

5

角色對調，讓孩子把物品藏起來，改成媽媽來猜。

「這次換你藏一個東西好嗎？」
「我閉上眼睛囉！」

準備物品

- 不同的物品 4 種
  一開始先放兩樣物品，之後再慢慢增加。
- 放東西的托盤 1 個

遊戲 Tip

- 讓孩子閉上眼睛聽鬧鐘、樂器等聲音後，把東西藏起來玩聽聲音猜物品的遊戲，能幫助孩子集中注意力。猜彈珠、湯匙、球等物品掉落的聲音也十分有趣。
- 如果孩子忘記物品名稱，可以用敘述的方式提示，如：「太陽很大的時候用的東西」。

05 自由自在探索世界的 自然人文領域

蒙特梭利的自然人文領域，著重在探討自我、家人、動物、植物、國家等各種主題。對應學科的話，相當於社會、歷史、地理、科學、音樂、美術等。透過自然人文領域的遊戲，能夠帶領孩子探索自己所處的世界，體驗真實生活的感覺。對於充滿好奇心與探索慾望的孩子來說，這個領域的遊戲是開拓視野、養成正確價值觀的必備活動，也是培養自由、創意心靈的重要階段。

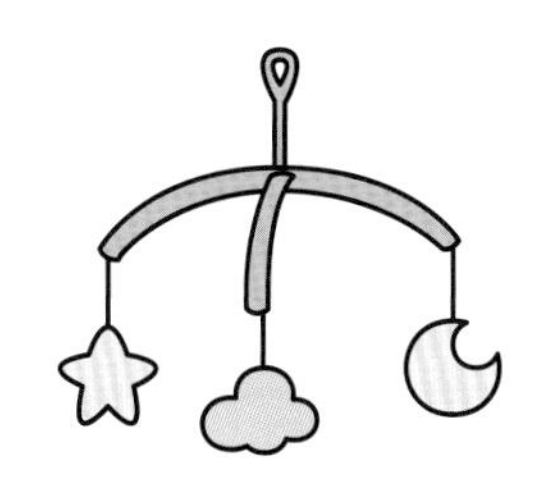

☑ 讓孩子直接觸摸、親自感受

接觸新的事物時，最好讓孩子有能夠直接看、直接摸的真實物品。動物比較難隨意摸到，可以準備接近實際模樣的模型，其他請盡量準備實品。透過五感探索，能夠幫助孩子累積經驗和知識。探索世界上的國家時，可以準備世界地圖、其他國家的衣服、食物、人物的照片，營造身歷其境的感覺。

☑ 以多元的型態幫助認知發展

如果對孩子說：「有四隻腳和尾巴的是小狗」，孩子可能會將貓誤認為狗。如果說：「汪汪叫的是小狗、喵喵叫的是小貓」就能提供孩子多一個叫聲的線索來分辨。請透過各種不同面向的方式，例如實際物品、模型、顏色、聲音、影片等，幫助孩子對事物有更正確且全面性的理解。

☑ 以多樣化的教具，滿足孩子的好奇心

在自然人文領域中，探討的領域非常廣泛，請準備相關的書籍、實際物品、教具等，隨時滿足孩子的好奇心。讓孩子在生活中自由探索、觀察，幫助他們培養接納多樣化的開闊心態。孩子遇到好奇的事物，除了詢問父母，也可能嘗試自己尋找答案。

☑ 讓孩子接觸各種不同的素材

請幫孩子準備各種畫筆（色鉛筆、簽字筆、蠟筆、鉛筆、水彩等）、美術用品（剪刀、膠水、膠帶、打洞機等）、紙張（圖畫紙、色紙、包裝紙、報紙、砂紙等）、裝飾材料（黏土、貼紙、鈕扣、毛線、棉花棒、吸管等）。不需要一次準備很多種，慢慢增加變化性即可，避免孩子有選擇上的困難。

照鏡子

建議年齡　12 個月以上

遊戲目標　認識年紀＆探索臉龐・認識身體名稱

這個年紀的孩子，可能對鏡子還有點陌生，和爸爸媽媽一起照鏡子，可以降低孩子對未知事物的不安。若要一起照鏡子，建議準備比較大的鏡子。等孩子會開始說「你好」、「掰掰」等社會溝通的話語時，也可以讓孩子照鏡子練習，習慣與人互動對談。

準備鏡子和簡單的物品。

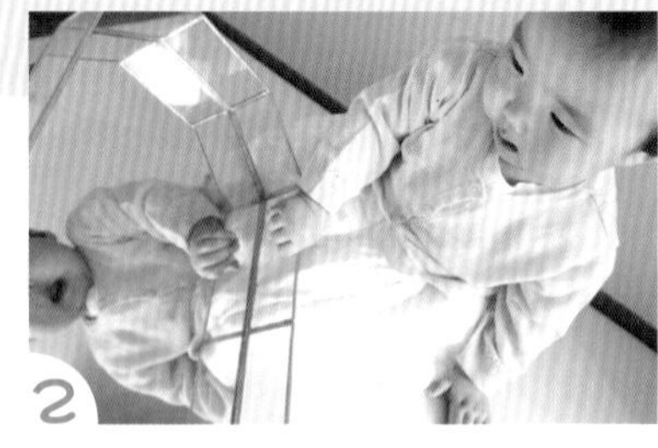

讓孩子探索鏡子。

（指著鏡子）「這個是鏡子。」
「你在鏡子裡面耶！」

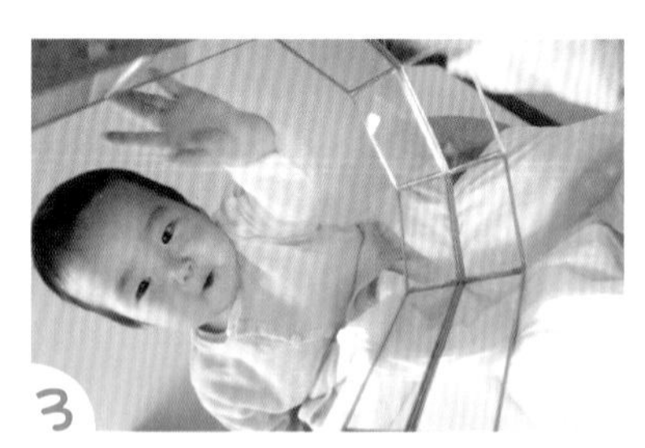

看著鏡子說：「你好」。

「你好！跟鏡子裡的自己打招呼吧！」
（躲起來再出現）「噔噔！」

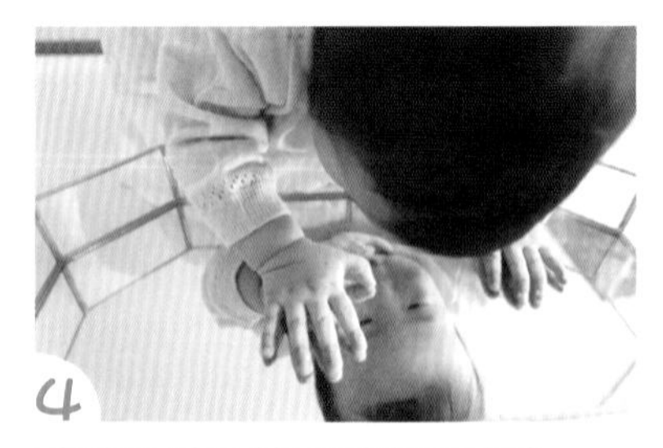

讓孩子透過鏡子看自己的臉。

「你在看臉呀！」
（指著鏡子裡）「這裡是鼻子。」
（靠近鏡子）「這樣變好近。」

準備物品

- 大鏡子 1 面
- 簡單的物品 2～3 種
  請避免選擇太重、太硬的物品，以免弄破鏡子。

遊戲 Tip

- 孩子抬頭，媽媽也抬頭，孩子揮手，媽媽也揮手。鏡中的自己和媽媽做出一樣的動作，對孩子來說非常有趣。
- 若孩子朝鏡子丟出堅硬的東西，鏡子可能會破掉，請先清空四周可能造成危險的物品。

拿起簡單的物品照鏡子。

「拿著湯匙呢！」
（假裝吃飯）「鏡子裡的你也在吃飯呢！」

看著鏡子自由玩耍。

「舉起右手看看。」
「鏡子裡的你也做了一模一樣的動作！」

認識身體部位

建議年齡 12 個月以上
遊戲目標 建立自我概念・認識五官名稱＆位置

請透過身體各器官的名稱，描述孩子的動作，例如：「用嘴巴吃餅乾」、「眼睛眨了一下」等，幫助孩子熟悉自己的身體部位、器官、五官，以及各自如何動作、什麼時候動作等。描述的句子不要太長，用短句簡短說明，孩子會更容易理解。

準備物品

- 手拿鏡 1 個
  讓孩子可以自己拿鏡子照，準備大鏡子和媽媽一起看也無妨。
- 嬰兒娃娃 1 個

1 讓孩子探索嬰兒娃娃和鏡子。

「有一個娃娃呢！」
「娃娃跟你一樣有眼睛、鼻子、嘴巴。」

2 引導孩子觀察鏡子，並指出身上的部位。

「鏡子裡面也有一個你。」
「你的眼睛在哪裡呢？」

3 引導孩子指出鏡中自己的五官。

（指著鏡子）「那鏡子裡的鼻子在哪呢？」
「喔！鼻子在那裡呀！」

4 讓孩子找出娃娃的五官。

「娃娃的眼睛在哪裡？」
「娃娃和你一樣有眼睛呢！」

5 讓孩子比較自己和娃娃的五官。

（指著娃娃的耳朵）「他的耳朵有兩個。」
「娃娃和我們一樣呢！」

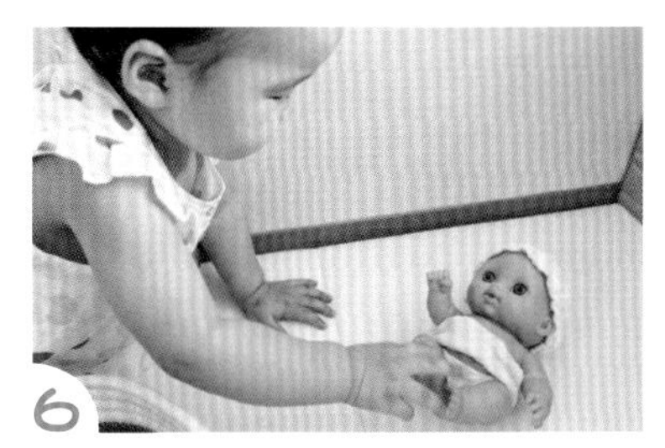

6 結束活動，進行整理。

「現在是娃娃該睡覺的時間。」
「準備睡覺囉！」

看家人的照片

建議年齡 12 個月以上

遊戲目標 建構家庭歸屬感與依附感・認識家族成員名稱

孩子最初說的話很常是「媽媽」或「爸爸」，證明家人間的關係親密而珍貴。孩子明白自己是家中的一員後，也能夠透過家庭建立歸屬感，同時獲得安定和幸福感。請看著家人的照片和孩子分享，讓孩子關注周遭的人，也幫助孩子瞭解家庭成員的名稱。

準備物品

- 家人的照片各 1 張
  請找臉部清晰的照片，孩子才能夠輕鬆比對。
- 貼在照片後的紙張
- 剪刀 ● 膠水 ● 油性簽字筆

遊戲 Tip

- 可以運用各種不同的方式進行遊戲，例如將所有卡片翻到背面，讓孩子逐一翻開；把卡片藏起來讓孩子找；用卡片進行角色扮演遊戲等。
- 除了爸爸、媽媽，也可以製作爺爺、奶奶、阿姨、姨丈、姑姑、姑丈、兄弟姊妹等其他家族成員的卡片。

1 在紙張上貼家人的照片，並寫上名字，做成卡片。

Tip 可以護貝起來，會更堅固。

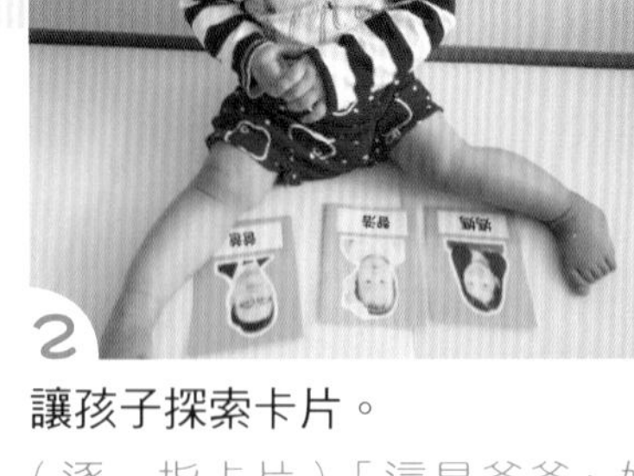

2 讓孩子探索卡片。

（逐一指卡片）「這是爸爸、媽媽、你。」

「一、二、三，總共有三個。」

3 一張張仔細看照片。

「你在看照片呀？」

「照片裡有誰呢？」

4 輪流觀察照片和本人。

（輪流指）「這是媽媽，這也是媽媽，是一樣的！」

（指照片）「這是媽媽的眼睛。」

5 讓孩子從照片中找家人。

「這是誰呢？」

「爸爸在哪裡呢？」

幫衣物分類

建議年齡　18 個月以上

遊戲目標　關心自己的東西並認識名稱，訓練辨別物品的能力

這個遊戲可以讓孩子認識自己，並開始關心自己的物品，也能夠透過遊戲訓練孩子獨立、建立自我的概念。孩子在分類物品時會坐著，動手或者起身去拿間隔較遠的衣服、帽子等，有助於訓練大肌肉的活動。

1 在 A4 紙上畫上衣和帽子後，貼到牆壁或教具櫃上。

Tip 準備兩個讓孩子放衣服和帽子的地方。

2 讓孩子探索圖畫。

「紙上有什麼呢？」

「這裡有衣服，也有戴在頭上的帽子。」

3 讓孩子拿取籃中的衣服和帽子。

「籃子裡面有很多你的衣服和帽子喔。」

「各拿一個出來吧！」

4 引導孩子放到貼圖畫的地方。

（指著圖畫）「哪一邊是帽子？」

「放到帽子那邊吧！」

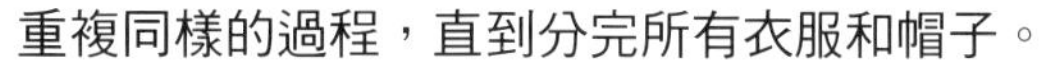

5 重複同樣的過程，直到分完所有衣服和帽子。

「這是你常穿的衣服。」

「都整理到圖畫那邊了！」

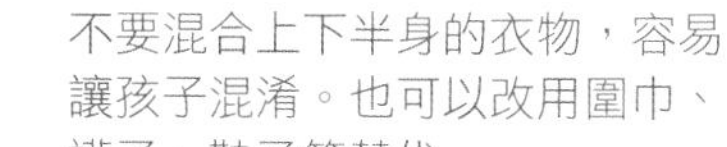

準備物品

- 上衣 4 件
  不要混合上下半身的衣物，容易讓孩子混淆。也可以改用圍巾、襪子、鞋子等替代。
- 帽子 4 頂
- 裝衣物的籃子 1 個
- 油性簽字筆
- 透明膠帶
- A4 紙 2 張
  掃描右上方 QR Code，下載各種服裝與配件的圖片。

遊戲 Tip

- 如果想要讓孩子認識色彩、圖案等，可以透過：「來整理藍色帽子吧！」、「來整理圓點衣服好嗎？」的方式與孩子互動。

五官拼圖

建議年齡 18 個月以上

遊戲目標 探索自己的臉龐・形成正向自我

當孩子建構了「所有物品都有名稱」的概念以後，就會開始想要認識四周的物品，想要確認自己知道的東西。請用孩子臉部的照片，將五官做成磁鐵拼圖，幫助孩子學習正確的部位名稱。透過幫身體的部位配對，除了能讓孩子理解名稱，也可以建立對自我的正向心態。

準備物品

- 鐵盒蓋 1 個
- 孩子臉的照片 2 張
  請準備能放入鐵盒蓋的大小。
- 泡棉紙或木板
- 圓形磁鐵 6 個
  分別會用來貼眼睛、鼻子、嘴巴、耳朵。
- 剪刀 ● 熱熔膠 ● 雙面膠
- 裝拼圖的籃子 1 個

遊戲 Tip

- 認識臉上的基本五官以後，可以再增加眉毛、頭髮等的磁鐵。
- 可以延伸為幫娃娃臉部或其他身體部位配對的遊戲。

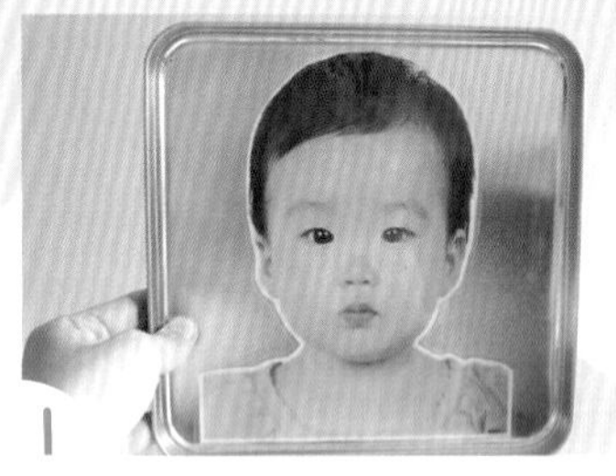

1 將照片沿著孩子的臉部輪廓剪下後，用雙面膠貼在盒蓋上。

2 將另一張照片的臉部五官（眼睛、鼻子、嘴巴、耳朵）剪下後，貼到泡棉紙上。

3 沿著輪廓剪下後，在後方貼上磁鐵。

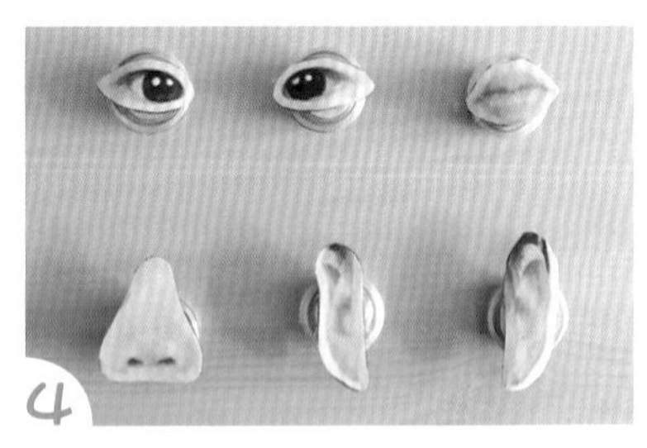

4 用相同的方式做出五官的拼圖。

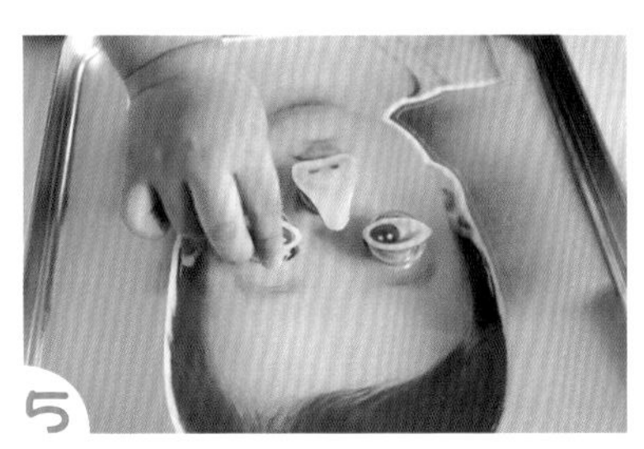

5 讓孩子將五官磁鐵貼到鐵盒蓋的臉上。

「閃亮亮的眼睛在哪裡呢？」
「眼睛有一個、兩個！」

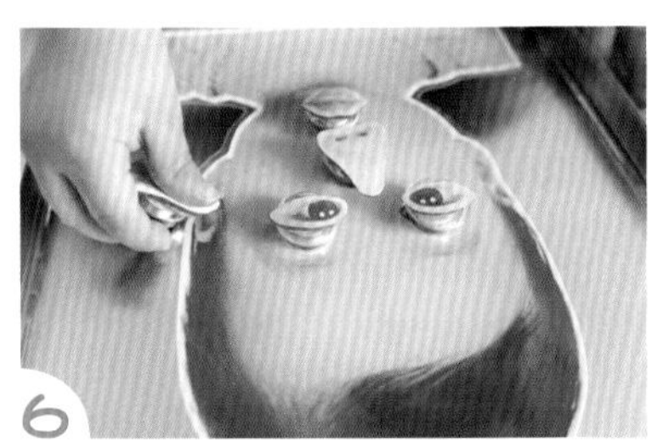

6 繼續貼五官，完成臉龐。

（逐一指）「這是眼睛、鼻子、嘴巴、耳朵。」
「嘴巴可以吃好吃的東西。」

製作情緒圖卡

建議年齡 24 個月以上
遊戲目標 認識情緒與單字．提升表達能力

一般來說，新生兒只能夠透過哭泣表達情緒，但隨著孩子成長，他們會開始出現愈來愈多情感。請以孩子平常的各種表情做成情緒圖卡，向他們介紹符合情境的感情詞彙。雖然這個年紀的孩子還不會傳達情緒，但可以教導孩子透過表情、動作、語言等來表達。

準備物品

- 表情圖卡 8 張
  將孩子的各種表情貼到紙上。
- 裝情緒圖卡的籃子 1 個

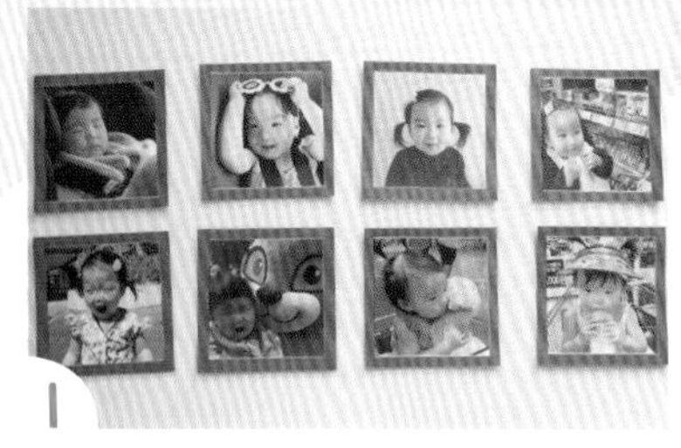

1 準備情緒圖卡。

2 讓孩子從籃子中取出情緒圖卡。

「籃子裡面有卡片喔。」
「是什麼卡片呢？」

3 一邊看情緒圖卡一邊向孩子描述情境。

「這張在做什麼？」
「在吃好吃的東西啊，心情怎麼樣呢？」

4 讓孩子模仿卡片裡面的動作。

「你也閉上眼睛看看。」
「睡覺的時候很舒服吧？我睡覺的時候很幸福。」

5 運用卡片中的物品。

「這張戴著太陽眼鏡呀！」
「那時候的心情怎麼樣呢？」

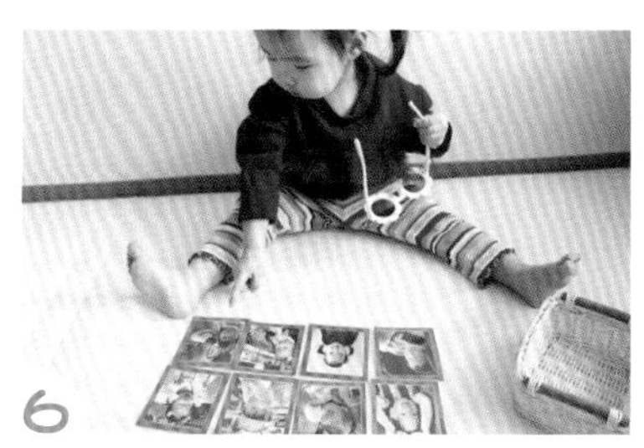

6 分享各種狀況的心情。

「你因為害怕而哭了呀！」
「沒關係，媽媽抱著你。」

製作成長相簿

建議年齡 24 個月以上

遊戲目標 學習尊重自我・建立依附關係

簡單製作孩子的成長相簿，在孩子迎接生日前，和孩子分享出生的那一天、滿一百天那一天、周歲那一天等的回憶。孩子看著自己成長的模樣，同時也能夠感受到父母的愛，形成健康而親密的關係。不如現在就動手準備小小成長相簿，幫孩子度過特別的生日吧。

準備物品

- 色紙 1～2 張
- 小孩子照片 6 張
  請準備重要成長過程的照片。
- 剪刀
- 膠水
- 打洞機
- 圈環

將孩子的照片貼到色紙上，再以打洞機打洞。

Tip 可以先護貝或貼上膠帶增加牢固性。

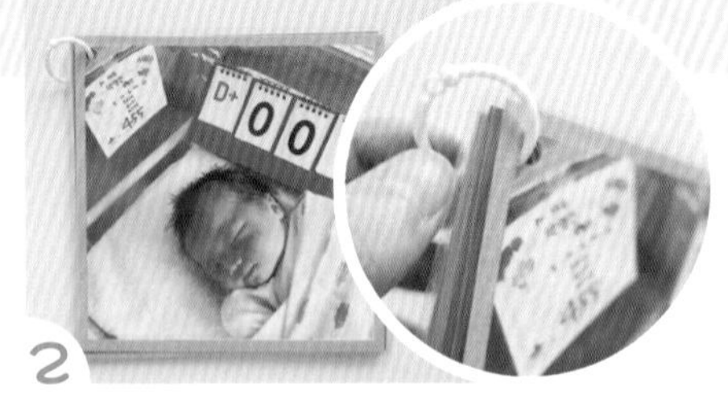

穿上圈環，做成成長相簿。

讓孩子探索成長相簿。

「書裡好多照片喔！」
「有你的照片耶。」

看著照片回憶當時的過程。

「你那時候在睡覺。」
「這是你出生的第一天。」

和孩子分享成長過程，幫助他們形成正向的自我。

「這是你滿一百天的時候。」
「長這麼高的時候，就會走路了。」
「這時候已經會堆積木了。」

認識不同的動物

建議年齡　12 個月以上
遊戲目標　探索動物長相・體驗擬聲擬態語

在蒙特梭利的自然人文領域中，除了幫助孩子理解自己以及周遭的文化外，當然也包含生活在這個世界的動物，可以讓他們理解到生命的珍貴。請準備動物模型，激發孩子對動物的興趣。介紹動物時，搭配擬聲擬態語描述，會更加有趣。

準備物品

- 動物玩偶 3～4 個
  孩子可能會放進嘴巴，請先洗乾淨、晾乾。
- 裝動物玩偶的籃子 1 個

1 讓孩子探索動物玩偶。
「這是有條紋的老虎。」
「在摸老虎的鬍鬚呀！」

2 描述動物的特徵。
「好多頭髮喔。」
「獅子有很多頭髮。」

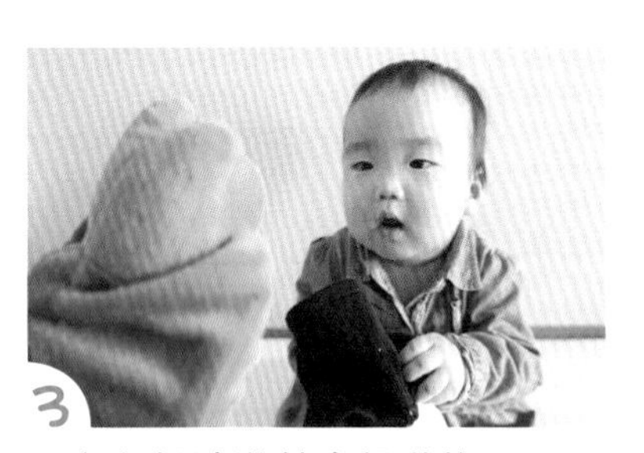

3 用角色扮演遊戲介紹動物。
「你好！我是呱呱叫的青蛙！」
（媽媽手拿著青蛙跳動）「我很會跳喔！」

4 表達動物的叫聲。
「吼！我是獅子！」
（快速移動）「我很會跑喔！」

5 讓孩子跟著模仿聲音。
（孩子跟著做）「吼！吼！我是獅子！」
「你在學獅子叫呀！」

認識動物的聲音

建議年齡　12 個月以上
遊戲目標　探索動物長相・透過模仿聲音訓練表達能力

同樣的四隻腳動物，聲音可是大不相同。動物除了可以透過外型分類，聲音也是重要的分類方式。看動物的書籍時，請一起播放動物的聲音。有的孩子會一邊模仿，也有的孩子只會聆聽，每位孩子性格不同，不必刻意要求孩子模仿。光是聆聽聲音，就是特別的經驗了。

準備物品

- 動物書籍或動物卡片
- 動物聲音檔
  掃描右上方的 QR 碼，可以聆聽動物聲音檔。

遊戲 Tip

- 如果孩子對聲音敏感，遇到比較大聲的動物（獅子、老虎等）的聲音，請稍微轉小聲一點，或先聆聽其他動物的聲音。
- 孩子用來形容動物聲音的「汪汪」、「呱呱」等，可能稍有不同，可以運用各種方式表達。

1 準備動物書籍。

「一起來看有什麼動物吧！」
「有汪汪小狗呢！」

2 請描述動物的特徵。

「這是白白的鴨子。」
「鴨子有翅膀。」

3 邊看書邊聆聽動物的聲音。

（聽聲音後）「有什麼聲音呢？」
「牛會哞哞叫。」

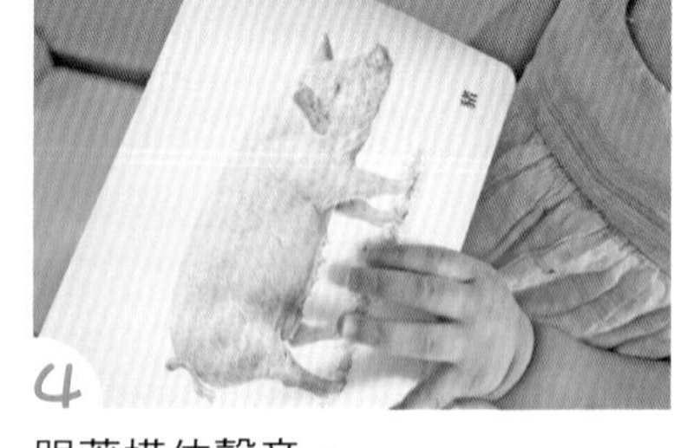

4 跟著模仿聲音。

（聽聲音後）「小豬會發出什麼聲音呢？」
（孩子跟著學的話）「你在學小豬叫呀！」

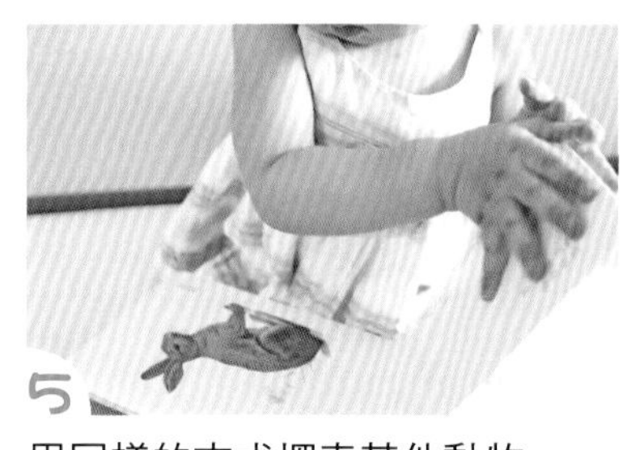

5 用同樣的方式探索其他動物。

「翻過來有兔子呢！」
「會跳跳的兔子耳朵很長喔。」

認識動物的長相

建議年齡　12 個月以上

遊戲目標　觀察與比較動物長相・訓練觀察力與表達能力

根據研究指出，透過觀看實際標本、圖畫等具體物品，能夠獲得知識。探索物品的聲音、味道、觸感、大小等，能夠累積對物品的概念和知識。至於動物，因為比較難直接觀看，建議可以透過有實際照片的書籍或相像的模型來認識。

準備物品

- 動物書籍或動物卡片
- 動物模型 數個
  請準備動物書籍或動物卡片中有的動物。
- 裝動物模型的籃子 1 個

1
讓孩子探索裝在籃子裡的各種動物模型。

「籃子裡好多動物喔！」
「有你喜歡的小狗呢！」

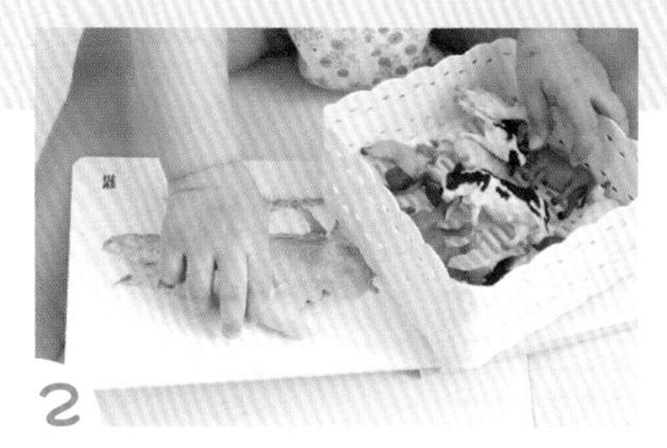

2
從模型中找出和書裡照片一樣的動物。

Tip 這個遊戲的目的不是配對，而是認識各式各樣的動物，並引發孩子對動物的好奇。

3
讓孩子探索動物模型。

「這是牛，有黑色的點。」
「要摸摸看嗎？」

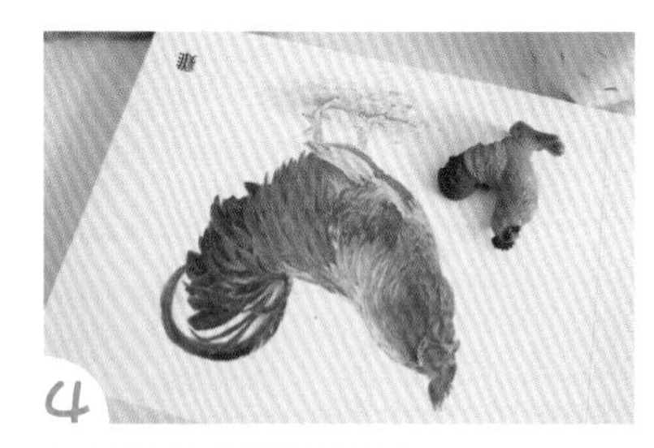

4
比較動物書籍和動物。

「雞有紅色的冠。」
「頭上都是紅色的呢！」

5
用相同的方式探索動物的外觀。

「這是鴨子，嘴巴尖尖的。」
（看書和模型）「都是白色的。」

找出動物的特徵

建議年齡 12 個月以上

遊戲目標 觀察與比較動物長相・提升表達能力

所有的動物都有自己的特徵，掌握動物的獨特之處並進行區別，對孩子來說十分有趣。請讓孩子觀察動物，並一起分享。另外，也可以透過各種方式表達動物的特徵，如學河馬張開嘴巴、學獅子叫、用手指比大象鼻子、學小狗叫等。

準備物品

- 動物模型 數個
- 裝動物模型的籃子 1 個

1 準備動物模型。

「每一種動物都有一隻呢！」
「大家要去哪裡呢？」

2 讓孩子探索動物模型。

「你在摸河馬呀！」
「手放到河馬嘴巴裡面了。」

3 讓孩子模仿動物特徵。

「你的嘴巴跟河馬一樣張得好大！」
「你變成河馬了！」

4 比較動物和人的身體部位。

（摸動物的腳）「你也有腳吧？」
「河馬也是用腳走路喔。」

應用

到動物園實際觀賞動物，體驗書中沒有的動物動作、聲音、味道等。

Tip 可以將動物書籍帶去，和實際動物進行比較。

遊戲 Tip

- 孩子摸動物模型的身體時，請反覆說明名稱，如：「那是河馬的嘴巴」，幫助刺激語言能力。

分類動物紋路

建議年齡 30 個月以上

遊戲目標 認識動物的共同點與差異點‧訓練視覺辨別力

過去孩子只會單純玩動物模型，到了一定年紀後，才會開始仔細觀察動物的長相。孩子看到圓點，可能會說：「瓢蟲也有圓點！」看到線條時，可能會說：「斑馬和老虎也有！」透過觀察共通點和差異點，自然產生探索的好奇心和樂趣。

準備物品

- 動物模型 數個
  條紋動物模型 4 個、點紋動物模型 4 個、沒有紋路的動物模型 4 個。
- 裝動物模型的籃子 1 個
- 色紙 少許
- 油性簽字筆
- 剪刀
- 膠水

遊戲 Tip

- 條紋請用手比出像下雨的姿勢，圓點請用食指和拇指比圈，沒圖案請以雙手遮臉再移開，表示「沒有」。透過動作表達紋路，更能增添趣味。另外，也可以用擬聲擬態語來表達。

1 用色紙做成房子形狀後，分別作出直線、圓點和沒有圖案。

Tip 做成房子造型可以玩角色扮演遊戲，不過做成卡片也無妨。

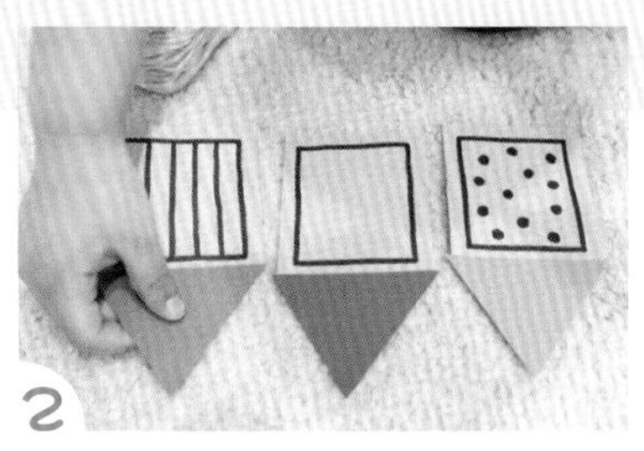

2 排列房子。

「房子的圖案不一樣。」
「這是線條房子。」

3 觀察動物的長相。

「瓢蟲長什麼樣呢？」
「有圓點。」

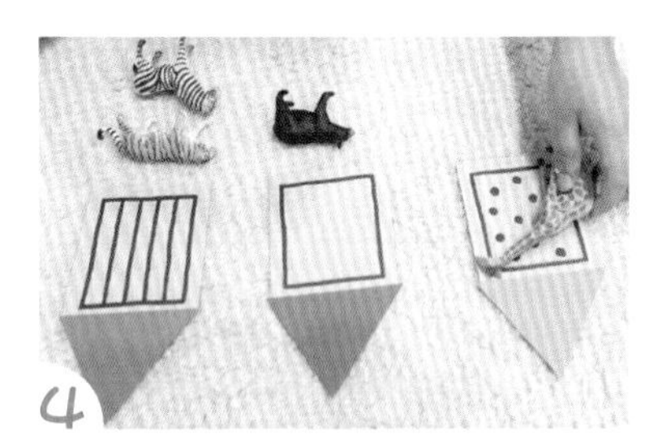

4 比較動物紋路和房子紋路。

「長頸鹿有什麼圖案呢？」
「一樣的圓形。」

5 將動物模型依紋路分類。

（一一指著）「章魚、豬、熊、馬，都沒有圖案。」
「誰有線條圖案呢？」

6 將動物模型放到圖案一樣的房子上。

「圓點的動物們，快回來！」
「去線條的家玩好嗎？」

找出動物的家

建議年齡　30 個月以上
遊戲目標　理解動物棲息地・認識周遭動物的特徵

孩子看有螞蟻出現的童話書時，可能會訝異：「原來螞蟻也有家！」這個遊戲就是為了讓孩子了解，所有的動物都會根據外型或特徵蓋自己的家，作為棲息地。在玻璃瓶內側和蓋子內側分別貼上動物和動物的棲息地，讓孩子配對之外，蓋蓋子的動作也能訓練小肌肉。

準備物品

- 動物照片 4 張
  螞蟻、蜜蜂、鳥、蜘蛛等
- 動物棲息地照片 4 張
  螞蟻窩、蜂窩、鳥巢、蜘蛛網等
- 有蓋子的玻璃瓶 4 個
  瓶子內外都要貼照片，請準備矮的瓶子。
- 剪刀　● 貼紙　● 雙面膠
- 裝蓋子的袋子 1 個

1 把準備好的照片剪成玻璃瓶的大小後，動物照片貼入玻璃瓶內，動物棲息地照片貼於瓶蓋內。

2 將步驟 1 中動物和對應棲息地的瓶蓋外側、玻璃瓶底部貼上同樣形狀的貼紙。

Tip 蓋上瓶蓋後，可以透過圖形貼紙確認是否正確。

3 讓孩子打開裝著玻璃瓶瓶蓋的袋子。

「有什麼呢？」
「手手放進去看看吧！」

4 讓孩子探索瓶蓋。

「這是誰的家呢？」
「裡面有好多洞。」

5 找對應的動物蓋上蓋子。

「喔？是螞蟻的家呀！」
（蓋上蓋子）「進到裡面了呢！」

6 蓋上瓶蓋後，讓孩子自己將瓶子翻過來確認。

「蓋子跟瓶子都是三角形。」
「答對了！那就是螞蟻的家。」

製作植物卡片

建議年齡　18 個月以上
遊戲目標　探索植物的樣貌・訓練視覺辨別力

孩子充滿著好奇心，總想探索周遭世界。比起書或影片，實際探索對孩子來説更有印象。親眼看過，才知道書裡的長頸鹿有多高，實際聞過，才知道書裡的花究竟有多香。這個遊戲透過觀察周遭的植物，感受大自然之美，也拓展孩子的世界。

準備物品

- 籃子 2 個
  用來裝蒐集到的植物、處理好的植物。
- 夾植物的厚書 1 本
- 剪刀

應用　周遭物品 數個

1 將自然產物（花朵、樹葉）放進籃子中。

2 將自然產物放進厚書中夾起來。

Tip 若放太久，顏色會改變，稍微夾過後護貝起來，就能觀察原本的顏色。

3 將夾過的花朵和葉子護貝起來。

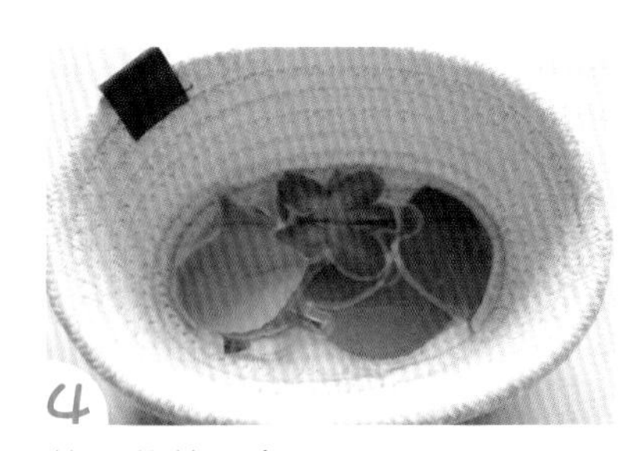

4 依形狀剪下來。

5 將一樣的放在一起。

「有粉紅色的花呢！」
「也有綠色的長樹葉。」

應用

找出家中和花朵、樹葉一樣顏色的物品來配對。

「樹葉是什麼顏色呢？」
「紅色的有什麼呢？」

認識地球構成要素

建議年齡　30 個月以上
遊戲目標　探索大自然・了解土地、水、空氣

地球由土地、水和空氣組成。大地的一切活動、水和土地的關係（島嶼和湖泊、半島等）、大海洋和大陸的活動等都源於此。空氣不同於土地和水，既看不見也摸不到，對孩子來說是比較難懂的概念，不過可以透過呼氣和吸氣體驗。

準備物品

- 瓶子 3 個
  一個裝土、一個裝用顏料染成藍色的水、一個為空瓶。
- 天空、土地、海洋照片各 2 張
- 住在天空、土地、海洋的動物模型各 4 個
- 內含天空、土地、海洋的風景海報 1 張
  可用色紙、不織布等製作。
- 裝動物模型的籃子 1 個

1 準備瓶子，裝入土、水和空氣。

Tip 可以和孩子一起裝水和土。同時，可以跟孩子聊聊土裡面有什麼、水裡住著誰，幫助孩子學習分類。

2 將瓶子（空氣、土、水）和照片（天空、土地、海洋）配對。

「我們踩的土地由土構成。」
「海洋裡有藍色的水。」

3 將瓶子（空氣、土、水）和動物模型配對。

「有翅膀的動物會在天上飛。」
「住在地上的動物都有腳。」

4 看圖認識天空、土地、海洋。

「天空在哪裡呢？」
（孩子指著）「鳥在天空飛呀！」

5 將動物模型逐一放到牠們居住的地方。

「海豚在水裡游泳。」
「魚都有鰭。」

6 完成後一起分享。

「天空有什麼呢？」
「不同動物都住在不一樣的地方呢！」

這個天氣穿什麼

建議年齡　30 個月以上

遊戲目標　體驗天氣的變化／理解適合的穿著

＊可掃描右圖 QR Code，下載天氣和相關物品的圖片。

請和孩子一起看向窗外，觀察外面的人的穿著、手上拿的東西、穿的鞋子，並預測、分享天氣，如：「哇，他為什麼拿著雨傘呢？」、「為什麼穿著厚厚的衣服呢？」分類相關的穿著和物品的同時，也和孩子思考一下要如何維持自己的健康。

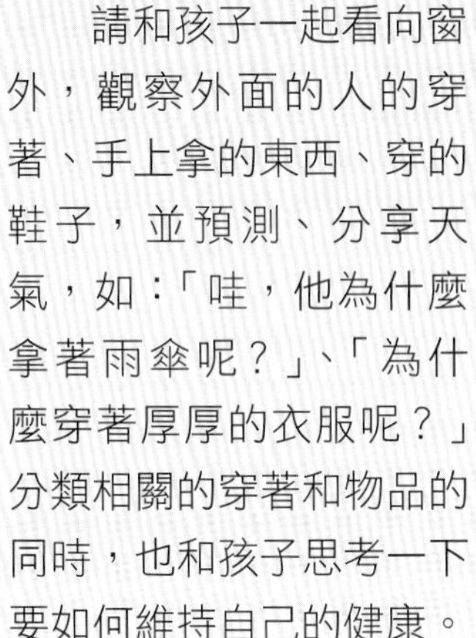

準備物品

- 天氣卡片 3 張
  請準備下雨天、晴天、下雪三種天氣差異明顯的卡片。
- 物品卡片 9 張
  請準備對應每個天氣需要的物品各 3 種。
- 裝卡片的籃子 1 個

應用1　天氣相關實際物品

應用2　名畫的照片或圖片
月曆、漫畫等，請用網路搜尋。

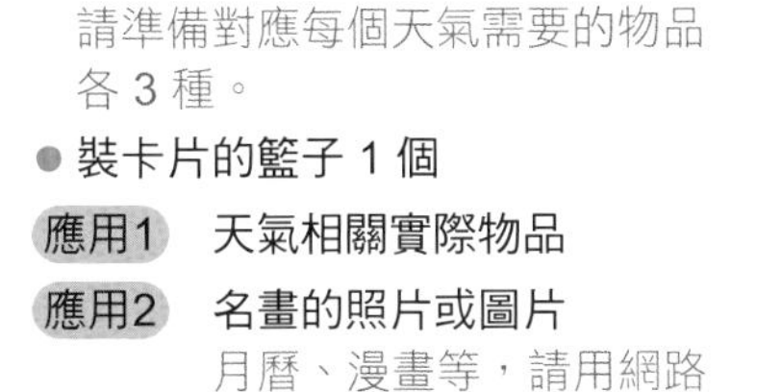

1 準備天氣卡和物品卡。

2 讓孩子探索天氣卡片。

「水滴在滴呢！」
「這是什麼天氣呢？」

3 一一取出物品卡分享，接著和天氣卡配對。

「這是一把彩色的雨傘！」
「雨傘在哪個天氣用呢？」

4 將天氣卡和物品卡配對。

「天氣和物品配對好了呀！」
「今天的天氣需要什麼呢？」

應用1

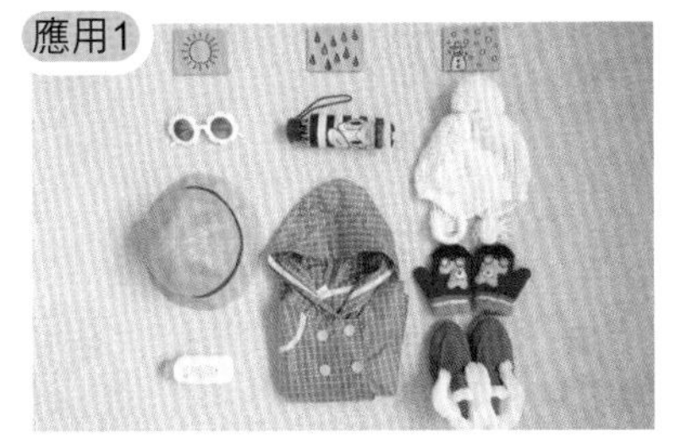

將天氣卡和相關物品配對。

「毛帽在什麼天氣戴呢？」
「太陽眼鏡是在太陽很大的時候用來擋光的！」

應用2

欣賞和天氣相關的名畫，並和天氣配對。

「大家在做什麼呢？」
「白色的是什麼呢？」

國旗拼圖

建議年齡　30 個月以上

遊戲目標　觀察國旗的長相・探索其他國家

＊可掃描右圖 QR Code，下載不同國家的國旗圖片。

　　國旗是國家的象徵之一，所有的國家都有自己的國旗，看到國旗，就能認出是哪個國家。這個遊戲的目的不在於記住各國的國旗，而是要透過拼拼圖，讓孩子對其他國家產生興趣。一起透過國旗，體驗環遊世界的感覺吧！

準備物品

- 木板 5 塊
  準備長寬約 10×7 公分的木板。
- 5 個國家國旗圖片各 2 張
  準備和木板一樣的大小。每個國家的國旗長寬比例稍有不同，可以稍做調整。挑選國旗時，要挑選顏色和圖案差很多的國家。
- 色紙 5 張
  準備長寬約 12×10 公分的色紙。
- 籃子 2 個
  用來裝國旗卡片和拼圖。
- 萬用刀　● 膠水

遊戲 Tip

- 熟悉活動以後，可以拿掉國旗卡，單用國旗拼圖，提升難度。

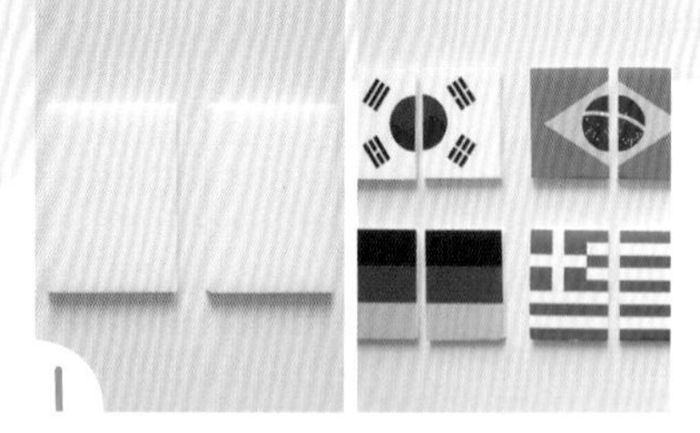

1 將木板對半剪開，國旗圖片也對半剪開、貼到木板上。

2 將國旗圖片貼到色紙上固定，做成國旗卡。

Tip 雖然孩子還不會認字，但請先寫下國家名稱。

3 讓孩子探索國旗。

「這是什麼顏色？有加號呢！」
「這個國家叫『希臘』。」

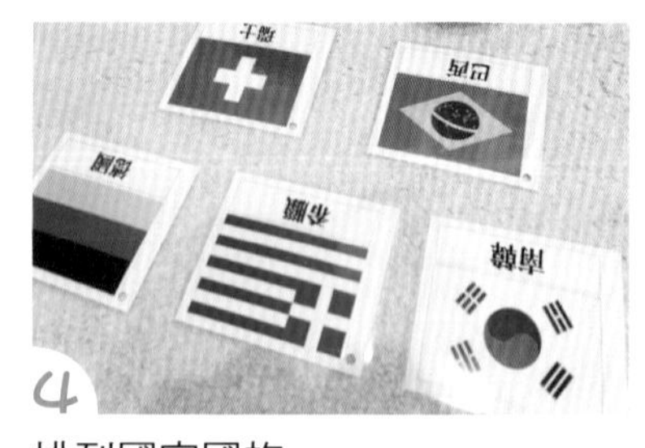

4 排列國家國旗。

「德國國旗有很多顏色線條。」
（指著瑞士國旗）「很像救護車的十字架呢！」

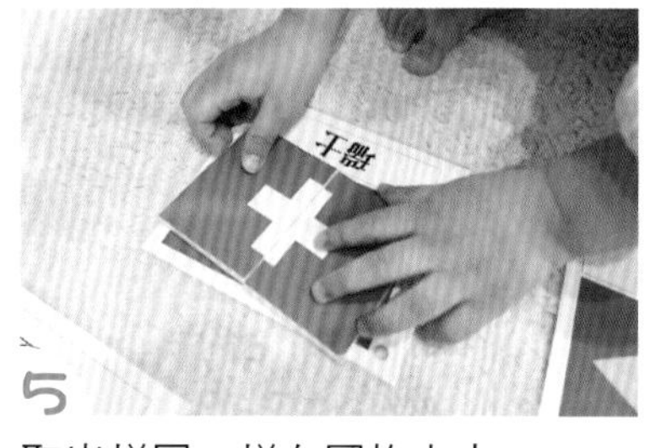

5 取出拼圖，拼在國旗卡上。

「合起來！白色加號出來了！」
「這是瑞士的國旗。」

6 讓孩子對國旗的特徵和國家名稱感興趣。

「藍色和紅色的圓形。」
「這是韓國的國旗。」

吸拔磁鐵

建議年齡 18 個月以上
遊戲目標 體驗磁鐵的力量・透過放入與取出物品訓練肌肉

一般的磁鐵雙面都有磁性，不過冰箱用磁鐵、裝飾用磁鐵等則只有單面有磁性。若孩子還不太會分辨哪面有磁性，可以先讓孩子自行探索。請根據孩子可以拿取的大小，準備適當的磁鐵。

準備物品

- 鐵桶
  請準備好黏磁鐵的鐵桶。
- 磁鐵約 10 個
- 壁紙
  裝飾用，可以省略。

1 用壁紙包覆鐵桶。

2 放入磁鐵預備。

3 讓孩子取出磁鐵探索。
「這是什麼？是綠色的圈圈！」
（指著磁鐵）「後面有磁鐵呀！」

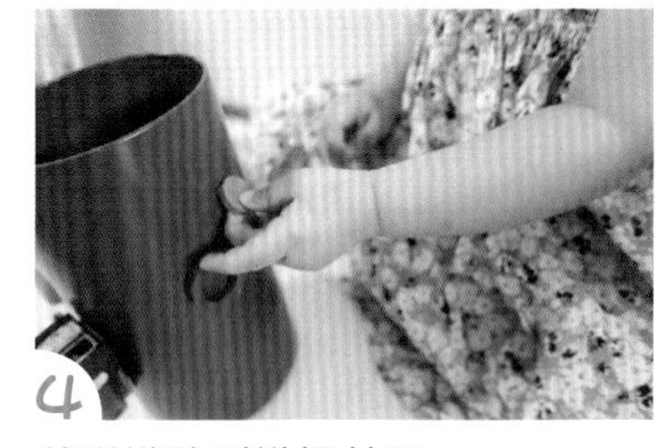

4 將磁鐵貼到鐵桶外面。
「貼上去了呢！」
「貼上去時有『叮』一聲！」

5 讓孩子繼續貼磁鐵。
「這次是什麼呢？」
「熊熊磁鐵呀！貼貼看吧。」

6 將磁鐵收回桶子內整理。
「一起放回去好嗎？」
「一個一個放喔！」

感受磁鐵吸力

建議年齡 18 個月以上

遊戲目標 體驗磁鐵的特徵・訓練眼、手協調力

這個遊戲是用緞帶綁磁鐵，拿來吸迴紋針。孩子也許還不太理解磁鐵有些東西不能吸，但可以體驗吸迴紋針的強大力量。將磁鐵放在魚的圖片上，也可以體驗如同釣魚一樣的樂趣，還可以加強記憶磁鐵特性。不過要注意，線要避免過長，才不會影響遊戲效果。

準備物品

- 迴紋針 1 把
- 磁鐵 1 個
- 緞帶
  請準備大人手掌張開的寬度。
- 裝迴紋針的小盒子
  請準備有蓋子的盒子，方便將裡面的迴紋針移到蓋子上。
- 熱熔膠

應用 裝水的瓶子

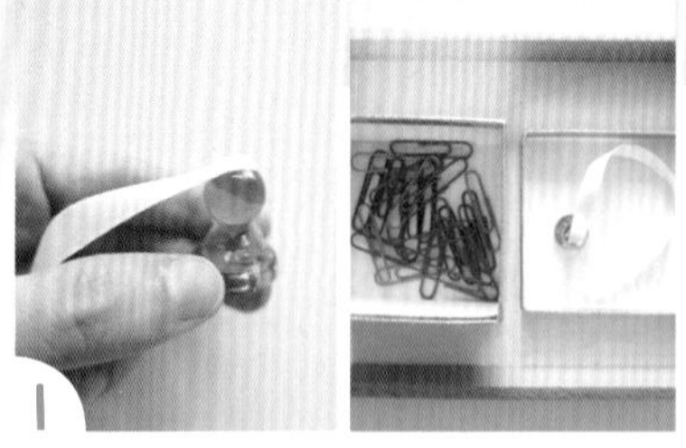

1 用熱熔膠將磁鐵黏到緞帶上，迴紋針放到盒子中預備。

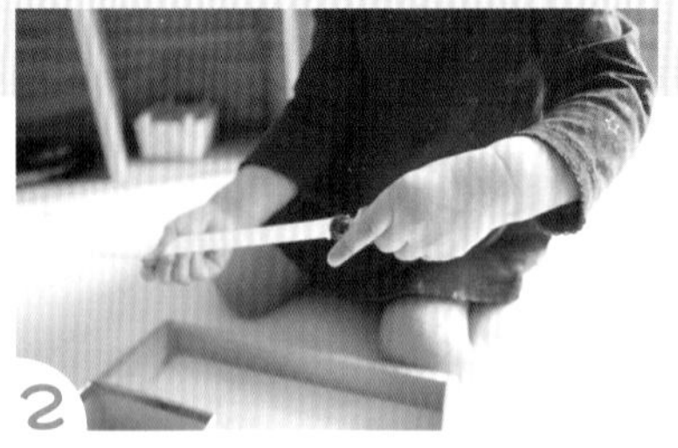

2 讓孩子探索黏著磁鐵的緞帶。

「有長長的線段喔。」
「上面黏著磁鐵。」

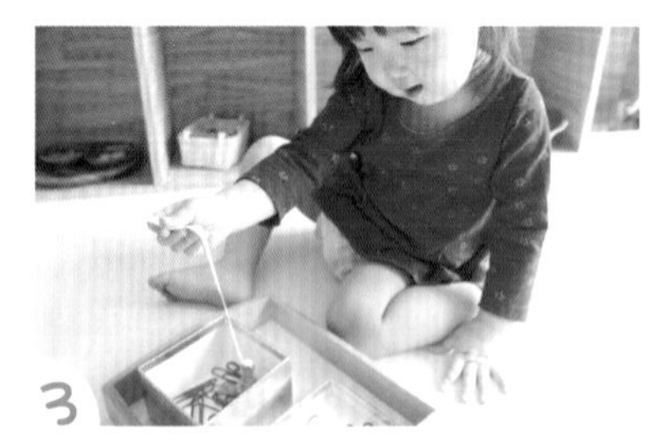

3 讓孩子將磁鐵放到迴紋針盒內。

「來玩玩磁鐵遊戲吧！」
「放到箱子裡看看。」

4 用手取下磁鐵吸到的迴紋針，裝到盒蓋內。

「哇，好多迴紋針喔！」
「用手慢慢拿吧。」

5 反覆前面的過程。

「再來一次！」
「這次吸多少呢？好期待！」

應用

將迴紋針放入瓶內，磁鐵在外面移動，迴紋針會跟著一起動。

「把磁鐵貼上去看看。」
（磁鐵移動）「哇！迴紋針也一起動了呢！」

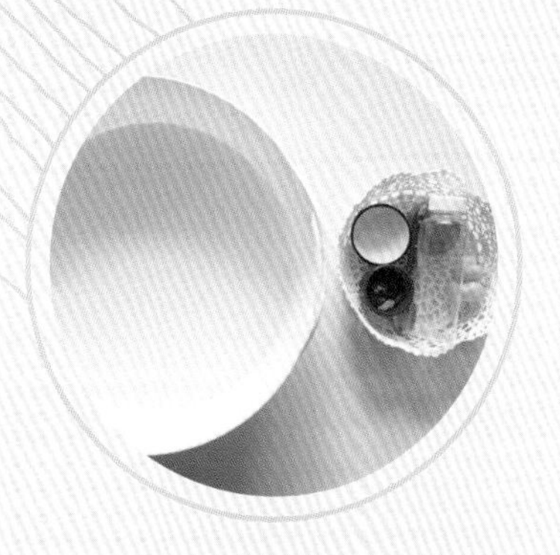

觀察物品沉浮

建議年齡 18 個月以上

遊戲目標 觀察水中浮沉現象．體驗重量和比重概念

科學原理可以透過日常生活觀察。晚上天黑、照鏡子看到自己等日常生活小事，其實都是科學現象。請透過詢問孩子：「會發生什麼事呢？」、「想要怎麼做呢」……讓孩子自己推測，滿足孩子的好奇心，提升孩子的解決問題能力，進而培養科學思考能力。

準備物品

- 浮在水上的物品 3 種
- 沉在水裡的物品 3 種
- 裝東西的籃子 1 個
- 水盆
  請裝滿水。
- 乾毛巾 1 條
  進行液體活動時務必準備乾毛巾，以便孩子自己隨時清理。

遊戲 Tip

- 要表達「沉下去」，可以將手掌向下壓，要表達「浮起來」，可以將手掌向上提，以動作和視覺輔助表達。

1 準備會浮在水面上的東西，以及會沉下去的東西。

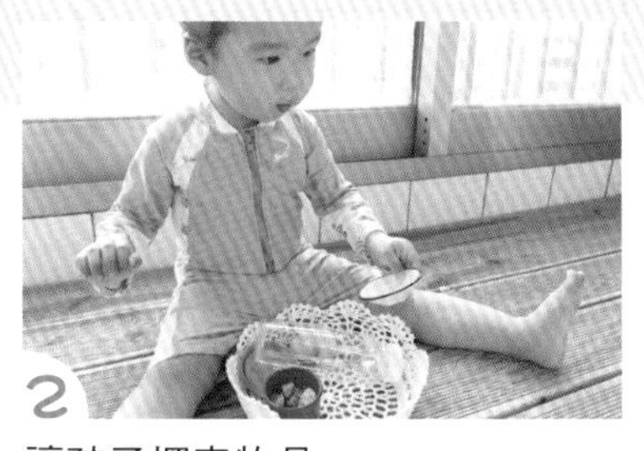

2 讓孩子探索物品。

「籃子裡面有鴨子。」
「也有放點心的盤子。」

3 讓孩子觀察物品沉下去。

「盤子放進去會怎麼樣呢？」
（手向下壓）「沉到水裡面了。」

4 讓孩子觀察物品浮在水面上。

「鴨子玩具放進去會怎樣？」
（手向上舉）「像船浮起來！」

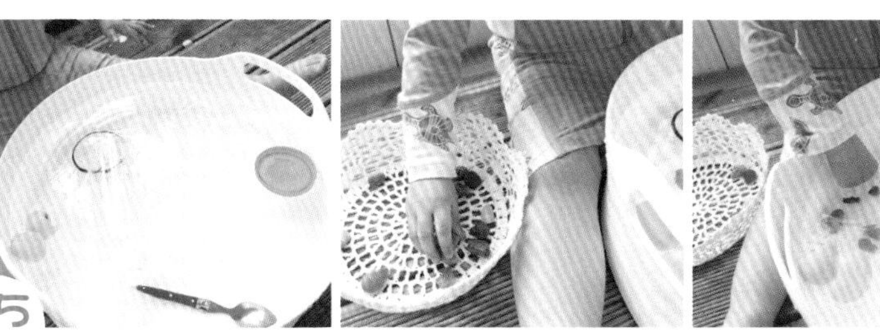

5 繼續體驗不同物品的浮沉。

Tip 可以用寶特瓶裝水，體驗同樣是寶特瓶，但依重量不同，有的會浮起來，有的會沉下去。

貼貼紙

建議年齡 12 個月以上
遊戲目標 體驗新工具・訓練小肌肉控制能力

這個時期美術遊戲的目的在於體驗各種工具。不過要注意，如果要探索的物品太多，會導致孩子混亂，因此一種物品充分探索後，再進行下一個物品。大部分的孩子都喜歡貼貼紙，但也有的孩子不喜歡有黏性的東西，或對貼紙沒興趣，請務必觀察孩子的反應。

準備物品

- 貼紙 1 張
  準備不同顏色的圓形貼紙。
- 貼貼紙的紙張 1～2 張
  請將 A4 紙張裁成 1/4。
- 標記貼紙

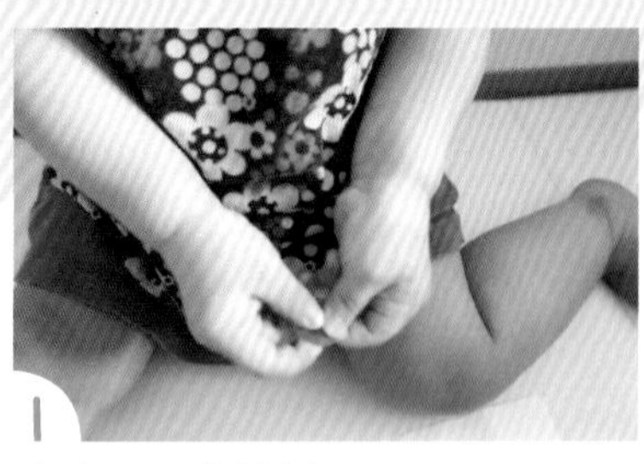

1 讓孩子探索貼紙。
「黏到手上了呢！」
「這個是貼紙。」

2 幫孩子從紙上將貼紙撕下來。
「想要撕綠色的貼紙呀！」
「貼到紙上面吧！」

3 讓孩子將貼紙貼到紙上。
「用力貼好了。」
「好多圓圓的貼紙。」

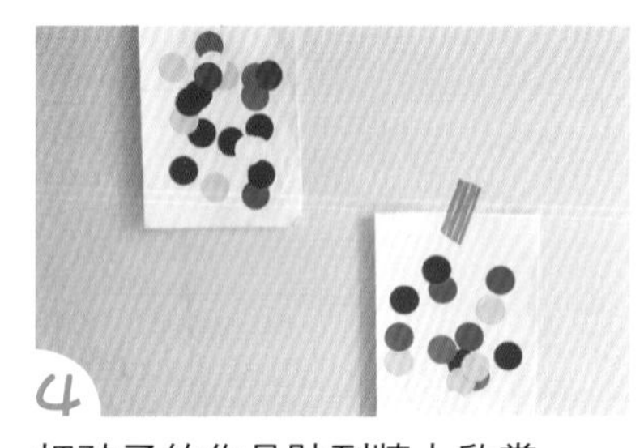

4 把孩子的作品貼到牆上欣賞。
「好多彩色圓點喔！」
「媽媽貼到牆上喔！」

應用1

將貼紙貼到身體上，一邊記憶身體名稱。
「貼到膝蓋上了。」
「把膝蓋上的移到腿上吧！」

應用2 18 個月以上

讓孩子自己撕貼貼紙。
Tip 自己一手摺貼紙、一手撕下貼紙的動作，能訓練雙手協調。

遊戲 Tip

- 孩子的小肌肉控制能力還未發展完全，一開始先從大貼紙開始，之後再慢慢縮小貼紙。將貼紙稍微折過，或撕一角起來，會更方便孩子撕取。

貼紙圖畫

建議年齡 18 個月以上

遊戲目標 體驗簡單美術遊戲・認識貼紙使用方式

過去孩子會將多張貼紙貼到同一個地方，隨著年紀增加，開始可以控制小肌肉，就不會將貼紙重複貼，並且能夠貼到標示的位置，或是依顏色貼。孩子熟悉貼貼紙以後，可以將遊戲延伸為貼貼紙完成圖畫。建立整體和部分的概念，能幫助培養美學概念。

準備物品

- 臉的圖畫和五官貼紙
- 公車圖畫和動物貼紙
- 植物枝幹圖畫和花朵貼紙

應用1 紙張、油性簽字筆、貼紙數張

應用2 色紙 4 張、貼紙數張
請準備和色紙一樣的顏色。

遊戲 Tip

- 可以延伸為在瓢蟲上貼圓點、幫汽車貼輪子、衣服貼扣子等。

1 準備各缺少一個五官的臉部圖畫和五官貼紙。

Tip 請在白色貼紙上畫，做成臉上的五官貼紙。

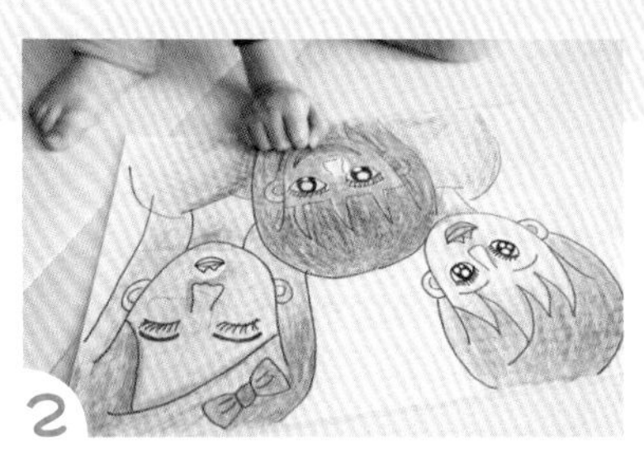

2 讓孩子貼上五官貼紙，變成完整的圖畫。

3 在公車窗戶上貼動物貼紙，完成圖畫。

Tip 先畫好公車線條，讓孩子自己上色。

4 在植物的莖上貼花朵貼紙，完成圖畫。

應用1 在紙上做標示，讓孩子在標示的位置上貼貼紙。

Tip 先畫好直線、斜線、對角線等。

應用2 先在大張的紙上貼色紙，再依顏色貼貼紙。

探索黏土

建議年齡 18 個月以上

遊戲目標 體驗新材料・訓練大、小肌肉控制能力

黏土中有加油，不會過硬，很適合給孩子玩。由於孩子的手臂力量還不夠大，因此可以先將黏土放在溫度較高的地方，或由媽媽先捏軟再給孩子。讓孩子運用雙手和各種道具玩黏土，培養創意力和造型能力，同時也能帶來安全感。

準備物品

- **黏土 適量**
  可以使用各種黏土。
- **托盤 1 個**
  在盤子上進行遊戲，會更方便清理。可以用紙張製作托盤。
- **可以探索的物品 數個**
  彩色棍棒、黏土刀、叉子、鈕釦、動物模型、棉花棒等皆可，避免使用小彈珠、尖叉、銳利的刀等物品。

遊戲 Tip

- 注意避免孩子將黏土放進口中。活動結束後務必將雙手洗乾淨。

1

讓孩子探索黏土。

「軟軟的吧！」
「用手捏捏看。」

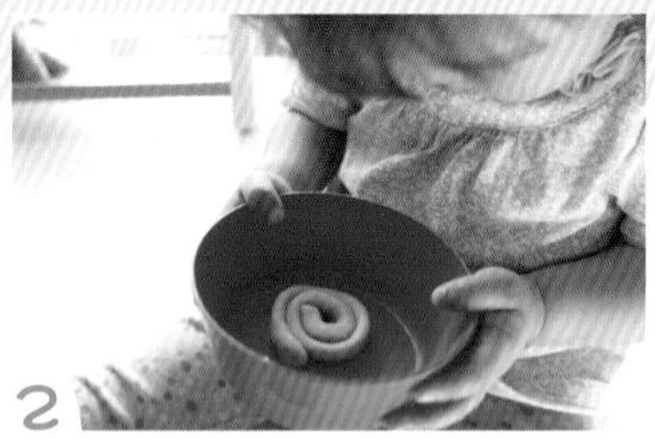

2

將黏土捲起來觀察。

「捲起來像什麼呢？」
「好像蝸牛喔！」

3

做成手環。

（將黏土戒指遞給孩子）「禮物在這裡。」
「你也有手環了。」

4

讓孩子插上彩色棍棒。

（媽媽示範）「在上面插插看這個吧！」
「好多喔！」

5

做成長條後，用黏土刀切。

「來切切看吧！」
「好像在切菜一樣！」

6

在切好的黏土上插上叉子。

（看著切好的黏土）「好多喔！」
「插上叉子，好像生日蛋糕。」

7

把鈕釦壓進去。

「把彩色鈕釦放進去了呀！」
（取出鈕釦後）「出現圓形的洞呢！」

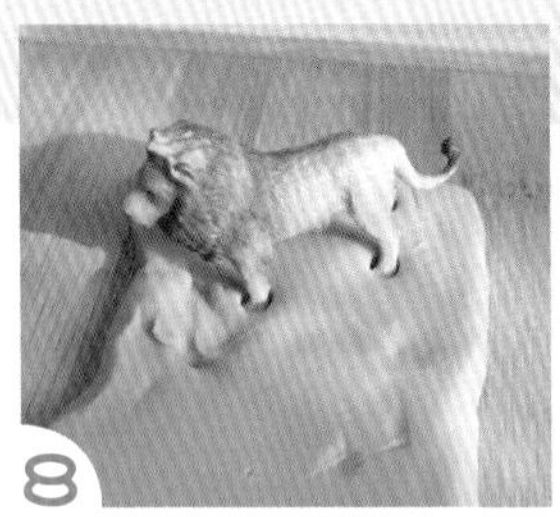
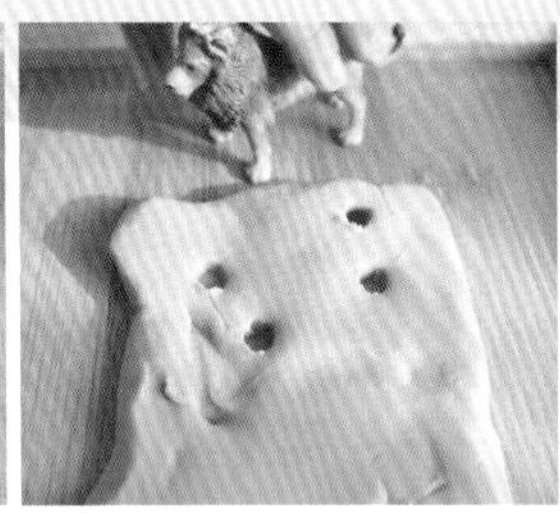
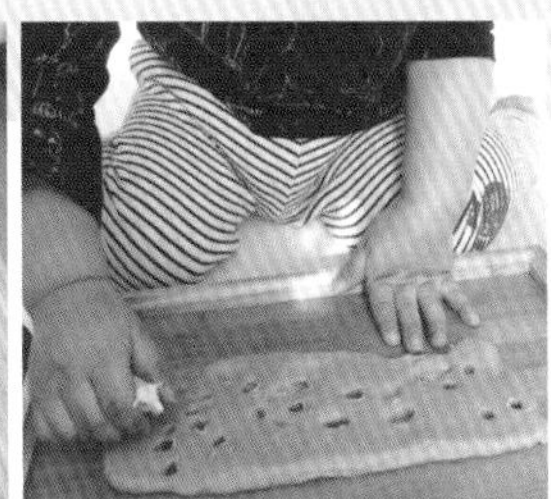

8

把動物模型壓進去，再拿出來，留下動物腳印。

「有一個、兩個、三個、四個洞。」
「這是獅子的腳印呢！」
「還想要試哪個動物呢？」

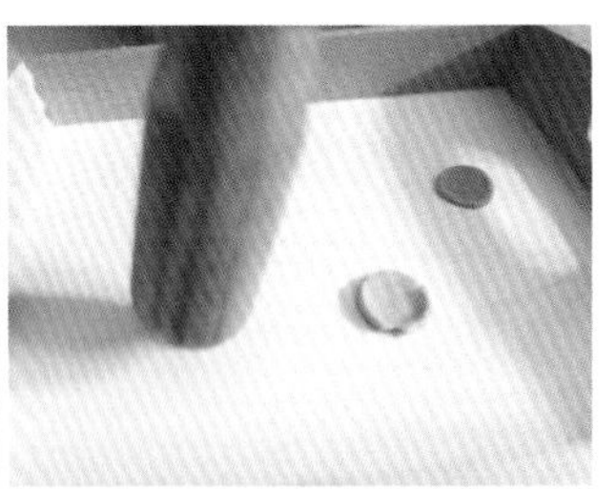

9

拿棍棒壓進去，體驗因果關係。

「把棍棒壓進去了呀！」
（壓出一個一個洞以後）「變扁的呢！」

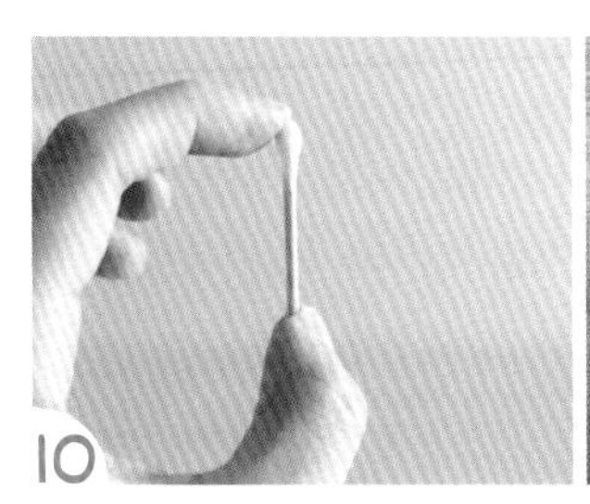
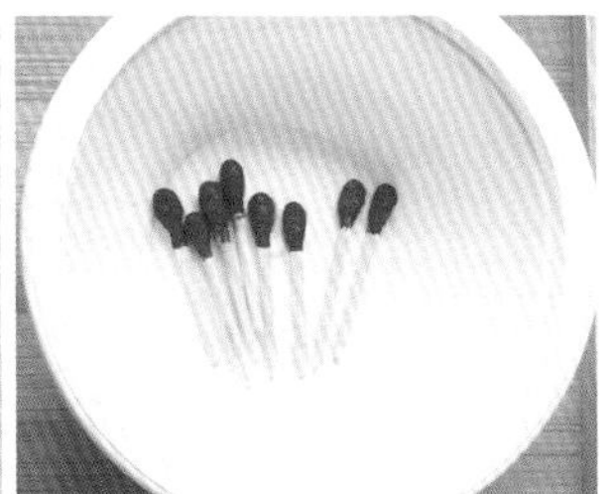

10

將棉花棒對半剪開後，把棉花部分塗紅，做成紅色棉花棒。

11

把黏土放入碗中，插入紅色棉花棒，玩慶生遊戲。

「你今天過生日呀！」「生日快樂！」「呼～吹好蠟燭了！」

用水彩筆混合顏料

建議年齡　24 個月以上

遊戲目標　體驗顏色混合・認識水彩筆使用方式

水彩筆和顏料是非常有趣的工具，但可能弄亂周遭環境，務必多注意。水彩筆若沾太多水，可能弄破紙張，細筆則容易分岔。這個年紀的孩子還不太會控制力道，請準備適合的水彩筆，讓孩子能夠自由探索。一開始可以從混合三原色開始，之後再慢慢接觸各種顏色。

準備物品

- 水彩筆 1 支
  10 號、12 號皆可。
- 白紙 數張
- 顏料 多種顏色
  孩子可能放進嘴巴，準備無毒顏料較安全。
- 盤子 數個
  一個裝水，其他用來混合顏料。

應用　紙類　可以更換紙的類型和顏色，讓遊戲增添趣味。使用瓦楞紙、砂紙等凹凸不平的紙，別有一番趣味。

遊戲 Tip

- 若孩子還不太會抓筆，可以讓孩子自由拿，或示範給孩子看該如何拿。

練習

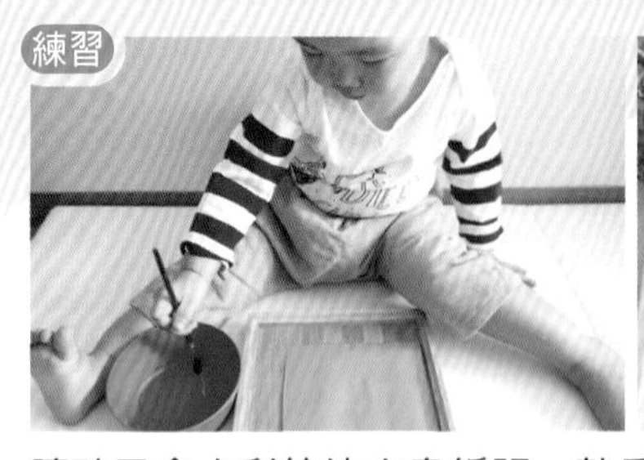
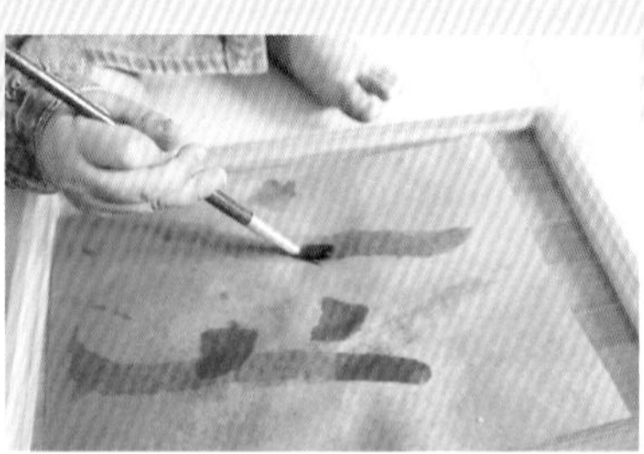

讓孩子拿水彩筆沾水畫紙張，熟悉水彩筆使用方式。

「這個是水彩筆。軟軟的。」
「下面要沾水。」「從上往下畫畫看吧！」

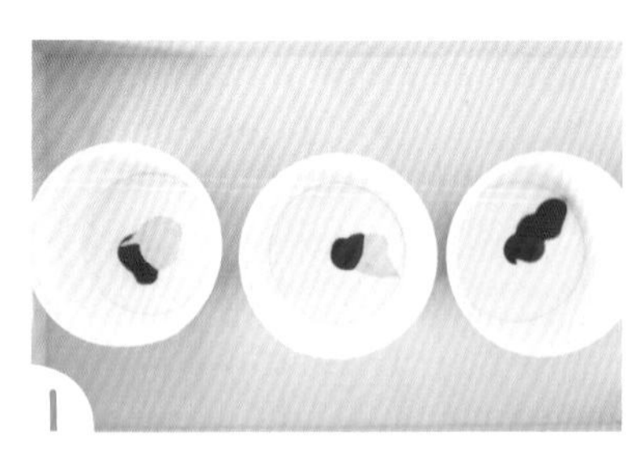

1

在一個盤子內裝兩種顏色的顏料（先從搭配三原色開始）。

「有兩種顏色喔。」
「有什麼顏色呢？」

2

用水彩筆將顏料混合後，在白紙上畫。

「紅色加黃色，變成什麼顏色了呢？」
「像橘子一樣的橘色呢！」

3

將水彩筆放入水中洗乾淨。

「來試試其他顏色吧？」
「放到水裡晃一晃，筆就變乾淨了呢！」

4

用同樣的方式，混合其他盤子裡的顏料，並畫畫看。

「變成綠色了呢！」
「要畫什麼呢？」

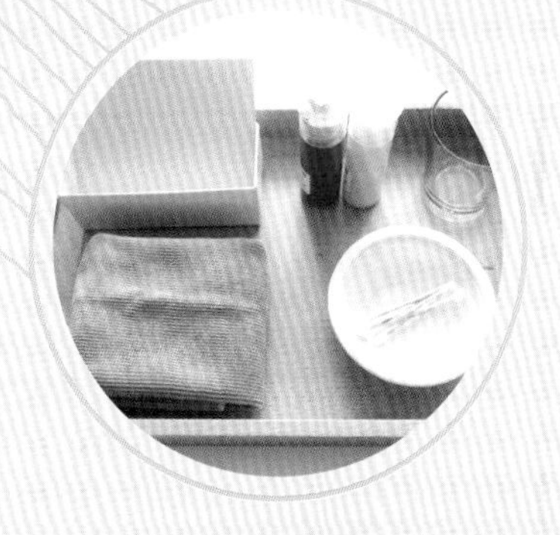

棉花棒顏料畫

建議年齡　24 個月以上
遊戲目標　探索美術材料與道具・訓練創意表達能力

除了蠟筆和色鉛筆以外，日常生活中還有許多的材料和工具可以運用。透過讓孩子自由探索和表達，可以幫助訓練孩子的創意力，也能幫助培養想像力。利用棉花棒，也能做出完成度高的作品，如沾白色顏料做出雪花、用點狀做出動物紋路、在紙上做出紋路等。

準備物品

- 白紙 1～2 張
- 顏料 多種顏色
  孩子可能放進嘴巴，準備無毒顏料較安全。
- 棉花棒 數支
- 盤子 數個
  用來放顏料。

應用　點狀馬克筆 多種顏色

遊戲 Tip

- 取 3～4 根棉花棒，中間以膠帶黏貼，再沾顏料畫。

1 打開顏料瓶蓋。

「挑了黃色顏料呀！」
「打開蓋子吧！」

2 擠出顏料。

「擠到盤子上了！」
「好期待要畫什麼圖喔！」

3 用棉花棒沾顏料，在紙上畫。

「沾沾看吧！」
「看起來像什麼呢？」

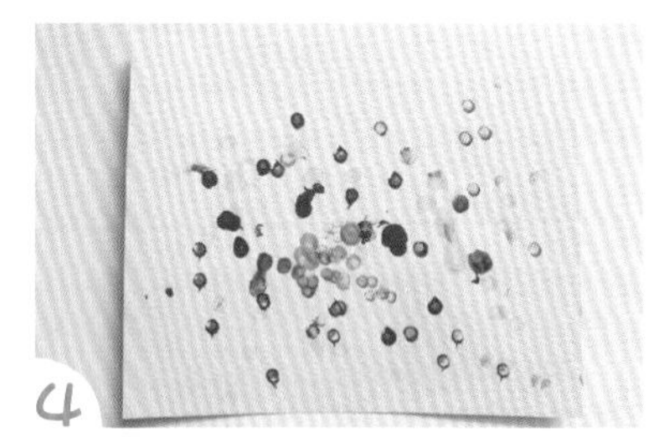

4 作品完成後，掛在牆上欣賞。

「是圓形世界呢！」
「有大圓形，也有小圓形。」

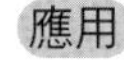

應用

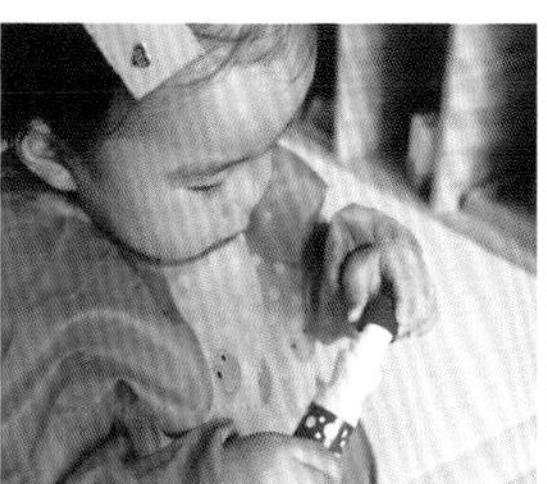

以點狀馬克筆在紙上自由作畫。

對稱印畫

建議年齡 24 個月以上

遊戲目標 體驗對稱構造・觀察色彩混合的變化

這個遊戲運用對半摺再打開成對稱圖形的印畫技法。擠顏料的動作可以幫忙訓練小肌肉，摺紙則可以提升期待、好奇圖案的感覺。看到混合的各種顏色，能幫助感受顏色之美，提升審美能力。完成圖畫以後，也可以發揮想像力聯想。

1 將圖畫紙對半摺，打開後在其中一半自由作畫。

「今天要來畫蝴蝶喔！」
「用顏料自由畫吧！」

2 將圖畫紙對半摺，並以手壓平。

「摺起來後壓一壓喔！」
「會變成怎樣的蝴蝶呢？」

3 打開紙張欣賞。

「好多顏色喔！」
「蝴蝶的眼睛在哪裡呢？」

4 運用身體模仿蝴蝶。

「蝴蝶飛呀飛！」
「兩隻手臂晃呀晃！」

準備物品

- 對半摺的圖畫紙
- 顏料 多種顏色
  孩子可能放進嘴巴，準備無毒顏料較安全。
- 棉花棒 數支

應用 壓克力顏料
具黏性的壓克力顏料最佳。
夾鏈袋、膠帶
畫作工具
如棉花棒、色鉛筆等。

遊戲 Tip

- 若顏料過多，形狀會變得不清楚，務必指導孩子控制用量。可以先將顏料分裝到小容器中，方便控制用量。

應用

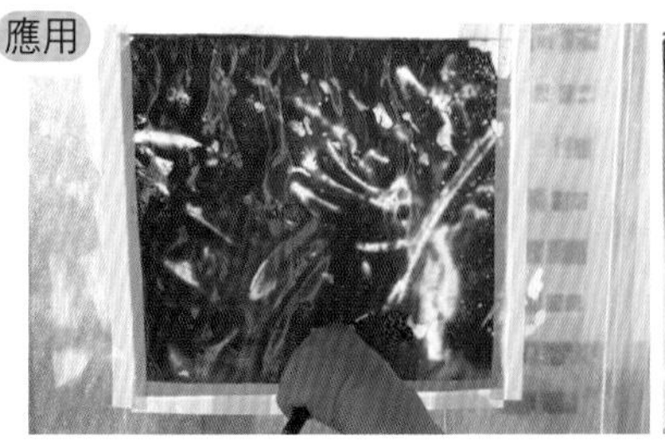

在夾鏈袋中擠入壓克力顏料，並貼在牆壁上，接著運用不同工具壓出圖案。

Tip 看到顏色混合，能體驗調色的概念。畫圖的動作也可以間接練習寫字能力。

使用剪刀和膠水

建議年齡 24 個月以上

遊戲目標 體驗膠水與剪刀使用方式・訓練手指控制能力

安全剪刀雖然不利，但很適合第一次使用剪刀的小朋友。先用安全剪刀練習後，再讓孩子使用一般剪刀。使用剪刀必須要有基本技術和手指控制能力，此外，也能間接幫助訓練日後的寫字能力。另外，使用膠水則需要小肌肉控制能力和集中力。

準備物品

- 剪過的色紙 適量
  請將色紙剪成大人手指的大小。
- 安全剪刀 1 把
- 托盤 1 個
- 裝色紙的碗 1 個

應用1 黏土 少許

應用2 剪成長條的色紙 適量
寬度避免過寬，較方便一次剪開。
膠水、紙張

遊戲 Tip

- 將剪刀合起來，雙手抓著，接著練習打開、剪下的動作。

1 學習剪刀使用方式。

「手指張開，剪刀就打開了。」
「手指合起來剪刀就合上了。」

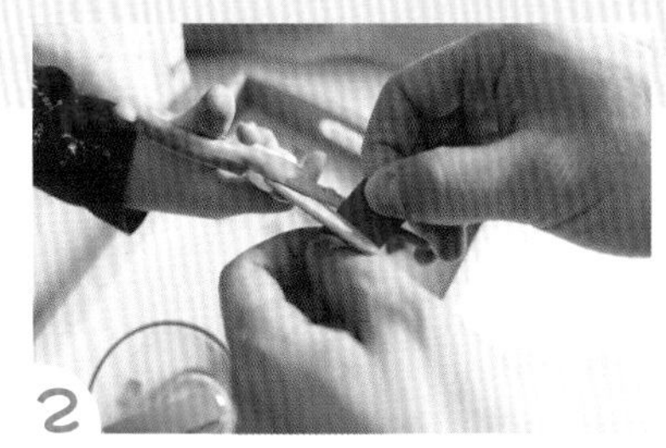

2 抓著紙張讓孩子剪。

「我來拿著紙喔。」
「剪剪看吧！」

3 讓孩子剪紙張。

「紙變小了呢！」
（看著托盤）「紙變多了！」

應用1

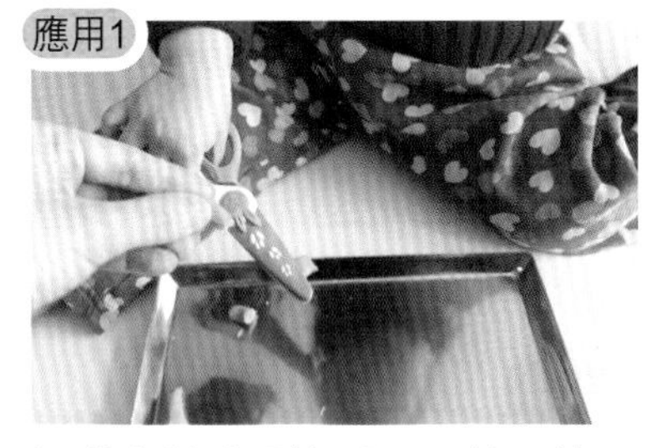

把黏土做成長條型，用剪刀剪。

「好像蛇喔！」
「剪刀打開再合起來，黏土就被剪斷了。」

應用2

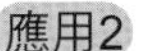

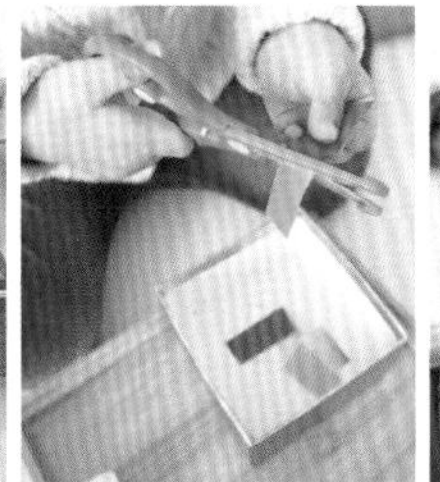

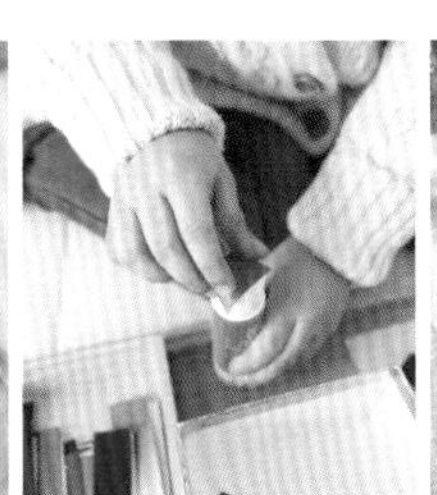

用剪刀將長條色紙剪短，再以膠水把剪過的色紙黏到紙上。

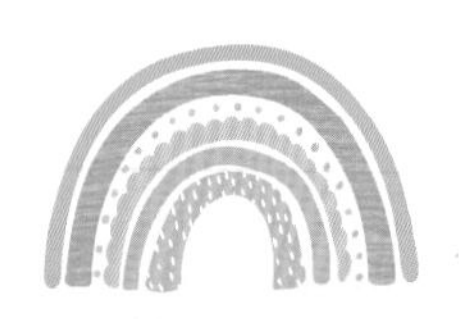

遊戲建議年齡

標準教育階段為韓國根據教育階段制定之0～5歲嬰幼兒必須體驗的課程內容，內容涵蓋守護安全的「基本生活」、探索身體並感受知覺與活動大小肌肉的「身體活動」、幫助語言發展的「基本溝通」、和其他人連結的「社會關係」、感受美與表現的「藝術體驗」，以及探索數字、形狀、動植物和自然等的「自然探索」領域。書中所有的遊戲，都能在確保孩子安全的情況下進行。孩子和爸媽進行遊戲的同時，也能活動身體、進行探索，符合官方標準教育階段的所有領域。以下標示各遊戲的主要目標。

各年齡建議遊戲				發展領域					
建議年齡	遊戲領域	遊戲名稱	頁數	基本生活	身體活動	基本溝通	社會關係	藝術體驗	自然探索
6 個月前	感官	黑與白的世界	84		○	○			○
6 個月前後	日常	探索呼拉圈世界	26	○	○		○		○
6 個月左右	日常	密封袋裡的小祕密	27	○	○				○
6 個月以上	日常	衛生紙筒襪子架	28		○		○		
6 個月以上	日常	寶特瓶拉手帕	29		○		○	○	
6 個月以上	日常	馬克杯拉沐浴球	30	○	○				○
6 個月以上	日常	沐浴球拉叉子	31	○	○				○
6 個月以上	日常	拉籃子緞帶	32		○			○	○
6 個月以上	日常	吸管杯抽抽樂	33		○			○	○
6 個月以上	日常	高爾夫球座箱	34	○	○				
6 個月以上	日常	拉撕膠帶	35		○				○
6 個月以上	日常	底片罐髮捲	36		○				○
6 個月以上	日常	左右扯綁線瓶蓋	37		○				○

各年齡建議遊戲				發展領域					
建議年齡	遊戲領域	遊戲名稱	頁數	基本生活	身體活動	基本溝通	社會關係	藝術體驗	自然探索
6 個月以上	日常	奶粉罐拔瓶蓋	38		○				○
6 個月以上	日常	巧克力盒寶藏	39	○	○				○
6 個月以上	日常	抹布拔髮捲	40		○		○		○
6 個月以上	日常	穿越線線山洞	41	○	○				○
6 個月以上	日常	拉撕紙張	42	○	○			○	○
6 個月以上	日常	放球進罐子	43		○				○
6 個月以上	日常	掀鍋蓋	44	○	○	○	○		○
6 個月以上	感官	搖晃紙筒	85		○			○	○
6 個月左右	感官	搖搖寶特瓶砂槌	86		○			○	○
6 個月以上	感官	感官骰子	88		○				○
6 個月以上	感官	探索感官手套	89		○				○
6 個月以上	感官	籃子裡的冒險	90	○	○	○	○		○
6 個月以上	感官	好奇心口袋	91			○	○		○
6 個月以上	感官	底片罐小沙鈴	92		○			○	○
6 個月以上	感官	觸覺瓶蓋	93		○				○
6 個月以上	感官	濕紙巾盒蓋寶箱	94		○				○
6 個月以上	感官	物體恆存體驗箱	95				○		○
6 個月以上	感官	自製形狀拼圖	96		○	○			○
12 個月以上	日常	打開戒指盒	45	○	○		○		○
12 個月以上	日常	拉開圓筒容器	46		○		○		○
12 個月以上	日常	用手移動球	47		○				○
12 個月以上	日常	餐巾紙架套圈圈	48		○				○
12 個月以上	日常	奶瓶放瓶蓋	49		○		○		○
12 個月以上	日常	推絨毛球入洞	50		○				
12 個月以上	日常	放叉子進吸管杯	51	○	○				○
12 個月以上	日常	果醬瓶蓋箱	52		○				○
12 個月以上	日常	優格罐窗簾環	53		○				○
12 個月以上	日常	鈕扣存錢筒	54		○	○			○
12 個月以上	日常	彈珠玻璃罐	55	○	○			○	○
12 個月以上	日常	漏斗義大利麵	56		○				○
12 個月以上	感官	豆子沙坑	98	○	○		○		○

各年齡建議遊戲				發展領域					
建議年齡	遊戲領域	遊戲名稱	頁數	基本生活	身體活動	基本溝通	社會關係	藝術體驗	自然探索
12 個月以上	感官	米中的寶藏	99	○	○	○			○
12 個月以上	感官	探索冰塊	100	○	○		○	○	○
12 個月以上	感官	鍋蓋的感官體驗	101	○	○		○		○
12 個月以上	感官	探索保鮮盒	102	○	○	○	○		○
12 個月以上	感官	搖晃彈珠寶特瓶	103	○	○			○	○
12 個月以上	感官	形形色色玻璃紙	104		○	○		○	○
12 個月以上	數學	冰塊盒積木	132		○				○
12 個月以上	數學	衛生紙筒丟桌球	133		○				○
12 個月以上	數學	絨毛球巧克力盒	134		○				○
12 個月以上	語言	三階段學習法	154			○	○		
12 個月以上	語言	初階分類遊戲	156			○			○
12 個月以上	語言	大小配對	158			○			
12 個月以上	自然人文	照鏡子	174	○	○	○	○		
12 個月以上	自然人文	認識身體部位	175		○	○	○		
12 個月以上	自然人文	看家人的照片	176			○	○		
12 個月以上	自然人文	認識不同的動物	181			○		○	○
12 個月以上	自然人文	認識動物的聲音	182			○		○	○
12 個月以上	自然人文	認識動物的長相	183			○		○	○
12 個月以上	自然人文	找出動物的特徵	184	○		○		○	○
12 個月以上	自然人文	貼貼紙	194		○		○	○	
18 個月以上	日常	沿直線走路	57	○	○	○		○	
18 個月以上	日常	搬運托盤	58	○	○	○	○		
18 個月以上	日常	竹籤保護套	59	○	○				○
18 個月以上	日常	吸管放棉花棒	60		○				○
18 個月以上	日常	拔絨毛球放吸管杯	61	○	○				○
18 個月以上	日常	湯匙撈小鴨	62	○	○		○		○
18 個月以上	日常	冰淇淋匙挖核桃	63		○		○		
18 個月以上	日常	用湯匙搬豆子	64	○	○		○		
18 個月以上	日常	用夾子移動絨毛球	65		○		○		
18 個月以上	日常	轉開瓶蓋	66		○		○		○
24 個月以上	日常	準備餐桌	70	○		○	○		

各年齡建議遊戲				發展領域					
建議年齡	遊戲領域	遊戲名稱	頁數	基本生活	身體活動	基本溝通	社會關係	藝術體驗	自然探索
18 個月以上	日常	協助準備用餐	76	○		○	○		
18 個月以上	日常	自我照顧	78	○		○	○		
18 個月以上	日常	熟悉日常禮儀	80	○		○	○		
18 個月以上	感官	色彩配對遊戲	105		○	○			○
18 個月以上	感官	找出相同顏色	106		○	○			○
18 個月以上	感官	三色棍戳戳樂	107		○	○			○
18 個月以上	感官	四色湯匙筒	108		○	○			○
18 個月以上	感官	五色絨毛球	110		○	○			○
18 個月以上	感官	顏色套圈圈	111		○	○			○
18 個月以上	感官	平面&立體積木	112		○	○			○
18 個月以上	感官	冰棒棍圖案拼圖	113		○	○			○
18 個月以上	感官	配對圖樣瓶蓋	114		○	○			○
18 個月以上	感官	配對觸感瓶蓋	115		○				○
18 個月以上	感官	找出大小相同的洞	116		○	○			○
18 個月以上	感官	俄羅斯娃娃比大小	117		○	○	○		○
18 個月以上	感官	長高高比賽	118		○	○			○
18 個月以上	感官	長度比一比	119	○	○	○			○
18 個月以上	感官	塑膠袋觸感猜謎	120		○	○			○
18 個月以上	感官	重量比大小	121	○	○	○			○
18 個月以上	感官	驚奇觸感棍	122		○				○
18 個月以上	感官	認識粗細觸感	123		○	○			○
18 個月以上	語言	聽名稱辨認物品	155			○	○		○
18 個月以上	語言	進階分類遊戲	157			○		○	○
18 個月以上	語言	配對①：相同物品	159			○			○
18 個月以上	語言	配對②：物品和圖片	160			○			○
18 個月以上	語言	配對③：圖對圖	161			○			○
18 個月以上	語言	配對花朵瓶蓋	162			○		○	
18 個月以上	語言	配對④：剪影	163			○			○
18 個月以上	語言	配對⑤：輪廓	164			○			○
18 個月以上	語言	動物聲音配對	165			○		○	○
18 個月以上	語言	跟著指示動作	166	○		○	○		

各年齡建議遊戲				發展領域					
建議年齡	遊戲領域	遊戲名稱	頁數	基本生活	身體活動	基本溝通	社會關係	藝術體驗	自然探索
18 個月以上	自然人文	幫衣物分類	177	○	○	○	○		
18 個月以上	自然人文	五官拼圖	178		○	○	○		
18 個月以上	自然人文	製作植物卡片	187	○	○			○	○
18 個月以上	自然人文	吸拔磁鐵	191		○				○
18 個月以上	自然人文	感受磁鐵吸力	192						○
18 個月以上	自然人文	觀察物品沉浮	193	○	○	○			○
18 個月以上	自然人文	貼紙圖畫	195		○		○	○	
18 個月以上	自然人文	探索黏土	196	○	○	○		○	○
24 個月以上	日常	倒乾物	67		○		○		○
24 個月以上	日常	漏斗倒米	68		○				○
24 個月以上	日常	漏斗倒水	69		○				○
24 個月以上	日常	廣告單食物	71	○		○	○		
24 個月以上	日常	使用掃把	72	○		○	○		
24 個月以上	日常	練習刷牙	73	○		○	○		
24 個月以上	日常	幫忙做家事	81	○		○	○		
24 個月以上	感官	觸覺板體驗	124		○				○
24 個月以上	感官	猜猜我有什麼	125			○	○		○
24 個月以上	感官	色彩拼圖	126		○			○	○
24 個月以上	感官	蒐集圖案貼紙	127		○				○
24 個月以上	數學	排列石頭瓶蓋	135		○				○
24 個月以上	數學	數字熱氣球	136	○	○				○
24 個月以上	數學	自製數字板	137		○	○			○
24 個月以上	數學	尋找數字	138			○			○
24 個月以上	數學	堆數字積木	139		○	○			○
24 個月以上	數學	數字蓋章遊戲	140		○			○	○
24 個月以上	數學	數字對應積木	141						○
24 個月以上	語言	跟著圖案畫	167			○	○	○	○
24 個月以上	自然人文	製作情緒圖卡	179			○	○		
24 個月以上	自然人文	製作成長相簿	180			○	○		
24 個月以上	自然人文	用水彩筆混合顏料	198	○	○	○		○	
24 個月以上	自然人文	棉花棒顏料畫	199	○	○	○		○	

各年齡建議遊戲				發展領域					
建議年齡	遊戲領域	遊戲名稱	頁數	基本生活	身體活動	基本溝通	社會關係	藝術體驗	自然探索
24 個月以上	自然人文	對稱印畫	200	○	○	○		○	
24 個月以上	自然人文	使用剪刀和膠水	201	○	○			○	
30 個月以上	日常	摺手帕	74	○	○		○		
30 個月以上	日常	夾髮夾	75	○	○		○	○	
30 個月以上	感官	找出動物的顏色	128		○			○	○
30 個月以上	感官	買東西家家酒	129		○	○	○		○
30 個月以上	數學	數字疊疊樂	142		○				○
30 個月以上	數學	骰子大富翁	143			○	○		○
30 個月以上	數學	數字蛋盒與瓶蓋	144			○			○
30 個月以上	數學	數字帽小雪人	145			○		○	○
30 個月以上	數學	瓢蟲的數字翅膀	146			○		○	○
30 個月以上	數學	長長的數字拼圖	147			○			○
30 個月以上	數學	排隊的石頭	148			○	○		○
30 個月以上	數學	點點冰棒棍	149						○
30 個月以上	數學	分數拼圖	150					○	○
30 個月以上	語言	相反詞圖卡	168	○		○	○		
30 個月以上	語言	幫商品上架	169			○	○		
30 個月以上	語言	配對圈圈瓶蓋	170			○			○
30 個月以上	語言	猜猜誰不見了	171			○	○		
30 個月以上	自然人文	分類動物紋路	185		○	○			○
30 個月以上	自然人文	找出動物的家	186			○			○
30 個月以上	自然人文	認識地球構成要素	188			○		○	○
30 個月以上	自然人文	這個天氣穿什麼	189			○	○		○
30 個月以上	自然人文	國旗拼圖	190			○	○		○

台灣廣廈 國際出版集團
Taiwan Mansion International Group

國家圖書館出版品預行編目（CIP）資料

專為0-3歲設計！蒙特梭利遊戲大百科：實境式圖解！激發孩童腦部五大領域發展，160個就地取材的啟蒙遊戲 / 朴洺珍作；陳靖婷譯. -- 初版. -- 新北市：美藝學苑, 2021.10
面；　公分.
ISBN 978-986-6220-41-8
1.育兒 2.親職教育 3.蒙特梭利教學法

428.8　　110014589

專為0～3歲設計！蒙特梭利遊戲大百科

實境式圖解！激發孩童腦部五大領域發展，160個就地取材的啟蒙遊戲

作　　者／朴洺珍
翻　　譯／陳靖婷

編輯中心編輯長／張秀環・**編輯**／蔡沐晨
封面設計／曾詩涵・**內頁排版**／菩薩蠻數位文化有限公司
製版・印刷・裝訂／東豪・弼聖・秉成

行企研發中心總監／陳冠蒨
媒體公關組／陳柔彣
綜合業務組／何欣穎

線上學習中心總監／陳冠蒨
數位營運組／顏佑婷
企製開發組／江季珊

發 行 人／江媛珍
法律顧問／第一國際法律事務所 余淑杏律師・北辰著作權事務所 蕭雄淋律師
出　　版／台灣廣廈有聲圖書有限公司
地址：新北市235中和區中山路二段359巷7號2樓
電話：（886）2-2225-5777・傳真：（886）2-2225-8052
讀者服務信箱／cs@booknews.com.tw

代理印務・全球總經銷／知遠文化事業有限公司
地址：新北市222深坑區北深路三段155巷25號5樓
電話：（886）2-2664-8800・傳真：（886）2-2664-8801
郵政劃撥／劃撥帳號：18836722
劃撥戶名：知遠文化事業有限公司（※單次購書金額未達1000元，請另付70元郵資。）

■出版日期：2021年10月
ISBN：978-986-6220-41-8

■初版4刷：2023年9月